高等学校公共基础课系列教材

大学计算机基础
（微课版）

主编　刘擎

参编　李培　白琳　牛晓晨

西安电子科技大学出版社

内 容 简 介

本书主要介绍计算机基础知识，内容包括计算思维、计算机概述、信息表示、计算机硬件系统、计算机软件系统、算法和程序设计、计算机网络技术、数据库技术、计算机前沿技术等。

全书共 9 章，内容编排合理，通俗易懂，逻辑性强。本书能够帮助学生培养计算思维意识和能力，拓宽计算机基础知识面，提高计算机应用能力，为学习后继相关课程夯实基础。

本书可作为高等院校非计算机专业计算机基础课程教材，也可作为学习计算机信息技术的参考书。

图书在版编目(CIP)数据

大学计算机基础：微课版 / 刘擎主编. —西安：西安电子科技大学出版社，2021.8
(2023.7 重印)
ISBN 978-7-5606-6168-1

Ⅰ. ①大… Ⅱ. ①刘… Ⅲ. ①电子计算机—高等学校—教材 Ⅳ. ①TP3

中国版本图书馆 CIP 数据核字(2021)第 164286 号

策　　划　陈　婷
责任编辑　陈　婷
出版发行　西安电子科技大学出版社(西安市太白南路 2 号)
电　　话　(029)88202421　88201467　　　　邮　　编　710071
网　　址　www.xduph.com　　　　　　　电子邮箱　xdupfxb001@163.com
经　　销　新华书店
印刷单位　陕西天意印务有限责任公司
版　　次　2021 年 8 月第 1 版　　2023 年 7 月第 4 次印刷
开　　本　787 毫米×1092 毫米　1/16　印 张　16
字　　数　376 千字
印　　数　4901～7900 册
定　　价　42.00 元
ISBN 978-7-5606-6168-1 / TP

XDUP 6470001-4

如有印装问题可调换

前　　言

　　"大学计算机基础"是为非计算机专业学生开设的一门计算机公共基础课，面向大一新生，适应新工科背景下大学生开放性、个性化的学习需求。通过对本课程的学习，学生能够理解计算思维的理念，掌握计算机领域的基本概念和基础知识，具备大学生必不可少的计算机应用技能。本课程还能帮助学生建立良好的信息素养，全面培养学生的自主学习能力、独立解决问题的能力和综合运用知识的能力，使其能熟练利用计算机手段进行表达与交流，利用 Internet 进行主动学习，为后续计算机课程(如程序设计语言)的学习奠定必要的基础。

　　本书共 9 章。第 1 章介绍了计算思维的概念和培养途径。第 2 章介绍了计算机的发展历史、工作原理、发展趋势和新技术。第 3 章介绍了不同类型数据在计算机中的存储方式、常用数制及其相互转换、西文字符和汉字在计算机中的表示。第 4 章介绍了计算机系统和计算机的体系结构、基本组成和工作原理，特别以微型计算机为例，介绍了其硬件系统的各个组成部分。第 5 章介绍了计算机软件的相关概念，对操作系统的作用、地位、分类进行了详细介绍，还介绍了常见的操作系统，并简要介绍了程序设计语言与语言处理程序。第 6 章介绍了计算机算法与计算机程序的基本知识。第 7 章介绍了计算机网络的定义和分类、网络的拓扑结构、网络协议和网络的体系结构、网络系统的软硬件组成、Internet 基础知识、常用的 Internet 服务、网络管理和网络安全。第 8 章介绍了信息、数据和数据处理的基本概念，还介绍了数据库技术产生的原因和发展历程以及关系数据库语言 SQL 和 Access 数据库管理系统的简单操作。第 9 章介绍了几种计算机前沿技术，包括人工智能、人机交互技术、高性能计算、物联网。

　　全书配有设计精美、内容丰富的视频资源，读者可以直接扫码观看。这些视频资源选自"大学计算机基础 MOOC(西安邮电大学-李培)"。该课程在中国大学 MOOC 平台已开设 6 期，选课人数累积超过 10 万，线上线下混合式教学资源入选超星示范教学包，仅 2020 年就被引用 3000 余次，共 7 万多名学生参与了学习。本书是利用这些成熟的教学资源编写的新形态教材，能够配合线上学习的需求，为学习本门课程的广大师生提供参考。

　　刘擎担任本书主编，负责编写第 1、2、3 章，李培、白琳、牛晓晨担任副主编，李培负责编写第 4、5 章，白琳负责编写第 6、7 章，牛晓晨负责编写第 8、9 章。

由于编者水平有限，书中难免有欠妥之处，恳请广大读者批评指正。编者联系方式：lion1@xupt.edu.cn。

编　者
2021 年 5 月

目　　录

第1章

计 算 思 维

　　邓小平同志曾说"计算机普及要从娃娃抓起"。苹果公司创始人乔布斯认为"每个人都应该学习编程，因为它会教你如何思考"。学习计算机知识和技能，是信息化社会对每个人的要求。学习计算机并不只是为了掌握一门技术，更重要的是逻辑能力和思维方式的培养，在计算机教育界，称之为计算思维培养。

1.1　计算思维的概念

　　2006年，美国卡内基·梅隆大学(CMU)计算机科学系主任周以真(Jeannette M.Wing)教授在美国计算机权威刊物 *Communications of the ACM* 上首次提出了计算思维(Computational Thinking)的概念：计算思维是运用计算机科学的思维方式进行问题求解、系统设计以及人类行为理解等的一系列思维活动。2011年，她再次更新定义，提出计算思维包括算法、分解、抽象、概括和调试五个基本要素。

计算思维的概念

　　计算思维用一句话解释就是"要像计算机科学家那样思考"。计算机科学家的思维方式有什么特殊之处呢？假如要计算 $1+2+3+\cdots+100$，小学生都知道不能一个数一个数地相加，应该使用$(1+100)\times100\div2$ 的简单算法。但在进行程序设计时，这个计算确实是使用循环结构一个数一个数加起来的。大家可能会觉得这样很笨。其实任何方法的设计和评价，必须考虑具体的技术环境。计算机的运算速度极快，当计算时间成本可以忽略不计时，使用最直接的解题方式可以使过程更清晰直观，可读性更强。可见，基于计算机的强大功能，计算机科学发展出了独特的思维方式和方法论。

　　计算机科学经过半个多世纪的发展，无数科学家和工程师奉献了自己的聪明才智，在计算机和网络这两大利器的支持下，创造出了灿若星辰的技巧、方法、思想，甚至价值观。这座智慧宝库应该分享给全人类，而不是仅在一个学科内部发挥作用。

　　随着社会的信息化发展，计算机已经普遍应用于社会的各个行业。技术工具应用领域的扩张，必然引发思想的交流。当计算思维和其他学科融合后，出现了令人惊喜的创新。例如，计算机科学和统计学的结合，促进人工智能技术爆炸性发展；计算机算法在生物学和物理学中的应用使这些传统学科取得了新突破；多种算法在癌症诊断中具有惊人的准确率；等等。

计算思维能够为人们提供全新的看待事物的角度和解决问题的方法，有助于人们形成严格遵循逻辑的思考方式，掌握抽象和建模认知方式，并掌握算法提供的解决问题的多种途径和工具，养成注重步骤和反馈的习惯，必将为生活和工作提供巨大的帮助。

计算机教育界的共识是计算思维应该是每个人的基本技能，不仅属于计算机科学家，还要把计算思维培养提高到与3R(读、写、算)同等的高度和重要地位，成为适合每个人的"一种普遍的认识和一类普适的技能"。

1.2　计算思维的培养

计算思维需要通过长期学习、训练才能形成，很难通过几次讲解或一门课程的学习获得。培养计算思维通常有以下途径：

(1) 知识积累。知识是思想的基础。要想像计算机科学家一样思考，首先要获得与之接近的知识视野。系统性知识的获取主要通过课程学习实现。最简单的学习路线是计算机基础→程序设计→数据结构。

(2) 实践。行为塑造思想。在程序设计、数据库设计、硬件系统搭建等实践活动中，用户行为受到计算机规则框架的约束，这有利于用户理解并接受计算思维的原则和方法，是行之有效的训练方式。对于初学者来说，即使是最简单的应用软件操作，也有助于计算思维的培养。

(3) 算法。算法是计算机科学家的武器库，是计算思维方法论的具体实现，能够立竿见影解决问题。数据结构课程会系统讲解基本算法。

(4) 运用。对于绝大多数人，培养计算思维是为了将其应用于计算机科学之外的其他领域，以获取新的视角和方向。这种应用会反过来加强人们对计算思维的理解和对其方法的掌握。需要强调的是，即使最简单的计算思维应用，也能够形成这样的正反馈。

随着计算机的普及，计算机技术无处不在，所有人都会受到潜移默化的影响。即使对计算思维毫无认识，也会在学习、工作中逐渐形成初步的计算思维，只是程度和效果有所差异。了解计算思维，有针对性地学习和训练，将会取得较好的效果。

本 章 小 结

思维是人脑对客观事物的概括和间接的反应过程。思维过程就是对信息的处理过程，可以说思维就是一种广义的计算。科学思维通常是指理性认识及其过程，是人脑对科学信息的加工活动。从人类认识世界和改造世界的思维方式出发，科学思维包括理论思维(逻辑思维)、实验思维(实证思维)和计算思维。

计算思维是运用计算机科学的基础概念进行问题求解、系统设计以及人类行为理解等涵盖计算机科学之广度的一系列思维活动。计算思维的本质是抽象与自动化。

第2章

计 算 机 概 述

　　计算机是 20 世纪最重要的科学技术发明之一，它的应用从最初的军事、科研扩展到社会的各个领域，现已形成了规模巨大的计算机产业，带动了全球范围的技术进步，由此引发了深刻的社会变革，对人类的生产、生活方式产生了极其重大的影响。

2.1 机械计算机

　　在漫长的人类历史中，计算工具的演化经历了由简单到复杂、由低级到高级的过程。在中国，计算工具的发展经历了从最初"结绳记事"的绳结到"运筹帷幄"的算筹，再到后来出现的算盘。在其后一千多年的时间里，算盘在东亚地区被广泛使用，成为商业领域不可缺少的计算工具，以至于现代有一种说法：最古老的计算机是中国的算盘。图 2.1 所示为《清明上河图》中的算盘。

机械计算机和图灵机

　　算盘真的是计算机吗？

图 2.1　《清明上河图》中的算盘

2.1.1 计算机的定义

　　计算机是能够自动完成工作的信息处理机。

显然，计算机的核心特征是能够自动完成计算，而算盘是通过人运用珠算口诀完成计算的，所以严格来说，算盘并不是计算机，而是一种计算工具。它的作用是帮助人们记录运算过程中出现的一些中间数据。类似的计算工具有很多，如中国古代的算筹、算盘，西方出现的供工程师使用的计算尺(见图 2.2)等，这些都是计算工具。

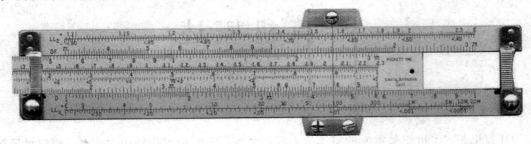

图 2.2　计算尺

2.1.2　巴贝奇和分析机

公认最早的计算机是 1834 年由英国科学家查尔斯·巴贝奇发明的分析机。

巴贝奇是一个数学家和天文学家。在他生活的时代，实现复杂计算的方法主要是查表，如三角函数表、对数表。巴贝奇使用天文数据表的时候发现表中存在大量的错误，影响了计算的准确性，因此萌发了制造一种计算机器的想法。

1822 年，巴贝奇参考提花织布机的结构，制造出了一台用于计算的机器，命名为差分机。差分机在计算时仍然需要人手工进行操作，所以仍然是计算工具，不是计算机。在差分机的基础之上，巴贝奇进行了更深入的研究和探索。1834 年，他发表了一篇论文，提出了一种新的计算机器——分析机的设计思想。图 2.3 为巴贝奇和其设计的分析机。

图 2.3　巴贝奇和分析机

巴贝奇认为分析机应该由以下三部分构成：

(1) 存储库：由大大小小的齿轮构成，共同存储数据，其中包括输入数据、运算过程中出现的中间数据和计算结果。

(2) 运算室：由齿轮组、连杆等装置构成，实现计算功能。

(3) 控制装置：用来控制解题的步骤，并对数据进行存取操作。

有了分析机的设想之后，当巴贝奇动手制造的时候遇到了很多困难。首先，当时社会对于复杂计算的需求并不高，人们一般认为计算通过查表实现就足够了，所以巴贝奇无法得到社会资金的支持，他只能变卖自己的家产来制造分析机。其次，当时关于计算机器的研究很少，缺乏技术和设备支持，所有的设备装置都要靠自己去设计和制造，工作量非常大。因此，直到巴贝奇去世，分析机也没有制造出来。

此后，计算机的研究陷入了长期停滞状态。

2.1.3 机电计算机

大约经过一百年之后，美国哈佛大学的物理学博士霍华德·艾肯在图书馆查资料的时候发现了巴贝奇的论文，深受启发，于是他准备根据分析机的设计思想制造一台计算机器。

与巴贝奇相比，艾肯非常幸运。首先，他结识了 IBM 公司的总裁沃森，IBM 提供了研发经费，并且派出了一个工程师团队来协助艾肯进行计算机的制造，解决了资金和技术问题。其次，当时已经有了各种各样被普遍使用的电子电路，如锁存器、译码器、触发器、加法器等，用这些功能电路构造计算机，使得研发难度和工作量大大降低。1944 年，艾肯研制出了世界上第一台机械电子式计算机 Mark Ⅰ，见图 2.4。这台计算机中有一部分沿用了分析机的机械结构，另外一部分由各种功能电路构成。

图 2.4 机电计算机 Mark Ⅰ

Mark Ⅰ的问世震惊了社会各界。此后很多科学家、工程师和企业纷纷开始进行计算机的研制。由于电子电路在速度和精确性等方面均优于机械装置，所以后来的计算机都采用电子电路构造，被称为电子计算机。

2.2 图 灵 机

在计算机的发展过程中，英国数学家阿兰·图灵提出的图灵机被认为奠定了计算机科学的基础。

图灵在数学领域具有过人的天赋，他毕业于英国剑桥大学的数学专业，后来又在美国的普林斯顿大学攻读数学博士学位。在美国期间，他和一些科学家讨论可计算理论时，为了清楚表达自己的观点，图灵发表了一篇论文，他在论文中提出了一种理论上的机器——有限状态自动机，这种机器后来被人们普遍称为图灵机。

2.2.1　图灵机的工作原理

从理论上来说，图灵机能够解决任何一个可计算的数学问题。

我们可以想象，图灵机的外观像一个小盒子，是一个带有读写头的控制器。它的处理对象是一根很长的纸带，纸带上面分成了很多格子，每个格子中可以记录一个数字或符号，如图 2.5 所示。控制器可以存储自身的状态，并且让纸带做前进运动或者后退运动，同时读取纸带上的信息。根据纸带上的信息，控制器可以改变自身的状态，也可以改写纸带上的信息。

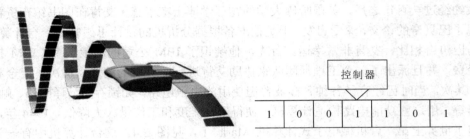

图 2.5　图灵机的概念图

图灵机处理的信息是二进制数，二进制是指做加法时逢二进一的数制。表 2.1 是十进制与二进制的对照表。

表 2.1　十进制与二进制的对照表

进制	基本数符	最大数符	运算规则
十进制	10 个基本数符：0，1，2，…，8，9	9	9+1=10
二进制	2 个基本数符：0，1	1	1+1=10

下面我们通过一个对任意二进制数加 1 的计算来了解图灵机的工作过程。在二进制运算规则中，$0+0=0$，$0+1=1$，$1+1=10$。多位二进制数加 1 的方法如下：

$$\begin{array}{r} 100111 \\ +\quad\quad 1111 \\ \hline 101000 \end{array}$$

实际上，无论是图灵机还是计算机，都不会做任何算术计算，所有计算都是通过一系列逻辑判断来推测出结果的。因此，当我们希望用图灵机完成计算时，不能使用二进制运算规则，而是要设计出一套基于逻辑运算的方法、步骤对数据进行处理，这些方法、步骤称为算法。对这个例子的运算规则进行总结，可以归纳出任意二进制数加 1 的算法：如果二进制数后若干位是连续的 1，那么这些位都应该从 1 变成 0；在计算过程中自右向左搜索到的第一个 0 应该变成 1。

当这个算法设计好之后，就可以根据它来设置图灵机的工作规则。工作规则中应该包含控制器当前的工作状态和纸带上当前格子中读取的信息，并且根据这两项来决定当前格子的信息应该被改写为什么值和控制器下一步应该如何运动，最后对下一步的状态进行记录。表 2.2 是图灵机实现任意二进制数加 1 的工作规则。

表 2.2　图灵机实现任意二进制数加 1 的工作规则

规则序号	当前方向	当前数值	改写数值	后续方向	记录状态	解　释
1	<	1	0	L	<	控制器向左走时，若当前格的值为 1，则将其改为 0，继续向左走，状态记为向左
2	<	0	1	R	>	控制器向左走时，若当前格的值为 0，则将其改为 1，然后向右走，状态记为向右
3	<	#	1	R	>	控制器向左走时，若当前格的值为#，则将其改为 1，然后向右走，状态记为向右
4	>	0	0	R	>	控制器向右走时，若当前格的值为 0，则不需要修改，然后向右走，状态记为向右
5	>	#	#	L	h	控制器向右走时，若当前格的值为#，则不需要修改，然后向左走，状态记为停机

图 2.6 所示为图灵机实现任意二进制数加 1 的工作过程。图中，数两侧的"#"用来标记数的前后界限；数前的"x"表示任意值，对计算无影响。

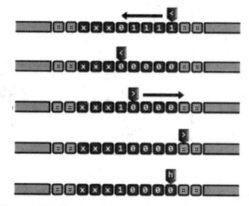

图 2.6　图灵机实现任意二进制数加 1 的工作过程

从这个例子可以看出，只要对具体的问题进行分析，设计出合理的算法，并根据算法设置好图灵机的运行规则，同时在纸带上存储初始数据，图灵机就可以解决任何一个数学问题。至于怎样把运行规则设置到图灵机内部不做考虑，这是因为图灵机是一种纯理论模型，不涉及任何设备和技术。

2.2.2　图灵机的意义

图灵机是一种纯理论模型，它的提出奠定了计算机科学的基础。

首先，图灵机证明了通用计算机是可以实现的。

其次，图灵机揭示了计算机的工作模式和计算机的主要架构。比如，应该先制订好运行规则，从而让计算机能够自动地完成工作；数据应该预先进行存储；控制装置和数据之间应该能够互相作用，这些都是在计算机中被普遍使用的规则。

再次，在图灵机中还出现了算法、程序的影子。

早期的计算机科学家都是参考图灵机进行计算机设计的，因此图灵机被认为是计算机的雏形。

2.2.3 人工智能和图灵测试

第二次世界大战爆发后，图灵应英国政府征召，主持破解德国海军的密码。战争结束后，图灵回到大学进行研究工作。在此期间，他提出了计算机仿真的概念，开创出计算机科学的一个分支学科。

1950年，图灵发表了一篇名为《机器能思考吗》的论文，在这篇文章中，他论证了计算机一定可以具有像人一样的智慧，并且提出了一个名词"人工智能"(后来发展成为计算机科学的一个重要分支)，图灵因此被称为"人工智能之父"。在论文中，图灵提出了一个测试人工智能的方法，后来被称作图灵测试。测试的方法是设置两个受测对象(一个是自然人，一个是计算机)、一个询问者，三者互相不能看到，如图2.7所示。由询问者向受测对象轮流发问，如果询问者问了足够多的问题之后，仍然不能区分哪一个受测对象是人，哪一个受测对象是计算机，则认为计算机具有了人工智能。

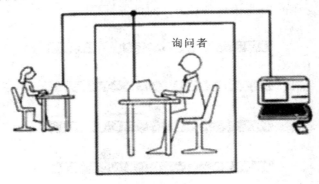

图 2.7　图灵测试

图灵测试的提出具有重要意义，它为所有致力于人工智能研究的科学家指明了研究的方向。

在2018年的谷歌开发者大会上，谷歌公司公布了语音助手进行电话预约的视频。有人认为，这表明在电话预约领域人工智能已经通过了图灵测试。

1966年，美国计算机协会设立了一个计算机界的奖项，为了纪念图灵的卓越贡献，将其命名为"图灵奖"。图灵奖是计算机科学界的最高奖项。

2.3　电子计算机

今天的计算机都是由数字电子电路构成的，人们提到计算机时通常指的是电子计算机。

2.3.1 第一台电子计算机

世界上第一台电子计算机名为电子数字积分计算机(Electronic Numerical Integrator And Computer，ENIAC)，诞生于第二次世界大战

电子计算机的诞生

期间。当时参战各国都投入大量人力和物力研制各种各样的新型武器，美国有一个火炮研究所，在研制火炮的时候，需要对炮弹的飞行轨迹进行分析，但是人工进行弹道计算太慢了，影响了研究进度，因此提出要制造一个用于弹道计算的计算机。

1946 年，弹道计算机 ENIAC(如图 2.8 所示)正式问世，这标志着电子计算机时代的开始。

图 2.8　弹道计算机 ENIAC

ENIAC 的性能达到了它的设计要求。当时人工计算一个弹道函数需要 30 分钟，而 ENIAC 计算只需要 20 秒。它每秒能计算 5000 次加法或 400 次乘法，速度非常快。

ENIAC 的电路设计是为了实现弹道函数计算。炮弹在空中的飞行轨迹是一个抛物线，但是由于空气阻力、风偏的影响，该抛物线不是一个规则曲线。在长期的实践中，人们总结出一个比较复杂的弹道公式：

$$y = x\tan\theta_0 - \frac{gx^2}{2v_0^2\cos^2\theta_0} - \frac{gcG(v_0)x^3}{3v_0^3\cos^3\theta_0} - \lambda\frac{x^4}{\cos^4\theta_0}$$

弹道计算就是要算出这个公式中的各个参数。

ENIAC 的输入信号是在测试过程中采集到的一些初始数据，比如说炮口的高度、飞行轨迹的最高点、炮弹的射程、飞行的时间等。当这些初始数据被加载到 ENIAC 的输入端之后，经过内部电路的处理和转换，能够产生一组输出信号。输出信号就是弹道公式的各个参数，包括射角 θ_0、初速度 v_0 和其他参数 c。

从这个过程中我们可以看出，ENIAC 之所以能够进行弹道计算，是由它的电路构造决定的。当它的电路被成功地设计和制造出来以后，进行弹道计算就成为它的一个本能，只要把初始数据加载到输入端，输出端自然就会产生各个参数。

ENIAC 的电路固定，决定了它只能进行弹道计算，而不能计算其他问题。如果想让它算另外一道题，就需要改变它的电路构造。虽然 ENIAC 算一道题只需要 20 秒，但是为了算这道题做的准备时间——包括重新设计和改接电路模块的时间，大概是一到两天，显然 ENIAC 的通用性非常差，这是它的一个致命缺陷。

后来解决这个问题的是一位著名的天才科学家——美国数学家冯·诺依曼。

2.3.2　冯·诺依曼设计思想

约翰·冯·诺依曼是美籍匈牙利数学家、计算机科学家、物理学家。冯·诺依曼早期以算子理论、共振论、集合论等方面的研究闻名，开创了冯·诺依曼代数。第二次世界大战期间，他曾参与曼哈顿计划，进行原子弹和量子物理方面的研究。

冯·诺依曼在进行量子物理的研究过程中需要大量计算，据说他曾雇用了近百个速算员为自己算题，因此他对计算机的研制十分关注。图 2.9 是冯·诺依曼和 ENIAC。

图 2.9　冯·诺依曼和 ENIAC

冯·诺依曼在了解了 ENIAC 的具体原理和性能之后，认为 ENIAC 采用的这种硬件决定任务的方式限制了它的功能，要解决这个问题，应该采用软件驱动任务的形式。具体来说，就是用计算机指令排成一个队列，构成程序，然后用程序驱动硬件完成任务。虽然一个程序只能完成一项工作，但是因为计算机指令的排列方式是无穷无尽的，所以可以编写成千上万个程序，实现各种各样的任务。

为了实践这个思想，冯·诺依曼向美国国防部提交了一份报告，申请设计制造一台离散变量自动电子计算机(Electronic Discrete Variable Automatic Computer，EDVAC)。在这份报告中，冯·诺依曼阐述了自己对 EDVAC 的设想，这一设想后来被称作冯·诺依曼的设计思想。从那时开始，直到现在，基本上所有的计算机都是采用冯·诺依曼的设计思想来设计和制造的，这些计算机被统称为冯·诺依曼式计算机。

冯·诺依曼的设计思想也被称作存储程序工作原理，可以归纳成三个方面：

(1) 计算机内部采用二进制。

(2) 计算机应该能够存储程序并自动执行程序。

(3) 计算机的硬件构成是五大模块，分别是运算器、控制器、存储器、输入设备和输出设备。

冯·诺依曼提交的这份报告是计算机发展史上的一个里程碑，它标志着电子计算机的设计有了完善的指导思想，使计算机的发展步入了正轨，因此冯·诺依曼也被称作电子计算机之父。

2.3.3 电子计算机的工作原理

电子计算机的核心部件是一个庞大的电路，计算机中的所有信息都是以电信号的形式存在的，实际上所有信息都是电压值。这些电压只有两个取值，分别称作高电平和低电平。每一根导线每一个时刻都能够传递一个电压值，一组导线可以同时传递多个电压值。

众所周知，计算机内部是一个二进制数的世界，那么这个二进制数是怎么来的呢？我们用数字对电压信号进行数学抽象，用 1 来表示高电平，用 0 来表示低电平，那么一组电压信号就转换成了一个由 0 和 1 构成的字符串。这种 0 和 1 构成的字符串就是二进制数。可见，二进制数实质上是对电信号的数学抽象。从物理角度来看，所有信息在计算机内部都是电信号；从逻辑角度来看，所有信息在计算机内部都是二进制数。

计算机系统包含硬件和软件，硬件就是电路，软件就是那些电信号，或者说是各种各样的二进制数。

既然计算机的核心部件是一个电路，那么可以通过它的输入和输出分析其工作特性。只要在计算机的输入端加载一组电压信号，或者一个二进制数，经过计算机内部电路的处理和转换之后，能够产生一个有效的输出，这时计算机就完成了一个基本工作步骤。

那些能够让计算机产生特定的有效输出的二进制数，被称作计算机指令。如果这个指令是在进行数学计算，那么输出的应该是数值。如果它要向用户展示一个信息，那么输出的是点阵信息或者声音。更普遍的情况是输出一组控制信号，来控制计算机的多个部件共同完成某一工作。

当多条指令排成队列依次执行时，就构成了程序，程序可以一步一步驱动计算机完成较复杂的工作。冯·诺依曼的存储程序工作原理，要求预先将多种程序存储在计算机内部，根据实际需要调用各种不同的程序，从而实现计算机的丰富功能。

2.4 计算机的发展

英特尔的创始人之一戈登·摩尔提出：在价格不变的情况下，每隔 8～24 个月，计算机的性能将提升一倍。这被称为摩尔定律，该定理揭示了信息技术进步的速度。

2.4.1 计算机的发展阶段

从计算机诞生到现在，将计算机的发展分为四个阶段。阶段划分的主要依据是构造计算机采用的基本物理器件。计算机的核心是电路，搭建电路需要各种各样的电子元件，比如电阻、电容、三极管、二极管等。图 2.10 展示了构造计算机的基本物理器件。

计算机的发展和展望

最早的时候，制造这些电子元件的材料叫电子管，它是看上去像小灯泡一样的东西。使用电子管制造的计算机，称作电子管计算机，也就是计算机发展的第一代。电子管体积大，寿命短，故障率高，后来被晶体管所替代。

图 2.10　构造计算机的基本物理器件

　　现在物理课上做电路实验用的就是晶体管原件。晶体管构造的计算机是晶体管计算机，也就是计算机发展的第二代。

　　后来，人们把电路做得非常小，把它放到一个硅晶片上，并且对它进行了封装，引出管脚，生产出了集成电路。使用集成电路构造的计算机被称作第三代计算机。一般认为这时候使用的集成电路是中小规模集成电路。

　　从 1971 年开始到现在使用的集成电路是大规模和超大规模集成电路，用它们构造的计算机被称作第四代计算机。为什么我们认为从 1971 年开始使用的就是大规模集成电路呢？是因为在 1971 年，微型计算机诞生了。所谓微型计算机，是指体积非常小、相应的集成度非常高的计算机。所以，微机的诞生标志着大规模集成电路开始被广泛使用。

　　现在有时会听到第五代计算机这个词，实际上第五代计算机并不是计算机发展的阶段划分，而表示计算机发展的方向，指的是现在进行的新型计算机的研究。目前最重要的研究方向是量子算机。由于量子力学态叠加原理使得量子信息单元的状态可以处于多种可能性的叠加状态，而传统计算机的信息单元只有 0 和 1 两种状态，所以量子信息处理从效率上远高于传统计算机。虽然量子计算在研究中不断取得突破，但是离量子计算机广泛应用还有一定的距离，所以通常认为现在使用的计算机仍然是第四代计算机。

2.4.2　计算机的发展趋势

1. 巨型化

　　人们总是希望计算机的功能越强大越好，因此电路规模也越做越大，这促进了巨型计算机的发展。巨型计算机运算能力虽强，但成本非常高，所以数量很少，一般用于科学研究。

巨型计算机也被称为超级计算机,目前中国的超算研究处于世界领先行列,最著名的有"神威·太湖之光"(见图 2.11)和"天河二号"等。研制巨型计算机的意义在于探索计算机发展的新技术,绝大部分提高计算机性能的技术突破都是最先在巨型机研制中产生的,然后进行改进,降低成本,使其适用于规模更小的计算机,从而促进计算机性能的整体提高。

图 2.11　"神威·太湖之光"巨型计算机

2. 微型化

计算机的体积变小,不但可以降低成本和售价,还可以拓展计算机的应用领域。也正是微型计算机的诞生和普及,引发了人类社会的信息化浪潮。计算机的微型化历程已经经历了个人电脑、笔记本、智能手机,发展到可穿戴设备。

3. 网络化

计算机连接互联网,能够获取和发布网络信息,极大地提高了计算机的实际效用。今天,网络化的发展趋势是基于云服务平台的虚拟机技术,随着网络速度的提升,将彻底改变计算机的形态。

4. 智能化

计算机发展最热门的方向是人工智能技术。自 20 世纪 50 年代图灵提出人工智能之后,直到今天人类才真正站到了人工智能世界的大门口。人工智能取得今天的发展主要依赖于一种叫作机器学习的新技术,该技术包括数据挖掘、模式识别、计算机视觉、自然语言处理等多个方面。目前机器学习最著名、最成熟的应用是无人驾驶技术。无人驾驶技术集合了人工智能发展最前沿的学科,也是信息技术高水平的综合体现。现在无人驾驶的客车货车,在世界上很多地方都已经进行了大规模的路上测试,很快将会进入我们的生活中。人工智能的另一个有代表性的成熟应用是机器翻译,这是基于自然语言处理而发展出来的一种技术,现在机器翻译和语音识别、计算机视觉相结合,产生了多种应用。人工智能的发展为人类社会开辟出了新的天地,以前不可思议的情况在今天成为现实。比如,百度人工智能团队曾经准确地预测过世界杯决赛的所有场次的比赛结果,准确率达到百分之百;谷歌开发的阿尔法狗战胜了人类最顶尖的围棋选手。可以预见,在未来一段时间内,人工智能将会迅速普及,彻底改变人们的生活。

本 章 小 结

　　计算机是一种由电子器件构成的具有计算能力和逻辑判断能力、自动控制和记忆功能的信息处理机。它可以自动、高效和精确地对数字、文字、图像和声音等信息进行存储、加工和处理。自世界上第一台计算机 ENIAC 于 1946 年诞生至今，已有 70 多年，计算机及其应用已渗透到人类社会生活的各个领域，有力地推动了整个信息化社会的发展。

　　本章对计算机的基本概念(包括计算机的诞生、发展、工作原理等方面)进行了介绍。

思 考 题

1. 图灵在计算机发展史上的主要贡献有哪些？
2. 计算机发展分为几代？分别对应的主要物理器件是什么？
3. 计算机的发展趋势有哪些？

第 3 章

信 息 表 示

计算机要处理的信息是多种多样的，如日常的十进制数、文字、符号、图形、图像和语言等。但是计算机无法直接理解这些信息，所以需要先将其转换为二进制数据的形式，然后才能进行存储、处理和传输。

3.1 二 进 制

计算机内部是一个二进制数字世界。

3.1.1 数制的概念

生活中使用的十进制和计算机中使用的二进制都是进位计数制。所谓进位计数制，就是指在做加法的时候逢几进一的数制。比如，十进制逢十进一，二进制逢二进一。

十进制有十个基本数符：0、1、2、3、4、5、6、7、8、9。二进制有两个基本数符：0、1。大家对十进制都非常熟悉，但是对二进制比较陌生。表 3.1 是十进制数值和二进制数值对照表。

数制的概念

表 3.1 十进制数值与二进制数值对照表

十进制数	0	1	2	3	4	5	6	7	8	9
二进制数	0	1	10	11	100	101	110	111	1000	1001

从这个对照表中可以看出，二进制数有一个缺点——位数过长。一位十进制数就可能对应四位二进制数。当数位过多之后，二进制数会变得难认、难记、难算。因此，为了把二进制数变得短一些，计算机科学中又引入了两种新的数制：八进制和十六进制。把每 3 位二进制数合成 1 位，就是八进制数；把每 4 位二进制数合成 1 位，就是十六进制数。八进制的运算规则是逢八进一，十六进制的运算规则是逢十六进一。表 3.2 所示为数制基本属性对照表。

表 3.2　数制基本属性对照表

进制	二进制	八进制	十进制	十六进制
运算规则	逢二进一	逢八进一	逢十进一	逢十六进一
基数	$r=2$	$r=8$	$r=10$	$r=16$
基本符号	0，1	0，1，2，…，7	0，1，2，…，9	0，1，2，…，9，A，B，…，F
权	2^i	8^i	10^i	16^i
角标	B(Binary)	O(Octal)	D(Decimal)	H(Hexadecimal)

表 3.2 中基数的指数代表的是基本数符的个数。例如，十六进制有十六个基本数符，即 0～15，但是 10～15 必须用一个符号来表示，因此十六进制中用 A～F 分别表示 10～15。权指的是数制中任意位的单位值。角标通常写在数的后面，表明它的数制类型，如 1010B 表示 1010 是二进制数。

3.1.2　二进制的优点

在实践中形成的任何数制都存在其必然性。

为什么地球上相互隔绝的文明不约而同地采用十进制？原因是人有十根手指，而手指是最方便的计数工具，人类最初计数时肯定是用手指数的，所以大家都选择了十进制。

计算机中的二进制

那么电子计算机采用二进制的根本原因是什么？在电子计算机问世之前，电子电路技术已经发展得相当成熟，大量功能电路被广泛使用，如加法器、锁存器、触发器、计数器等。在设计制造计算机时，很自然地采用了这些成熟的功能电路作为功能模块，所以今天的计算机被称为数字电子计算机。计算机是由数字电子电路组成的，而数字电子电路是由门电路组成的。门电路是以三极管为核心的反馈电路。之所以称为门，是因为三极管有导通和截止两种工作状态，就像门有打开和关闭两种状态一样。门电路的输出由三极管的状态决定，而三极管只有两种工作状态，这也就决定了门电路的输出必然只有两个取值，分别是高电平和低电平。如果用数字 1 表示高电平，用数字 0 表示低电平，那么门电路的输出就是一个二进制数。电子计算机是由门电路的堆叠构成的，因为门电路的输出是二进制数，所以决定了电子计算机内部只能采用二进制。因此，计算机采用二进制，其根本原因是它采用了门电路作为基本物理器件。

计算机采用二进制具有以下四个优点：

(1) 易于物理实现。因为有现成的门电路和功能电路存在，直接利用可以使计算机的设计实现变得相对简单方便。

(2) 可靠性高。门电路的输出由三极管的导通和截止状态决定，这种状态不易受外界信号干扰，所以出错的可能性比较低。

(3) 通用性强。二进制不但可以用于算术运算，也可以很方便地用于逻辑运算。逻辑运算的值只有两个，即逻辑真和逻辑假，正好可以用二进制的两个基本数符 1 和 0 指代，通常 1 表示真，0 表示假。最基本的门电路有三种，分别称作与门、或门、非门，它们分别对应逻辑与、逻辑或、逻辑非这三种基本的逻辑运算。

① 逻辑与运算的功能：只要参与运算的两个值中有一个为 0 时，运算结果就是 0；只有参与运算的两个值都为 1 时，运算结果才是 1。表 3.3 所示为逻辑与运算的真值表。

表 3.3 逻辑与运算的真值表

A	B	$F = A \times B$
0	0	0
0	1	0
1	0	0
1	1	1

② 逻辑或运算的功能：只要参与运算的两个值中有一个为 1，运算结果就是 1；只有参与运算的两个值都为 0 时，运算结果才是 0。表 3.4 所示为逻辑或运算的真值表。

表 3.4 逻辑或运算的真值表

A	B	$F = A + B$
0	0	0
0	1	1
1	0	1
1	1	1

③ 逻辑非运算功能：对参与运算的值取反，对 0 进行逻辑非运算结果是 1，对 1 进行逻辑非运算结果是 0。表 3.5 所示为逻辑非运算的真值表。

表 3.5 逻辑非运算的真值表

A	$F = \overline{A}$
0	1
1	0

(4) 运算规则简单。以加法规则为例，十进制的加法规则有 55 种，二进制的加法规则只有 3 个，显然二进制的运算规则简单得多。运算规则简单有什么好处？我们设想一下，设计两个加法电路，其中一个要考虑 55 个规则，另一个只考虑 3 个规则，显然后者的电路规模要小得多，更易于设计制造。二进制数的各种运算和处理都比十进制数的简单，所以客观上降低了计算机的硬件设计制造的难度和成本，这在计算机发展的早期具有非常重要的意义。

3.1.3 计算机中的信息转换

在计算机中所有信息都是以二进制数的形式存在的。所以信息在输入计算机时，必须进行二进制转换。数值需要从十进制转换成二进制，这个过程叫数制转换。文字需要从字符转换成二进制数，这个过程叫编码。声音需要通过定时采样将连续的波形转换成二进制序列，这个过程叫模/数转换。图像也需要编码，从点阵信息转换成二进制序列。

当从计算机输出时，又需要进行逆转换，从二进制数转换成人能够接收的形式，如文字、声音、图形等。图3.1为计算机信息转换过程示意图。

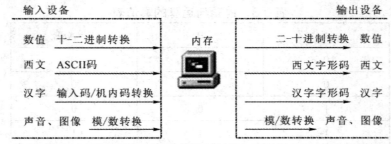

图3.1　信息转换示意图

3.2　数制转换

数制转换是指把一个数等值转换为其他数制形式。例如，把二进制转换成十进制，或者把十进制转换成八进制等。已知二进制数 10111 等于十进制数 23，它们是两个不同的数吗？其实，它们是同一个数，这个数用二进制表示是 10111，用十进制表示是 23，除此之外，还可以用文字甚至手势来表示。可见，一个数可以表示成各种不同的形式，但这些

数制转换

形式指代的数值是相同的，实际上它们都是同一个数。所以，数制转换并不是在多个数之间进行转换，而是在一个数在不同形式之间进行转换。

3.2.1　数位和权值

对于十进制数，很容易分辨出它的大小是多少。但是对于那些我们不熟悉的数制，怎么分辨出一个数的大小是多少？这时我们需要构造一个适合所有数制的统一的数值计算公式。为了实现这个公式，首先需要给数制中的每一位命名。命名规则是：把小数点前的第一位，也就是通常所说的个位命名为 D0 位，向左依次增大，为 D1，D2，…，向右依次减小，为 D-1，D-2，…。这样就给数制中的每一位起了一个唯一的名字。表 3.6 所示为数位命名表。

表 3.6　数 位 命 名 表

位	…	D2	D1	D0		D-1	D-2	…
数		3	2	1	.	4	5	

在 321.45 这个数中，D2 位置的 3 表示的值不是 3，而是 300。这是因为 3 处于百位，百位上的数本身存在一个权值。每个数符表示的值应该等于数符本身乘以它所在位的权值。数制中某一位的单位值称为该位的权。这个定义中单位值实际上指的就是 1。要判断某一位的权值，只要在这位上放一个 1，看它表示的值是多少，这个值就是该位的权值。比如，我们在百位上放 1 表示 100，所以百位的权值就是 100；在十位上放 1 表示 10，十位的权值就是 10。

接下来构造权值公式。对于 r 进制，其 Dn 的权值等于 r 的 n 次方。上例中，数符 3 处在十进制的百位，也就是 D2 位，r 应该取 10，n 应该取 2，所以它的权值是 10^2，等于 100。百位的权值确实是 100，说明权值公式是正确的。知道了这一位的权值之后，就可以计算数符 3 表示的真正的值，即 3×100=300。

由此可知，我们看到的 321.45 是用数符对一个数值进行的记录，是数的表达形式。这个数的真正的值应该是把所有位按权值展开后的和。

321.45 展开后等于 $3 \times 10^2 + 2 \times 10^1 + 1 \times 10^0 + 4 \times 10^{-1} + 5 \times 10^{-2}$，这个多项式的和就是数的真实大小。

3.2.2 非十进制转换为十进制

对于那些我们不熟悉的数制的数，怎样能判断它们的大小？同样是按上述方法，把所有位按权值展开成多项式，然后求和，就可以得到它的值。

例如，二进制数 10111 是多大？首先要计算权值，因为是二进制数，r 应该取 2，最前面的 1 在 D4 位，权值是 2^4=16。把这个数整个展开：

10111B(B 是二进制角标，表示前面是个二进制数)

$$= 1 \times 2^4 + 0 \times 2^3 + 1 \times 2^2 + 1 \times 2^1 + 1 \times 2^0$$

= 23D (D 是十进制角标，表示前面是个十进制数)

二进制数 10111 就是十进制数 23。从这个例子可以看出，对任意数制中的数按权值展开成多项式求和，就是把它转换成十进制数。例如：

$$10101(B) = 1 \times 2^4 + 1 \times 2^2 + 1 \times 2^0 = 21(D)$$

$$101.11(B) = 1 \times 2^2 + 1 \times 2^0 + 1 \times 2^{-1} + 1 \times 2^{-2} = 5.75(D)$$

$$73(O) = 7 \times 8^1 + 3 \times 8^0 = 56 + 3 = 59(D)$$

$$101A(H) = 1 \times 16^3 + 1 \times 16^1 + 10 \times 16^0 = 4122(D)$$

在这里要注意一个问题：这种方法理论上可以用于任意数制之间的转换。之所以我们的转换结果总是十进制数，是因为我们一直在用十进制的运算规则来对多项式进行求和运算。如果使用其他数制的运算规则进行求和呢？假如用八进制的运算规则进行求和，那么结果就会是一个八进制数。因为我们仅熟悉十进制运算，对其他数制的运算规则不熟悉，使用其他数制规则进行运算时往往会出现错误，所以，这种方法仅用于把非十进制转换成十进制，如果目标是非十进制，则要使用其他方法进行转换。

3.2.3 十进制转换为非十进制

十进制转换为非十进制的基本思路是对转换结果进行逐位判断，如果我们能判断出每一位的值，那么把这些值按位连接在一起，就能够得到转换结果。但是这种转换方法比较复杂，整数和小数的转换规则不一样。所以在转换时，先要把整数部分和小数部分分开，分别进行转换，然后把两部分的转换结果拼接起来，得到完整的结果。

如何判断一个数在某种数制中各个位的值？

我们先来看一个十进制的例子。十进制数 234，怎么通过运算判断出它每一位上的值是多少呢？首先看 D0 位，也就是个位。个位的值就等于这个数除以 10 所得的余数。

下一步看 D1 位，也就是十位上的值，知道了个位的判断方法，只要想办法把十位变成个位，就可以判断出它的值。对于一个数的十进制形式来说，把十位变成个位，只要把这个数除以 10 就可以了。把十进制数除以 10，会使这个数整体右移一位，也就是所有位都向右移一格。然后，除以 10 取余数，这个余数是现在的个位，也就是原始数的十位。由此我们可以归纳出判断十进制数各位值的方法，只要不断地把这个数除以 10 取余数，所得的余数就是各个位上的值。当这个数除到了 0，说明所有位都已经被分离出来，计算到此结束。由于取的余数是从个位开始的，而个位应该排在最后，所以连接时应该把余数自下向上排列。

```
10 | 234
10 |  23   4
10 |   2   3
      0   2
```

综上所述，一个数的十进制形式的逐位判断方法是：除以 10 取余数，直到商为 0，所取余数自下向上排列。

十进制数除以 10，会使这个数整体右移一位；二进制数除以 2，会使这个数整体右移一位。所以，一个数的二进制形式的逐位判断方法是：除以 2 取余数，直到商为 0，所取余数自下向上排列。

例如，计算十进制数 100.345 的二进制形式。

首先把整数部分和小数部分分开。

整数部分用 100 不断除以 2 取余数，直到商为零，计算结束。余数自下向上排列，100D 转换为二进制形式，结果是 1100100B。

```
2 | 100
2 |  50   0
2 |  25   0
2 |  12   1
2 |   6   0
2 |   3   0
2 |   1   1
      0   1
```

以上是整数部分的转换规则，下面分析小数部分的转换规则。

首先还是看如何分离出一个十进制纯小数的各位。方法是乘以 10 取整数。对于一个数的十进制形式，乘以 10 是让这个数整体左移一位，原来的 D-1 位就变成了 D0 位，也就是个位。此时取的整数是当前个位的值，等于原始数 D-1 位的值。接下来不断地乘以 10 取整数，就可以让小数连续向左移位，同时分离出它的个位。一直到乘积的小数部分为零，说明所有位都被分离出来了，运算到此结束。最后要把所取整数按位连接起来。由于取的整数是从 D-1 位开始的，而 D-1 位应该排在小数部分的最前面，所以连接时把整数按取的顺序排列即可。

从这个方法可以推知一个纯小数的二进制形式的逐位判断方法：只要将这个数不断乘以 2 取整数，直到乘积的小数部分为零，所取整数按顺序排列。

0.345 转换为二进制数，不断乘以 2 取整数，但是发现乘积的小数部分永远不为 0，此时可按题目要求或根据实际情况确定保留小数位数。0.345D 转换为二进制数约为

0.01011B。最后，将这个数的整数部分和小数部分拼接起来，十进制数 100.345D 转换为二进制数的结果约为 1100100.01011B。

$$
\begin{array}{r}
0.345 \\
\times \quad 2 \\
\hline
\underline{0}.690 \\
\times \quad 2 \\
\hline
\underline{1}.380 \\
\times \quad 2 \\
\hline
\underline{0}.760 \\
\times \quad 2 \\
\hline
\underline{1}.520 \\
\times \quad 2 \\
\hline
\underline{1}.04
\end{array}
$$

综上所述，十进制转换成非十进制的方法是：首先，把整数部分和小数部分分开；然后依据整数部分的转换规则(除以 r 取余数，直到商为零，余数自下向上排)和小数部分的转换规则(乘以 r 取整数，整数按顺序排列)分别判断各位的值；最后，将整数部分和小数部分拼接起来。

3.2.4　二进制、八进制、十六进制的相互转换

3.1 节中介绍了八进制的由来——每 3 位二进制数合成 1 位，就是八进制数。所以二进制转换为八进制的规则就是：分组转换，每 3 位二进制数分成 1 组，转换成 1 位八进制数。分组的规则是：以小数点为起点进行分组，整数部分自右向左分组，小数部分自左向右分组。当分组到达顶端的时候，如果位数不足，那么用 0 补足位数。

例如，二进制数 1101101110.110101 转换为八进制。首先将其每 3 位分为一组，最前面的 1 因为不足三位，所以在前面补 00。然后将每 1 组转换为 1 位八进制数，最后将转换结果进行拼接就可以了。所以结果是 1556.65。

$$
\begin{array}{l}
\underline{1}\ \underline{101}\ \underline{101}\ \underline{110}.\underline{110}\ \underline{101}\text{(B)} = 1556.65\text{(O)} \\
\ 1\quad 5\quad\ 5\quad\ 6\quad\ 6\quad\ 5 \\
\underline{11}\ \underline{0110}\ \underline{1110}.\underline{1101}\ \underline{01}\text{(B)} = 36\text{E.D4(H)} \\
\ 3\quad\ 6\quad\ \ E\quad\ D\quad\ 4
\end{array}
$$

因为每 4 位二进制数合成 1 位，就是十六进制数，所以二进制转换为十六进制的规则是：将二进制数每 4 位分为 1 组，然后分组转换，最后将结果进行拼接。

八进制转换为二进制的规则是：将一位八进制数拆成 3 位二进制数。拆分时要注意，每 1 位八进制数，必须占够 3 位二进制数，如果不足 3 位则用 0 补足。

$$
144\text{(O)} = \underset{1}{\underline{001}}\ \underset{4}{\underline{100}}\ \underset{4}{\underline{100}}\text{(B)}
$$

十六进制转换为二进制是将每 1 位十六进制数拆成 4 位二进制数，最后将结果进行拼接。

$$
64\text{(H)} = \underset{6}{\underline{0110}}\ \underset{4}{\underline{0100}}\text{(B)}
$$

如果要把八进制转换成十六进制，因为并不存在关系，所以它们不能直接按位转换，必须用二进制作为过渡。表 3.7 是二进制、八进制、十六进制数的数值对应表。

表 3.7　二进制、八进制、十六进制数的数值对应表

八进制	对应二进制	十六进制	对应二进制	十六进制	对应二进制
0	000	0	0000	8	1000
1	001	1	0001	9	1001
2	010	2	0010	A	1010
3	011	3	0011	B	1011
4	100	4	0100	C	1100
5	101	5	0101	D	1101
6	110	6	0110	E	1110
7	111	7	0111	F	1111

3.3　补码和浮点数

在 3.2 节中介绍了数制转换，在讲解中用到的数都是无符号数，或者说是正数。但在计算中，经常会出现负数，或者说有符号数，这种数该怎样表示呢？在计算机中，补码用于表示有符号整数，浮点数用于表示有符号实数。

3.3.1　补码

要表示有符号数，首先要对正负号进行编码。通常用 0 表示正号，用 1 表示负号。正负号放在数的最前面，也就是二进制数的最高位。例如：

+5：00000101，最前面的 0 表示正号。

−10：10001010，最前面的 1 表示负号。

这种表示方法存在问题：当只有正数参与计算时，结果都是正确的；

补码

但当在计算过程中出现负数时，结果就很可能是错误的。比如，我们知道 +5 加 −10，结果应该是 −5。把它们的二进制形式列竖式进行计算。

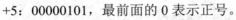

$$
\begin{array}{r}
00000101 \\
+\quad 10001010 \\
\hline
10001111
\end{array}
$$

后面的 1111 是 15，最前面的 1 表示负号，转换成十进制是 −15，显然出错了。为了能够保证负数计算的正确性，出现了补码的概念。

补码的基本思想就是把负数表示成加几等于 0 的形式。例如，x + 3 = 0，该式中 x 肯定是 −3。之所以叫补码，就是补上几就会变成 0 的意思。

实现把一个负数写成补码的形式，其过程分为以下三步：

(1) 按上述方式进行二进制变换，结果称作原码。

(2) 把原码除符号位以外的所有位全部取反，就是把 0 变成 1，1 变成 0，结果称作反码。

(3) 把反码加 1。

通过上述方法计算 –10 的补码形式。

原码：10001010。

反码：11110101。

补码：11110110。

下面再次进行计算 +5 加上 –10。

$$
\begin{array}{r}
00000101 \\
+\quad 11110110 \\
\hline
11111011
\end{array}
$$

这个结果看上去好像很大，它是 –5 吗？负数在计算机内部都是以补码形式存在的。所以，为了能看出这个数是多少，还需要把它从补码转换成原码形式。根据前面所说的补码构造过程，补码还原成原码的计算应该是减 1 取反，但最普遍的方法仍然是取反加 1。这两种转换方法其结果是一样的。现在对刚才的计算结果进行取反加 1。

补码：11111011。

取反：10000100。

原码：10000101。

可以看出，101 是 5，最前面的 1 是负号。这个数的原码是 –5，计算结果是正确的。

再看一个负数的补码 11111111 表示的值是多少。可以按取反加 1 的方法，还原成原码，然后做十进制转换，得出它的值；也可以根据补码的定义，直接进行推算。补码是把一个负数写成加几会变成 0 的形式。下面我们看一下这个数加几会变成 0。现在用一个字节表示一个有符号数，那么这个数加 1 就会变成 0。

$$
\begin{array}{r}
11111111 \\
+\quad\quad\quad 1 \\
\hline
100000000
\end{array}
$$

最前面的 1 超出了一个字节的表示范围，这种情况称作溢出，溢出的值会被丢弃掉。所以结果就是 0。因为这个数加 1 等于 0，所以它一定是 –1。

因为在计算机里面存放一个值肯定是要用于计算的，而负数只有补码形式才能够正确计算，所以负数在计算机中都是以补码形式存在的。正数并不存在计算错误的问题，所以正数不使用补码。如果要求计算一个正数的补码，其原码、反码、补码是完全一样的，没有任何变化。

假定一个整数 X 在机器中占用 8 位。

(1) 原码：

$$[X]_{原} = \begin{cases} 0X & 0 \le X \\ 1|X| & X \le 0 \end{cases} \quad\quad +7:\ 00000111 \quad\quad +0:\ 00000000$$
$$\phantom{[X]_{原} = \begin{cases} 0X \\ 1|X| \end{cases}} \quad -7:\ 10000111 \quad\quad -0:\ 10000000$$

(2) 反码：

$$[X]_{反} = \begin{cases} 0X & 0 \le X \\ 1|\overline{X}| & X \le 0 \end{cases} \quad\quad +7:\ 00000111 \quad\quad +0:\ 00000000$$
$$\phantom{[X]_{反} = \begin{cases} 0X \\ 1|\overline{X}| \end{cases}} \quad -7:\ 11111000 \quad\quad -0:\ 11111111$$

(3) 补码：

$$[X]_{补} = \begin{cases} 0X & 0 \le X \\ 1|\overline{X}|+1 & X \le 0 \end{cases} \quad +7:\ 00000111 \quad\quad +0:\ 00000000$$
$$\phantom{[X]_{补} = \begin{cases} 0X \\ 1|\overline{X}|+1 \end{cases}} \quad -7:\ 11111001 \quad\quad -0:\ 00000000$$

3.3.2　浮点数

浮点数

补码表示有符号整数,而在计算中经常会出现小数,应该如何表示呢?

表示小数的时候,最困难的是对小数点的处理。虽然可以用 0 或者 1 来表示小数点,但是随着数值的变化,小数点的位置也在变化,对小数点的位置进行编码是非常困难的。

最初对小数点的处理方法是事先约定好小数点的位置,这种表示方式被称作定点数。定点数通常有两种形式:第一种是小数点定在数的最后面,也就是 D0 位之后,这种数被称作定点整数,也就是纯整数;第二种是小数点定在数的最前面,或者紧跟在符号位之后,这种数被称作定点小数,也就是纯小数。

仅有定点整数和定点小数显然是不能满足需要的,所以引入了浮点数。浮点数的基本思想是采用科学计数法的形式来表示数值。比如,光速 3×10^8 米/秒就是科学计数法形式。因为生活中采用十进制,所以生活中的科学计数法是把数表示成十进制数乘以 10^n 的形式。而计算机中采用二进制,因此计算机中的科学计数法是把数表示成二进制数乘以 2^n 的形式。

任何一个二进制数,一定可以写 $\pm 1.m \times 2^{\pm n}$。

二进制数的各位上不是 0 就是 1,所以只要一个值不是整数零,那么,在这个数中至少有一个 1 存在。因此,总是可以把小数点放到最前面的 1 之后,把它写成标准格式。

当一个二进制数用这种科学计数法进行表示之后,为了准确保存这个数,我们需要从这个公式中采集以下四个信息:

(1) 最前面的正负号,称作数符。

(2) m,称作尾数。

(3) 指数的正负号,称作阶符。

(4) n,称作阶码。

其中,尾数 m 是一个定点小数,阶码 n 是一个定点整数。只要保存了这四个信息,就可以在需要的时候代入公式计算出这个数的值。在实际应用中,会在阶码上加上一个偏移量,以取消阶符,把阶码变成无符号整数。因此,只需保存数符、阶码、尾数三个信息。

例如:

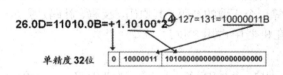

又如:

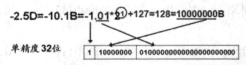

浮点数具体的存储格式、尾数和阶码所占的位数,在不同的系统中有不同的规定。在大多数系统中,浮点数被分成两类,分别是单精度浮点数和双精度浮点数。它们的区别是数位长度不一样。例如,在某些系统中,单精度浮点数的长度是 4 字节,而双精度浮点数的长度是 8 字节。数位变长有什么好处呢?我们知道,位数变长,对数符并没有影响,但会影响尾数和阶码。

尾数越长，数的精确度越高；阶码越长，数的取值范围越大。所以，双精度浮点数相对于单精度浮点数来说，它的精确度更高，取值范围更广，可以表示特别大或特别小的数。

　　理论上来说，数轴上的任意区间都有无限个实数。但是，在同一区间浮点数是有限个。为了实现用有限个数表示无限个值，在用浮点数表示数据的时候往往采用近似值。

3.4　文 字 编 码

　　把文字转换成二进制数的方法是给每一个字符编号，而且每个字符的编号是固定不变的。编号是数字，可以进行二进制转换，从而把文字转换成二进制数。这种方法称作文字编码。一台计算机中往往存在两种以上编码。计算机底层使用的是英文字符，所以一般认为每台计算机中都存在西文编码。根据使用地域的不同，计算机中还存在其他形式的编码。比如，在中国使用的计算机中有汉字编码，在法国使用的计算机中有法文编码。

文字编码

3.4.1　ASCII 码

　　西文编码中最常见的是 ASCII 码，它的全称是美国信息交换标准代码。通常认为，每台计算机中都存在 ASCII 码。它定义了 128 个字符，编号是 0～127，见表 3.8。

表 3.8　ASCII 码基本集

$d_3d_2d_1d_0$		$d_6d_5d_4$							
		000	001	010	011	100	101	110	111
		0	1	2	3	4	5	6	7
0000	0	NUL	DEL	SP	0	@	P	、	P
0001	1	SOH	DC1	!	1	A	Q	a	q
0010	2	STX	DC2	"	2	B	R	b	r
0011	3	EXT	DC3	#	3	C	S	c	s
0100	4	EOT	DC4	$	4	D	T	d	t
0101	5	ENQ	NAK	%	5	E	U	e	u
0110	6	ACK	SYN	&	6	F	V	f	v
0111	7	BEL	ETB	`	7	G	W	g	w
1000	8	BS	CAN	(	8	H	X	h	x
1001	9	HT	EM	)	9	I	Y	i	y
1010	A	LF	SUB	*	:	J	Z	j	z
1011	B	VT	ESC	+	;	K	[	k	{
1100	C	FF	FS	,	〈	L	\	l	|
1101	D	CR	GS	—	=	M	]	m	}
1110	E	SO	RS	.	〉	N	↑	n	~
1111	F	SI	US	/	?	O	↓	o	DEL

　　在 ASCII 编码表中，行标题是编码的高三位，列标题是编码的低四位。所以，要看一个字符的编码是多少，应该先向上查它的高三位，再向左查它的低四位。比如，大写字母 A 的 ASCII 码值是 1000001。

　　ASCII 码中定义了阿拉伯数字、控制字符、英文字母和英文标点。通过查 ASCII 码表，可以把任意西文字符转换成一个 7 位二进制数。但是在计算机中，信息存储的基本单位是字节，每一个字节是八位二进制数。任何一个信息存储时必须占用整数个字节。一个字符的 ASCII 码，在存放的时候占用一个字节，在字节中使用低七位，也就是从 D0 到 D6 位，最高位恒为 0。

　　ASCII 码表中存在一些规律。控制字符一共有 34 个，编号是 0～32 和 127。数字 0～9 的编码号从 48 号开始。英文字母因为有大写字母和小写字母，所以被编码了两遍，其中大写字母在前，小写字母在后，每个字母的小写形式比大写形式大 32。了解了这个规律之后，我们只要记住大写字母 A 的 ASCII 码值是 65，对于其他字母的 ASCII 码值都可以推算出来。

3.4.2　汉字编码

　　输入汉字时使用的是输入法提供的输入码。在计算机内部，汉字理论上是以国标码形式但实际上是以机内码形式存在的。在输出汉字的时候，需要使用字库提供的字形码来查找汉字的字形完成输出。汉字编码标准是由我国于 1980 年颁布的《中华人民共和国标准信息交换编码》所规定的，该编码被称作国标码。国标码的构造相对于英文来说更加困难。因为汉字不像英文那样存在基本字母，所以只能对所有常用汉字都进行编码。

　　汉字编码的过程分为以下三步。

　　第一步，构造一个 94 行 94 列的方阵，然后把每一个常用汉字放到方阵中的一个固定位置上。由于每个汉字在方阵中的位置是固定不变的，所以就可以拿位置来指代这个汉字。比如，中国的“中”字，处在方阵中的第 54 行、第 48 列，因此，它的编码是 5448。其中，前两位是行号，后两位是列号。这个方阵的每一行称作一个区，每一列称作一个位，这种编码方式被称作区位码。

　　第二步，在区位码的行号和列号上分别加 32，并对其进行十六进制转换，其结果是一个由四位十六进制数构成的编码。编码中的前两位是行号，后两位是列号。这种编码形式就是国标码。已知汉字“中”的区位码是 5448，对行号 54 + 32 = 86 进行十六进制转换，其结果是 56H；对列号 48 + 32 = 80 进行十六进制转换，其结果是 50H，所以汉字“中”的国标码是 5650H。因为两位十六进制数等价于八位二进制数，正好是一个字节，所以每一个汉字在计算机中存储时占两个字节，高字节表示行号，低字节表示列号。区位码的行号和列号的取值范围是 1～94，当加上 32 之后，国标码的行号和列号的取值范围是 33～126，这个范围正好和 ASCII 码中的普通字符的范围一致。其实，国标码的这种设计就是为了能够最大限度地兼容 ASCII 码，从而保证软件在不同语言环境中的通用性。但此时国标码和 ASCII 码的取值范围重叠，会造成一个问题——如果在一个文档中既有汉字又有英文，它们将无法区分。

　　第三步，为了能够正确区分汉字和英文，把国标码两个字节的最高位都由 0 置为 1，构成了机内码。机内码是汉字在计算机中真正的存在形式。从国标码变为机内码，可以通过计算实现，在国标码的行号和列号上分别加 80H，就得到了机内码。已知汉字"中"的国标码是 5650H，它的机内码就是 D6D0H。

　　综上所述，汉字编码是通过区位码、国标码、机内码这三步实现的。

3.4.3　字形码

　　当汉字进行输出的时候，虽然计算机可以通过国标码确定这是哪一个字，但是计算机并不知道这个字该怎么写，这时需要通过字库来查找汉字的字形码。

　　字形码是一个图形，输出汉字就是要输出汉字的形状，也就是图形。例如，汉字"大"的字形码如图 3.2 所示，这是一个 16×16 的方阵。方阵中的每一个点有两种状态：一种有图案，另一种没有图案。为了方便起见，我们说一个点可以是白色的，也可以是黑色的。如果这个点是白色，用 0 对其进行编码；如果这个点是黑色，用 1 对其进行编码。这样就把一个 16×16 的方阵转换成了一个 256 位的二进制数。这种对图形进行编码的方式称作位图。位图的基本思路是通过逐一描述图形中每一点的颜色来描述出整个图形。

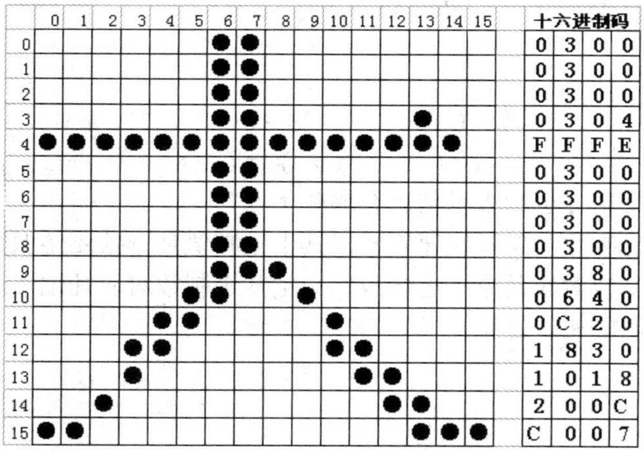

行	十六进制码
0	0300
1	0300
2	0300
3	0304
4	FFFE
5	0300
6	0300
7	0300
8	0300
9	0380
10	0640
11	0C20
12	1830
13	1018
14	200C
15	C007

图 3.2　汉字"大"的字形码

　　字形码是一个黑白位图，只有两种颜色，对每个点编码，仅需 1 位二进制数。那么对彩色图形该如何编码呢？假如有一个位图采用的是 256 色，对颜色进行编码时就需要 8 位二进制数，因为 $2^8 = 256$，八位二进制数有 256 个取值，每一个值正好可以对应一种颜色。这时描述一个点的颜色就需要 1B。假如这个图形的分辨率是 640×480，那么图形文件的大小应该是 640×480×1B，约等于 300 KB。这就是位图转换成二进制数的方法。

3.4.4　Unicode 码

　　Unicode(统一码、万国码、单一码)是为了避免不同语言和文字在编码时互相冲突而制定的可以容纳世界上所有文字和符号的字符编码方案。它为每种语言中的每个字符设定了统一并且唯一的二进制编码，以满足跨语言、跨平台进行文本转换、处理的要求。

Unicode 用数字 0～10FFFF(H)来映射这些字符，最多可以容纳 1114112 个字符，或者说有 1114112 个码位。码位就是可以分配给字符的数字编号。UTF-8、UTF-16、UTF-32 都是将数字转换到程序数据的编码方案。

本 章 小 结

　　计算机最基本的功能是对数据进行计算和加工处理，这些数据包括数值、字符、图形、图像、声音等。在计算机系统中，这些数据都要进行二进制编码，转换成 0 和 1 的二进制形式存储。本章主要介绍了不同类型数据在计算机中如何存储、常用数制及其相互转换、西文字符和汉字在计算机中如何表示等内容。

思 考 题

1. 计算填空

$(10101.101)_B = ($ 　　　　　　$)_D$

$(75.43)_O = ($ 　　　　　　$)_D$

$(E2.1D)_H = ($ 　　　　　　$)_D$

$(127)_D = ($ 　　　　$)_B = ($ 　　　　$)_O = ($ 　　　　$)_H$

$(218.35)_D = ($ 　　　　$)_B = ($ 　　　　$)_O = ($ 　　　　$)_H$

2. 计算机内部采用二进制表示信息有哪些优点？

3. 给定一个二进制数，怎样快速判断出其十进制值是奇数还是偶数？

4. 一位十六进制数对应几位二进制数？一位八进制数对应几位二进制数？

5. 简述汉字编码的构造过程。

第 4 章

计算机硬件系统

伴随着信息时代的来临，计算机已经全面进入人们日常的学习、工作和生活当中，更是改变了人们的生活方式，提高了人们的生活质量。作为日常使用最多的电子产品，它实际上是一个完整的系统，被称为计算机系统。

虽然近年来计算机技术发展飞速，计算机系统的功能越来越强大，性能越来越好，但是其基本构成及工作原理没有发生太大的变化。本章将由计算机系统引出计算机硬件系统，分别介绍计算机的体系结构和基本工作原理，最后介绍微型计算机的组成及现状。

4.1　计算机系统概述

计算机系统概述

通常所说的计算机实际上应该被称为计算机系统，所谓系统，是指一个有组织的整体。一个完整的计算机系统包括硬件系统和软件系统两部分，具体组成如图 4.1 所示。

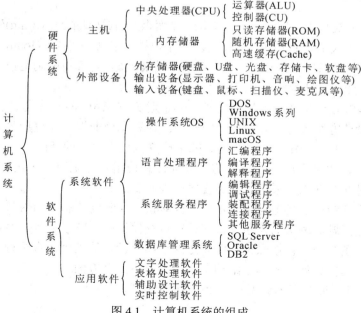

图 4.1　计算机系统的组成

　　计算机硬件是指客观存在的计算机物理装置，即看得见、摸得着的实体。计算机硬件系统就是所有构成计算机系统的物理部件的有机结合，包括由电子元件和机械元件构成的CPU、内存储器、外存储器、输入设备、输出设备等。可以说，计算机硬件系统是软件系统依托的基础，更是计算机赖以工作的基础。

　　计算机软件是指用某种计算机语言编写的程序、相关数据及文档的总称，能够完成某项特定的任务。计算机软件系统是所有在计算机上运行的软件的总称，包括各种系统软件和应用软件。可以说，计算机软件系统是计算机的灵魂。关于计算机软件系统的详细内容会在第五章作介绍。

　　计算机硬件为软件提供了运行的平台，软件使得硬件的功能得到充分的发挥，两者相互配合使得计算机发挥各项功能，更好地为人们服务。

　　特别需要说明的是，在计算机系统中，硬件和软件的功能没有明确的界限。软件的功能可以用硬件来实现，被称为软件硬化或固化，如后面要介绍的基本输入输出系统(BIOS)正是被固化在 ROM 芯片上。相应地，硬件的功能也可以由软件来实现，被称为硬件软化。而选择用硬件还是软件来实现某项功能，需要考虑价格、速度、存储等多方面因素后确定，都不能兼顾，需要有所取舍。

4.2　计算机组成及工作原理

　　不同类型、性能和用途的计算机虽然有所不同，但都基本遵循冯·诺依曼体系结构，都可以称为冯·诺依曼结构计算机。下面详细介绍冯·诺依曼的相关理论，帮助大家了解计算机的基本组成及工作原理。

4.2.1　计算机体系结构

　　在计算机的发展史上，英国科学家艾伦·麦席森·图灵(Alan M. Turing)建立了图灵机的理论模型，奠定了人工智能的基础，而美籍匈牙利科学家冯·诺依曼(John Von · Neumann)首先提出了计算机体系结构的设想。半个多世纪以来，虽然计算机的制造技术发生了巨大变化，但冯·诺依曼体系结构仍然沿用至今。

　　冯·诺依曼在设计电子计算机系统时，为了避免 ENIAC 将程序与计算分离而出现的致命缺陷，对设计方案进行了脱胎换骨的改造。他和戈德斯坦、勃克斯等人在 1945 年 6 月联名发表了一篇长达 101 页纸的报告，就是计算机史上著名的"101 页报告"。在这篇里程碑式的文献中，明确提出了计算机的五大部件和使用二进制替代十进制运算。EDVAC正是冯·诺依曼在此基础上采用了存储程序原理研制的。

　　存储程序原理的核心是把程序和数据一样对待，存储到计算机的内部存储器当中。我们将为解决特定问题而编写的程序存放在计算机存储器中，按存储器中存储程序的首地址执行程序的第一条指令，再按照该程序规定的顺序执行其他指令，直至程序结束执行。

　　因此，冯·诺依曼计算机体系结构主要包括以下三个方面：

(1) 采用二进制形式表示数据和指令(二进制原理)。

(2) 将程序和数据事先存入主存储器中，计算机在工作时按一定顺序从存储器中取出指令加以执行(程序控制原理)。

(3) 组成计算机硬件系统的有运算器、控制器、存储器、输入设备和输出设备五大基本部件，并规定了这五大部分的基本功能。

自计算机出现至今 70 多年来，虽然计算机的发展速度惊人，但就其结构原理来说，目前的绝大多数计算机依然沿用的是冯·诺依曼体系结构，虽然有小的改动，但是没有在本质上有所突破，计算机也仅能识别 0 和 1 构成的二进制编码。

虽然冯·诺依曼计算机体系结构具有划时代的革命意义，但也存在局限性，尤其是对非数值的处理效率较低，逻辑运算和判断功能也不能适应复杂问题求解和推理的要求，这从本质上限制了计算机特别是并行计算的发展。显然，现有体系结构已经满足不了人们对计算机更高速、更智能和更便捷的要求，只有突破现有体系结构的制约才能有质的飞跃。

目前，科学家陆续提出了多种与冯·诺依曼计算机截然不同的新概念系统结构模型，统称为非冯·诺依曼结构计算机，如数据驱动的数据流计算机、需求驱动的归约计算机和模式匹配驱动的智能计算机等，这些都还在研制测试阶段，没有大规模推广应用，相信未来会有商品化的非冯·诺依曼结构计算机问世，届时将会迎来一个多种类型计算机百花争艳的信息新时代。

4.2.2　计算机的基本组成

按照冯·诺依曼体系结构的思想，计算机硬件系统是由运算器、控制器、存储器、输入设备和输出设备五大部件组成，其结构及相互关系如图 4.2 所示。

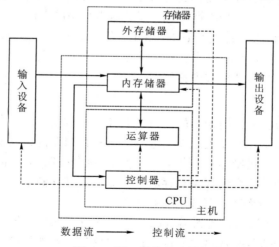

图 4.2　冯·诺依曼计算机结构

1. 运算器

运算器是对二进制数据进行加工处理的部件，主要功能是进行算术运算或逻辑运算，因此，它也被称为算术逻辑运算部件 ALU(Arithmetic Logic Unit)。其中，算术运算是指加、减、乘、除以及乘方、开方等数学运算，逻辑运算是指与、或、非等逻辑判断。

计算机可以完成各种各样的复杂功能，本质都是依靠运算器的运行。当计算机运行时，运算器的运算方式和运算对象由控制器决定。从图 4.2 中可以看出，运算器和内存储器之间是双向数据流，运算器中的数据取自内存储器(从内存中读)，运算的结果又送回内存储器(往内存中写)或暂时寄存在内部寄存器中。运算器对内存储器的读/写操作是在控制器的控制之下进行的，从图 4.2 中可以看到来自控制器的单向控制流。

运算器所处理二进制数据的长度和表示方法对运算器的性能影响很大，二进制的字长越长，能够处理的数据范围越大，运算精度越高，处理速度越快。运算器的性能指标是衡量整个计算机性能的重要因素之一。

2. 控制器

控制器是计算机的神经中枢和指挥中心，主要是指挥各个部件自动、协调地工作，也被称为控制单元 CU(Control Unit)。从图 4.2 中可以看到，控制器通过控制流控制其他 4 个部件，而控制器中的指令来自内存储器的数据流，也印证了程序与数据处于同样的地位存储在内存中。

控制器一般由程序计数器、指令寄存器、状态寄存器、指令译码器、时序电路和控制电路组成。控制器负责对输入的指令进行分析，指挥协调计算机各部件工作，其功能是从内存中依次取出命令，产生控制信号，向其他部件发出指令，指挥整个运行过程。在控制器的控制之下，整个计算机才能有条不紊地工作，自动执行程序。

运算器和控制器都是计算机的核心部件，这两部分合称为中央处理器，即 CPU(Central Processing Unit)。中央处理器是计算机的运算和控制核心，主要功能是解释计算机的指令以及处理计算机中的数据。

3. 存储器

存储器(Memory)是用来存储信息的记忆设备，如存储程序、各种数据等。构成存储器的存储介质主要采用半导体器件和磁性材料。存储器中最小的存储元就是一个双稳态半导体电路或一个 CMOS 晶体管或磁性材料的存储元，它可存储一个二进制代码。由若干个存储元组成一个存储单元，然后再由许多存储单元组成一个存储器。如图 4.2 所示，计算机中的存储器按用途可分为内存储器和外存储器。

1) 内存储器

内存储器简称内存或主存，用来存放要执行的程序和数据。由于在计算机内部，程序和数据都以二进制形式表示，所以也是以二进制的形式存储在内存储器的存储单元中。每个存储单元可以存储 8 位二进制信息，称为一个字节；每个存储单元都有一个唯一的编号，称为存储单元的地址。当计算机进行信息存取时，需要知道存储单元的地址，根据地址找到对应的存储单元，从而最终完成存或取的操作。

从图 4.2 中可以看出，输入设备所输入的信息首先进入内存储器，输出设备所要输出的信息来自内存储器，控制器所发出的命令来自内存储器，运算器参与运算的数据来自内存储器，最终的运算结果由内存储器保存。因此，内存储器与其他部件之间都有数据流，它实际上是计算机真正的信息交流中心，内存的存取速度直接影响计算机的运算速度。当内存储器中的内容需要长期存储时，会将信息存入外存储器，而当内存储器没有所需内容时，会从外存储器将信息调入。在计算机内部，控制器、运算器和内部存储器通过内部总线紧密连接，这三部分合称为计算机的主机。

2) 外存储器

外存储器简称外存或辅存，主要用来长期存放"暂时不用"的程序和数据，从图 4.2

可以看出外存储器与内存储器之间有双向的数据流，与其他部件之间没有数据流。

可以认为外存是内存的扩充，是用来长期存储大量的备份信息。通常外存不和计算机的其他部件直接交换数据，而只和内存成批交换数据。目前常用的外存是磁盘、U 盘、光盘等，它们可以脱离计算机独立存在，由于外存储器安装在主机外部，所以归属为外部设备。

3) 存储器相关术语

(1) 位(bit)：1 位的 0 或 1，是用来表示二进制信息的最小单位，简写为 b。

(2) 字节(Byte)：8 位二进制位构成一个字节，也就是 1 Byte = 8 bit，用来表示存储容量的基本单元，即一个存储单元的大小，简写为 B。

为了便于衡量存储器的容量，通常以字节为基本单位，而较大容量一般用 KB、MB、GB、TB，更大的容量甚至用 PB、EB、ZB、YB、BB、NB、DB……来表示。

各个单位之间的关系是：

1 bit = 1 位 2 进制信息。

1 B(Byte，字节) = 8 bit。

1 KB(Kilobyte，千字节) = 2^{10} B = 1024 B = 2^{10} B。

1 MB(Megabyte，兆字节) = 2^{10} KB = 1024 KB = 2^{20} B，相当于一则短篇作文的内容。

1 GB(Gigabyte，吉字节) = 2^{10} MB = 1024 MB = 2^{30} B，相当于一则短篇小说的文字内容。

1 TB(Terabyte，太字节) = 2^{10} GB = 1024 GB = 2^{40} B，相当于贝多芬第五乐章交响曲的乐谱内容。

1 PB(Petabyte，拍字节) = 2^{10} TB = 1024 TB = 2^{50} B，相当于一家大型医院中所有的 X 光片信息量。

1 EB(Exabyte，艾字节) = 2^{10} PB = 1024 PB= 2^{60} B，相当于 50％全国学术研究图书馆藏书信息内容。

1 ZB(Zettabyte，泽字节) = 2^{10} EB = 1024 EB = 2^{70} B，相当于至今全世界人类所讲过的话语。

1 YB(YottaByte，尧字节) = 2^{10} ZB = 1024 ZB = 2^{80} B，如同全世界海滩上的沙子数量总和。

(3) 字(Word)：计算机中作为一个整体来处理和运算的一组二进制数，是字节的整数倍。每个字包括的位数称为计算机的字长，字长是计算机的重要性能指标。

新兴的存储器技术在存储速度、安全性等方面不断提升，解决了大数据时代出现的一些瓶颈问题，也进一步提升了计算机的性能。

4. 输入设备

输入设备的功能是接受用户输入的原始数据和程序，并将它们转变为计算机可以识别的形式(二进制)存放到内存中，输入计算机的各种类型的数据都需要通过输入设备传输。常见输入设备有字符输入设备，如键盘、条形码阅读器等；图形输入设备，如鼠标、光笔等；图像输入设备，如扫描仪、摄像头、数码相机、模拟输入设备等。

5. 输出设备

输出设备的功能是将计算机中存储的数据，转换为用户可以识别的形式并表示出来。输出的形式可以是字符、声音、图形、图像等。最常见的输出设备有显示器、打印机、绘图仪、音响等。

输入设备和输出设备都是计算机和用户进行交互的设备，简称为 I/O (Input/Output)设备。

4.2.3 计算机的工作原理

计算机本身不具备主动思维能力，按照冯·诺依曼存储程序原理，计算机的工作过程实际上就是执行程序的过程。因此，用户必须把想要通过计算机完成的工作编写成程序，存储在计算机当中，再由计算机按顺序自动执行完成工作。所以，要了解计算机的工作原理，需要从认识程序开始。

1. 指令和程序

程序是指能够完成一定功能的指令序列。执行程序的过程实际上就是按指定顺序执行一条条指令的过程。

指令是指能被计算机识别并执行的二进制代码。每一条指令都规定了一项计算机能够完成的操作。指令在内存中有序存放，什么时候执行哪一条指令由应用程序和操作系统控制，指令如何执行由 CPU 决定。如图 4.3 所示，一条指令通常由操作码和操作数两个部分组成。

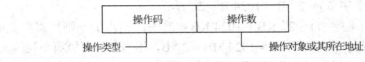

图 4.3　一条指令的组成

图 4.3 中，操作码用来说明该指令要完成的操作类型，如取数、加、减、乘、除、输出数据等等。操作码的二进制位数决定了机器操作指令的条数，当使用定长操作码格式时，如果操作码位数为 n，则指令最多有 2^n 条。

操作数用来说明操作对象的内容(参加运算的数)或所在的存储单元地址(地址码)。在大多数情况下，操作数都是地址码，地址码还可以是多个，包括数据所在的地址、源操作数的存放地址、操作结果的存放地址等等。

由于一条指令只能表示一个单一的操作，需要许多条指令才能实现复杂的功能，一台计算机所有指令的集合就构成了该计算机的指令系统。指令系统反映了计算机的基本功能，不同的计算机其指令系统也不相同。

常见指令按功能可划分如下：

(1) 数据处理指令：包括算术运算指令、逻辑运算指令、移位指令、比较指令等。

(2) 数据传送指令：包括寄存器之间、寄存器与主存储器之间的传送指令等。

(3) 程序控制指令：包括条件转移指令、无条件转移指令、转子程序指令等。

(4) 输入/输出指令：包括各种外围设备的读、写指令等。有的计算机将输入/输出指令包含在数据传送指令类中。

(5) 状态管理指令：包括诸如实现置存储保护、中断处理等功能的管理指令。

指令系统的功能是否强大，指令类型是否丰富，决定了计算机的能力，也影响着计算机的结构。随着计算机的发展，新的指令还在不断引入，例如向量指令、特权指令等等，显然，程序中的每一条指令必须是所用计算机的指令系统中包含的指令。用不同组合方式组合指令，可以构成能够完成不同任务的程序。程序员正是通过将指令有序排序并组合来实现各种各样的功能。

2. 计算机的工作原理

根据前面的介绍，计算机的工作过程就是执行程序的过程，本质上也是执行一条又一条指令的过程，因此，了解了指令是如何执行的，也就了解了计算机的工作原理。

一条指令的执行一般可以分为取指令、分析指令和执行指令三个阶段，结合前面的图4.2 来学习指令的执行过程。取指令是根据控制器中程序计数器的地址，从内存中取出指令提交到控制器中的指令寄存器。分析指令是对指令寄存器中的指令进行分析，由控制器中的指令译码器对操作码进行译码，由地址码确定内存地址。执行指令是由控制电路按照指令要求的操作来完成指令。

一条指令执行结束后，继续执行下一条指令，循环往复到程序结束指令为止。早期的计算机采用的是指令串行执行的方式，如图 4.4 所示，也就是同一时刻只执行一条指令。很显然，在这个过程中，当一个部件完成指定工作后会处于空闲状态，造成了资源的闲置且工作效率不高。后来采用的指令流水线技术可以让指令并行执行，如图 4.5 所示，从而更大限度地利用资源。相应地，这一技术需要更为复杂的控制。

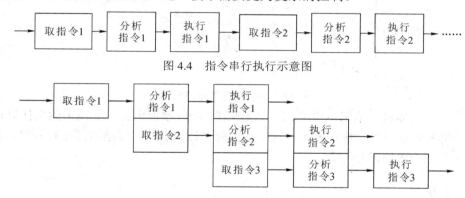

图 4.4　指令串行执行示意图

图 4.5　指令并行执行示意图

计算机工作的方式即自动工作过程主要取决于它的两个基本能力：一是能够存储程序；二是能够自动执行程序。计算机正是利用存储器(内存)来存放将要执行的程序，中央处理器(控制器和运算器)依次从存储器中取指令、分析指令并执行指令，直至完成全部指令任务为止。这就是计算机的存储程序工作原理。

4.3　微型计算机的基本结构

在不同类型的计算机中，人们接触最多就是微型计算机，因此，本章选择微型计算机为实例，结合具体实物说明并介绍其基本结构。

4.3.1　微型计算机概述

微型计算机简称"微型机"或"微机"，也称为个人计算机(Personal Computer，PC)，是指以微处理器为核心，配上存储器、输入/输出接口电路等所组成的计算机。与其他类型的计算机相比，微型计算机的特点

微型计算机的主机

是体积小、灵活性大、价格便宜、使用方便。自 1981 年美国 IBM 公司推出第一代微型计算机 IBM-PC 以来，微型机以其执行结果精度高、处理速度快、性价比高、轻便小巧等特点迅速进入社会各个领域，并且随着技术的不断更新、产品也在快速升级换代，从单纯的计算工具发展成为能够处理数字、符号、文字、语言、图形、图像、音频、视频等多种信息的强大多媒体工具。如今的微型机产品，无论从运算速度、多媒体功能、软硬件支持还是易用性等方面都比早期产品有了巨大的飞跃。

　　与一般的计算机系统一样，微型计算机系统也是由硬件和软件两部分组成，如图 4.6 所示。

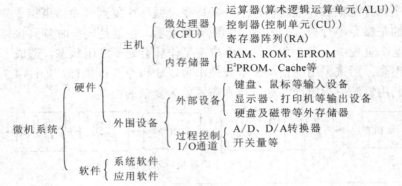

图 4.6　微型计算机系统组成

　　台式机、一体机、笔记本电脑、掌上电脑(PDA)、平板电脑等都属于微型计算机。由于有机箱等外壳的包裹，使用者无论对哪一种微型计算机的内部结构都相对陌生，那就请大家进入微机的内部来看一看。

4.3.2　主板

　　主板，也称为主机板(mainboard)、系统板(systemboard)或母板(motherboard)，是微机最基本的也是最重要的部件之一。主板安装在机箱内，打开机箱看到的那块最大矩形电路板就是主板，如图 4.7 所示。

图 4.7　主板示意图

　　主板上包括芯片组、BIOS 芯片、扩展槽和各种接口，主机各个部件都是通过主板来连接的，计算机运行时对系统内存、存储设备和其他 I/O 设备的操控都必须通过主板来完成。因此，计算机的整体性能、使用年限以及功能扩展能力等都与主板优劣密切相关。

　　为主板上各个元器件的排列布局方式、尺寸大小、形状、所使用的电源规格等制定出的通用标准，称为主板结构，所有主板厂商都必须遵循该标准。目前多数主板采用的是开放式结构，大都有 6～15 个扩展插槽，供 PC 机外围设备的控制卡(适配器)插接。通过更换这些插卡，可以对微机的相应子系统进行局部升级，使厂家和用户在配置机型方面有更大的灵活性。

　　ATX 是目前市场上最常见的主板结构，BTX 则是英特尔制定的最新一代主板结构。

4.3.3　微处理器

图 4.8　Intel 酷睿 i9 芯片

　　伴随着大规模集成电路技术的迅速发展，芯片的集成密度越来越高，CPU 可以集成在一个半导体芯片上，这种具有中央处理器功能的大规模集成电路器件被统称为微处理器。微处理器(Microprocessor)是微型计算机的核心。微处理器与传统的中央处理器相比，具有体积小、重量轻和容易模块化等优点。微处理器的基本组成部分有寄存器堆、运算器、时序控制电路、数据和地址总线。图 4.8 所示为 Intel 酷睿 i9 芯片。

　　CPU 的主要性能指标有：

　　(1) 主频：CPU 内部时钟晶体的振荡频率，其单位是 MHz(兆赫兹，每秒百万次)和 GHz(吉赫兹，每秒十亿次)。目前微机的 CPU 主频已达到 4 GHz 或更高。主频越高，微机的运算速度就越快。

　　(2) 字长：CPU 一次能够同时处理的二进制的位数，它标志着计算机的处理能力。字长越长，计算机运算速度越快，效率和精度也越高。

　　(3) 寻址能力：CPU 一次可访问的内存中的数据总量，由地址总线宽度来确定。通常寻址范围的值是以 2 为底的地址总线宽度次幂。例如，地址总线宽度为 16 的计算机的寻址范围是 2^{16}，即 64 KB。

　　(4) 多媒体扩展技术：是为适应对通信、音频、视频、3D 图形、动画及虚拟现实而研制的新技术，已被嵌入 Pentium II 以上的 CPU 中，其特点是可以将多条信息由一个单一指令即时处理，并且增加了几十条用于增强多媒体处理功能的指令。

　　(5) 核心数量：一般而言，物理核心越多，性能越强。目前主流的 CPU 产品一般是四核心以上，部分已经到十六核心。

　　半个世纪以来，微处理器的发展已经经历了 6 代。

　　(1) 第一代(1971—1973 年)——4 位或低档 8 位微处理器。典型产品是美国 Intel 4004和 Intel 8008 微处理器。Intel 4004 是一种 4 位微处理器，主要用于计算器、电动打字机、照相机、台秤、电视机等电器上，使电器具有智能化，从而提高它们的性能。Intel 8008是世界上第一种 8 位微处理器，采用 PMOS 工艺。该阶段计算机的工作速度较慢，微处理器的指令系统不完整，存储器容量很小，只有几百字节，没有操作系统，只有汇编语言，主要用于工业仪表、过程控制。

　　(2) 第二代(1974—1977 年)——中高档 8 位微处理器。典型产品有 Intel 8080/8085、Zilog公司的 Z80 和 Motorola 公司的 M6800。与第一代微处理器相比，这一阶段的微处理器集成度提高了 1～4 倍，运算速度提高了 10～15 倍，指令系统相对比较完善，已具备典型的计算机体系结构及中断、直接存储器存取等功能，均采用 NMOS 工艺，采用汇编语言、BASIC、Fortran 编程，使用单用户操作系统。

(3) 第三代(1978—1984 年)——16 位微处理器。典型产品是 1978 年 Intel 公司生产的8086 CPU 和 Zilog 公司生产的 Z8000 CPU。它们均为 16 位微处理器，具有 20 位地址总线。16 位微处理器比 8 位微处理器有更大的寻址空间、更强的运算能力、更快的处理速度和更完善的指令系统。所以，16 位微处理器已能够替代部分小型机的功能，特别在单任务、单用户的系统中，8086 等 16 位微处理器更是得到了广泛的应用。

1981 年，美国 IBM 公司将 8088 芯片用于其研制的 IBM-PC 中，从而开创了全新的微机时代。也正是从 8088 开始，个人电脑(PC)的概念开始在全世界范围内发展起来。从 8088 应用到 IBM PC 上开始，个人电脑真正走进了人们的工作和生活之中，它标志着一个新时代的开始。

(4) 第四代(1985—1992 年)——32 位高档微处理器。典型产品是英特尔划时代的产品——80386DX、准 32 位微处理器芯片 80386SX、大家耳熟能详的 80486 芯片。其中，80486 芯片使用 1 μm 的制造工艺，时钟频率大幅提升，性能提高了数倍。由于 32 位微处理器的强大运算能力，PC 的应用扩展到很多领域，如商业办公和计算、工程设计和计算、数据中心、个人娱乐。80386 使 32 位 CPU 成为了 PC 工业的标准。

(5) 第五代(1993—2005 年)——奔腾(Pentium)系列微处理器时代。典型产品是 Intel 公司的奔腾系列芯片及与之兼容的 AMD 的 K6 系列微处理器芯片。这些芯片内部采用了超标量指令流水线结构，并具有相互独立的指令和数据高速缓存。MMX(Multi Mediae Xtensions)微处理器的出现使微机的发展在网络化、多媒体化和智能化等方面跨上了更高的台阶。

(6) 第六代(2005 年至今)——酷睿(Core)系列微处理器时代。"酷睿"是一款领先节能的新型微架构，其设计的出发点是提供卓然出众的性能和能效，提高每瓦特性能，也就是能效比。英特尔在 2006 年推出了新一代基于 Core 微架构的产品体系——酷睿 2。2010 年6 月，Intel 发布革命性的处理器——第二代 Core i3/i5/i7。2012 年 4 月 24 日下午在北京天文馆，Intel 正式发布了 Ivy bridge(IVB)处理器。2017 年 5 月，在台北国际电脑展上发布的全新的酷睿 i9 处理器向 AMD 高端处理器 Ryzen 发起挑战，酷睿 i9 处理器最多包含 18 个内核，主要面向游戏玩家和高性能需求者。

4.3.4　内存储器

内存(Memory)也称内存储器和主存储器，是计算机中的主要部件，这个定义是相对于外存器而言的。内存的运行决定了计算机整体运行的快慢程度。

常用微型计算机的存储器有磁芯存储器和半导体存储器。目前微型机的内存一般采用半导体存储单元，包括随机存储器(RAM)、只读存储器(ROM)以及高速缓冲存储器(Cache)，如图 4.9 所示。RAM 是其中最重要的存储器。

图 4.9　ROM 和 RAM

1. 随机存储器

RAM 又称读写存储器，具有可以读出、也可以写入的特点；读出时并不损坏原来存储的内容，只有写入时才修改原来所存储的内容；断电后，存储内容立即消失，具有易失性。RAM 可分为动态(Dynamic)RAM 和静态(Static)RAM 两大类。DRAM 的特点是集成度高，主要用于大容量内存储器；SRAM 的特点是存取速度快，主要用于高速缓冲存储器。

RAM 主要用来存放操作系统、各种应用程序、数据等。数据、程序在使用时从外存读入内存 RAM 中，使用完毕后在关机前再存回外存中。

最早的内存是以磁芯的形式排列在线路上的。鉴于它存在着无法拆卸更换的弊病，这对计算机的发展造成了阻碍。为了提高速度并扩大容量，内存必须以独立的封装形式出现，因而诞生了"内存条"的概念。如今，内存条就是电脑的内存，内存条(SIMM)就是将 RAM 集成块集中在一起的一小块电路板，它插在计算机的内存插槽上。

内存容量一般指 RAM 的容量，其大小决定着计算机的处理能力。目前微机的内存容量主要有 8 GB、16 GB，甚至更多。

2. 只读存储器

ROM 是只读存储器。顾名思义，它的特点是只能读出原有的内容，不能由用户再写入新内容。原来存储的内容是采用掩模技术由厂家一次性写入并永久保存下来的。它一般用来存放专用的固定程序和数据，不会因断电而丢失。

在主板上的 ROM 里面固化了一个基本输入/输出系统，称为 BIOS(Basic Input Output System)。其主要作用是完成对系统的加电自检、系统中各功能模块的初始化，保存系统的基本输入/输出的驱动程序及引导操作系统。

3. 高速缓冲存储器(Cache)

随着微机 CPU 工作频率的不断提高，而 RAM 的读写速度相对较慢，为解决内存速度与 CPU 速度不匹配，从而影响系统运行速度的问题，在 CPU 与内存之间设计了一个容量较小(相对主存)但速度较快的高速缓冲存储器 Cache，简称快存。

我们平常看到的一级缓存(L1 Cache)、二级缓存(L2 Cache)、三级缓存(L3 Cache)位于 CPU 与内存之间，是一个读写速度比内存更快的存储器。当 CPU 向内存中写入或读出数据时，这个数据也被存储进高速缓冲存储器中。当 CPU 再次需要这些数据时，CPU 就从高速缓冲存储器读取数据，而不是访问较慢的内存。当然，如需要的数据在 Cache 中没有，则 CPU 会再去读取内存中的数据。因此，Cache 的容量并不是越大越好，过大的 Cache 会降低 CPU 在 Cache 中查找的效率。L1 Cache 主要集成在 CPU 内部，而 L2 Cache 集成在主板或 CPU 上。

4.3.5 外存储器

外存储器是指除计算机内存及 CPU 缓存以外的存储器，此类存储器一般在断电后仍然能保存数据。常见的外存储器有软盘、硬盘、光盘、U 盘、存储卡等。

1. 软盘

软盘(Floppy Disk)的全称是软磁盘，是最古老的外存储器之一，现已

微型计算机的外设

经被淘汰。软盘是一种涂有磁性物质的聚酯塑料薄膜圆盘。磁盘上的信息是按磁道和扇区来存放的，软盘的每一面都包含许多看不见的同心圆，盘上一组同心圆环形的信息区域称为磁道，它由外向内编号。每道被划分成相等的区域，称为扇区。图4.10所示为软盘及盘面结构。

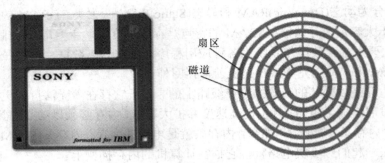

扇区

磁道

图 4.10　软盘及盘面结构

2. 硬盘

硬盘(Hard Disk)的技术原理与软盘相似。可以认为硬盘是由许多个软盘叠加而成的。硬盘有两个技术指标，分别是存储容量和转速。

存储容量是硬盘最主要的参数。目前硬盘存储容量已经超过1 TB，一般微型计算机配置的硬盘容量已达几百GB。

转速是指硬盘内电机主轴的转动速度，单位是r/min(每分钟旋转次数)。转速是决定硬盘内部传输率的因素之一，它的快慢在很大程度上决定了硬盘的速度。一般的硬盘转速为5400 r/min和7200 r/min，最高的转速则可达到10 000 r/min以上。

按硬盘存储数据的介质，硬盘可分为机械硬盘(Hard Disk Drive, HDD)和固态硬盘(Solid State Disk, SSD)两种，机械硬盘采用磁性碟片来存储数据，而固态硬盘通过闪存颗粒来存储数据。固态硬盘和传统的机械硬盘最大的区别就是不再采用盘片而采用存储芯片进行数据存储。固态硬盘的存储芯片主要分为两种：一种采用闪存作为存储介质；另一种采用 DRAM 作为存储介质。固态硬盘因为丢弃了机械硬盘的物理结构，所以与机械硬盘相比具有低能耗、无噪声、抗震动、低散热、体积小和速度快的优势；不过价格比机械硬盘要高，而且使用寿命有限。图4.11所示为硬盘的外部及内部结构。

图 4.11　硬盘的外部及内部结构

3. 光盘

光盘(Optical Disk)是一种利用激光技术存储信息的存储器。目前用于计算机系统的光盘有三类：只读型光盘、一次写入型光盘和可抹型(可擦写型)光盘。使用光盘时需要配合相应类型的光驱读写信息。图 4.12 所示为光盘及光驱。

图 4.12　光盘及光驱

4. U 盘

U 盘是便携存储器(USB Flash Disk)的简称，又叫闪存盘，是将 USB 接口和非易失随机访问存储器相结合的方便携带的移动存储器。U 盘的特点是断电后数据不消失，因此可以作为外部存储器使用。U 盘具有可多次擦写、速度快且防磁、防震、防潮的优点。U 盘采用流行的 USB 接口，无须外接电源，即插即用，用于在不同电脑之间进行文件交流。

5. 存储卡

存储卡是一种卡片形态的独立存储介质，主要用于微机、数码相机、手机等产品，特别便于微机与一些数码产品之间进行多媒体数据的传输，具有体积小的特点，但是由于其尺寸不统一，所以往往在微机上读取时需要使用相应的读卡器。

4.3.6　总　线

微型计算机体系结构最重要的特点之一是采用总线结构，通过总线将微处理器(CPU)、存储器(RAM、ROM)、I/O 接口电路等各个部件连接起来，而输入/输出设备则通过 I/O 接口实现与微机的信息交换，如图 4.13 所示。

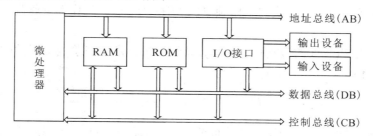

图 4.13　微型计算机硬件系统总线结构

总线(Bus)是指计算机中各功能部件之间传送信息的公共通道，是微型计算机的重要组成部分。采用总线结构便于各部件和设备的扩充，尤其是制定统一的总线标准更易于在不同设备之间实现互连。总线可以是带状的扁平电缆线，也可以是印刷在电路板上的一层极薄的金属连线。所有的信息都通过总线传送。

微型计算机采用总线结构有两个优点：一是各部件可通过总线交换信息，相互之间不必直接连线，这样可以减少传输线的根数，简化连线，使得工艺简单，线路可靠，从而提高计算机的可靠性；二是在扩展计算机的功能时，只需把要扩展的部件连接到总线上即可，使功能扩展十分方便，便于实现硬件系统积木化，增加系统的灵活性。

根据所传送信息的内容与作用不同，总线可分为以下三类：

(1) 地址总线(Address Bus，AB)：专门用来传送地址。在对存储器或 I/O 端口进行访问时，地址总线传送由 CPU 提供的要访问存储单元或 I/O 端口的地址信息，以便选中要访问的存储单元或 I/O 端口。由于地址只能从 CPU 传向外部存储器或 I/O 端口，所以地址总线是单向总线。

(2) 数据总线(Data Bus，DB)：用于传送数据信息。从存储器取指令或读写操作数，对 I/O 端口进行读写操作时，指令码或数据信息通过数据总线送往 CPU 或由 CPU 送出。数据总线是双向总线，既可以把 CPU 的数据传送到存储器或 I/O 接口等其他部件，也可以将其他部件的数据传送到 CPU。数据总线的位数是微型计算机的一个重要指标。

(3) 控制总线(Control Bus，CB)：用来传送控制信号和时序信号。各种控制或状态信息通过控制总线由 CPU 送往有关部件，或者从有关部件送往 CPU。CB 中每根线的传送方向是一定的，图 4.13 中，CB 作为一个整体，用双向表示。控制总线的位数要根据系统的实际控制需要而定，实际上控制总线的具体情况主要取决于 CPU。

采用总线结构时，系统中各部件均挂在总线上，这样可使微机系统的结构简单，易于维护，并具有更好的可扩展性。一个部件(插件)只要符合总线标准就可以直接插入系统，这为用户对系统功能的扩充或升级提供了很大的灵活性。

微型机总线标准中常见的有 ISA 总线，它具有 16 位的数据宽度，工作频率为 8 Mb/s，最高数据传输率为 16 Mb/s，在 80286 至 80486 时代的应用非常广泛。PCI 总线是当前最流行的总线之一，是由 Intel 公司推出的一种局部总线。它具有 32 位数据宽度，且可扩展为 64 位。PCI 总线主板插槽的体积比原 ISA 总线插槽小，但其功能比 VESA、ISA 有极大的改善，支持突发读写操作，传输速率可达 132～264 Mb/s。

总线的主要技术指标有：

(1) 总线的位宽。总线的位宽指的是总线能同时传送的二进制数据的位数或数据总线的位数，即 16 位、32 位、64 位等。总线的位宽越宽，数据传输率越大。

(2) 总线的工作频率。总线的工作频率以 MHz 为单位，工作频率越高，总线的工作速度越快。

(3) 总线的带宽(总线的数据传输速率)。总线的带宽是指在总线上每秒能传输数据的最大字节量，用 Mb/s 来表示。其计算式为

$$总线的带宽 = 总线的工作频率 \times \frac{总线的位宽}{8}$$

总线的位宽、工作频率、带宽三者之间的关系就像高速公路上的车道数、车速、车流量的关系。车流量取决于车道数和车速，车道数越多，车速越快，则车流量越大。同样，总线带宽取决于总线的位宽和工作频率，总线位宽越宽，工作频率越高，则总线的带宽越大。例如，总线的工作频率为 33 MHz，总线的位宽为 32，则总线的带宽为 33 MHz × 32/8 = 132 Mb/s。

4.3.7　输入设备

输入设备是指向计算机输入信息的设备，其作用是将数据、命令等转换成计算机所能接收的电信号。输入设备主要包括键盘、鼠标、扫描仪、光笔、数字化仪、条形码阅读器、数字摄像机、数码相机、麦克风、触摸屏等。键盘和鼠标是目前计算机中最普及和通用的两类输入设备，如图 4.14 所示。

图 4.14　键盘、鼠标外形图

1. 键盘

键盘(Keyboard)是用户与计算机进行交流的主要工具，是计算机最重要的输入设备之一，也是微型计算机必不可少的外部设备。键盘内装有一块单片微处理器(如 Intel 8048)，它控制着整个键盘的工作。当某个键被按下时，微处理器立即执行键盘扫描功能，并将扫描到的按键信息代码送到主机键盘接口卡的数据缓冲区中，当 CPU 发出接收键盘输入命令后，键盘缓冲区中的信息被送到内部系统数据缓冲区中。

2. 鼠标

鼠标(Mouse)又称为鼠标器，也是微机上的一种常用的输入设备，是控制显示屏上光标移动位置的一种指点式设备。在软件支持下，通过鼠标器上的按钮，可向计算机发出输入命令，或完成某种特殊的操作。

目前常用的鼠标器有机械式和光电式两类。机械式鼠标底部有一滚动的橡胶球，可在普通桌面上使用，滚动球通过平面上的滚动把位置的移动变换成计算机可以理解的信号，传给计算机处理后，即可完成光标的同步移动。光电式鼠标平板上有精细的网格作为坐标。鼠标的外壳底部装着一个光电检测器，当鼠标滑过时，光电检测根据移动的网格数转换成相应的电信号，传给计算机来完成光标的同步移动。

键盘和鼠标器都可以通过专用的插头与主机相连接，也可以通过 USB 有线、无线和蓝牙等多种连接方式与主机相连。

3. 触摸屏

触摸屏(Touch Screen)是在普通显示屏的基础上附加了坐标定位装置而构成的。当手指接近或触及屏幕时，计算机会感知手指的位置，从而利用手指这一最自然的工具取代键盘或鼠标等输入设备。触摸屏的构成通常有红外检测式和压敏定位式两种方法。

4. 扫描仪

扫描仪是 20 世纪 80 年代中期开始发展起来的一种图形、图像的专用输入设备。利用它可以迅速地将图形、图像、照片、文本从外部环境输入计算机中。

5. 数码相机

数码相机也是计算机的一种输入设备，它的原理与传统的照相机相似，不同的是它不用胶卷，照相之后，可把照片直接输入计算机，计算机又可对输入的照片进行处理。

6. 其他输入设备

常见的输入设备还有手写笔(用来输入汉字)、游戏杆(游戏中使用)、数字化仪(用来输入图形)、数字摄像机(可输入动态视频数据)、条形码阅读器、磁卡阅读器、光笔、麦克风等。

4.3.8 输出设备

输出设备的主要作用是把计算机处理好的数据和运行结果显示在屏幕上或打印到纸上，把从存储器取出的电信号转换为其他形式后输出。常见的输出设备包括屏幕显示设备、打印机、绘图仪和音响设备等。

1. 显示器

显示器(Monitor)是微型计算机不可缺少的输出设备，用户可以通过显示器方便地观察输入和输出的信息。

显示器用光栅来显示输出内容，光栅的像素越小越好，光栅的密度越高，即单位面积的像素越多，分辨率越高，显示的字符或图形也就越清晰。

显示器按输出色彩可分为单色显示器和彩色显示器两大类，按显示器件可分为阴极射线管(CRT)显示器(见图 4.15(a))、液晶(LCD)显示器(见图 4.15(b))和等离子体显示器(PDP)三种类型，按显示器屏幕的对角线尺寸可分为 14 英寸(注：1 英寸 ≈ 2.54 厘米)、15 英寸、17 英寸、21 英寸、23 英寸、28 英寸、37.5 英寸等。目前 LCD 显示器已经成为主流产品，还出现了触摸屏显示器、曲面屏显示器等新产品。

(a)　　　　　　　　　　　　　　(b)

图 4.15　CRT 显示器和 LCD 显示器

分辨率、彩色数目及屏幕尺寸是显示器的主要指标。显示器必须配置正确的适配器(显示卡)，才能构成完整的显示系统。常见的显示卡类型有：

(1) VGA(Video Graphics Array)：视频图形阵列显示卡，显示图形分辨率为 640×480，文本方式下分辨率为 720×400，可支持 16 色。

(2) SVGA(Super VGA)：超级 VGA 卡，分辨率提高到 800×600、1024×768，而且支持 1670 万种颜色，称为真彩色。

(3) AGP(Accelerate Graphics Porter)：在保持了 SVGA 显示特性的基础上，采用了全

新设计的速度更快的 AGP 显示接口，显示性能更加优良，是目前最常用的显示卡。

2. 打印机

打印机(Printer)是计算机产生硬拷贝输出的一种设备，提供用户保存计算机处理的结果。打印机的种类很多，按工作原理可分为击打式打印机和非击打式打印机。目前微机系统中常用的针式打印机(又称点阵打印机)属于击打式打印机，喷墨打印机和激光打印机属于非击打式打印机，如图 4.16 所示。

图 4.16　点阵式打印机、喷墨打印机和激光打印机

4.4　国产计算机硬件现状

目前我国在计算机硬件国产化方面已经取得了可喜的成绩，下面进行简单介绍。

1. 国产 CPU

目前，由我国本土团队开发的兆芯(x86)已正式上市，兆芯的代码自有率达 100%，实现了从 0 到 1 的突破，包含 CPU、芯片组、GPU 三大部分，目前已经达到了英特尔 I3 的水平，下一代看齐 I5。上海江南计算所推出的申威 26010 成就了领先世界的中国超算"神威·太湖之光"，另外申威 3232、申威 432 等 CPU 的设计指标也已经公布。作为我国首枚拥有自主知识产权的通用高性能微处理芯片——龙芯是中国科学院计算所自主研发的通用 CPU，它采用自主 LoongISA 指令系统，兼容 MIPS 指令。自 2002 年，龙芯经历了龙芯 1 号、2 号，现在龙芯 3 号 3A3000 CPU 的最高主频可达 1.5 GHz，目前已经开始进入民用市场。图 4.17 所示为龙芯及兆芯 CPU。

图 4.17　龙芯及兆芯 CPU

2. 主板

尽管国产主板核心芯片组还是国外的,但是目前国内已经有如华硕(ASUS)、微星(MSI)、技嘉(GIGABYTE)等品牌的优秀国产主板。这些品牌普遍具有较强的研发能力,产品质量过硬,受到了广泛的认可。

3. 内存

2017年底,紫光发布了第一款国产内存条。目前中国的内存产业如紫光、合肥睿力等都在致力于 DRAM 的研究、生产。第一款纯国产内存条——光威长鑫内存已经进入市场。在闪存产业方面,武汉长江存储在技术水平上也处于世界先进水平,2019年,长江存储已开始量产基于 Xtacking 架构的 64 层 3D NAND 闪存芯片。这是我国自主研发生产的首款 64 层 3D NAND 闪存芯片,也是全球首款基于 Xtacking 架构设计并实现量产的闪存产品。

4. 固态硬盘 SSD

在机械硬盘时代,我国曾涌现出一些国产 HDD,但遗憾的是由于种种原因,国产硬盘最终消失在历史的长河里了。近年来,我国在 SSD 方面取得了很大的突破。2019年嘉合劲威、国科微联合推出了第一款国产 SSD——光威"弈" SSD。光威"弈" SSD 采用了国产主控、国产闪存。作为第一款采用国科微联主控 GK2301 芯片的国产 SSD,实现了国产 SSD 正式走向自主可控的突破。

本 章 小 结

本章主要介绍了计算机系统的组成、计算机的体系结构、计算机的基本组成和工作原理,特别以微型计算机为例,介绍了硬件系统的各个组成部分,包括主板、微处理器、内存储器、外存储器、总线、输入及输出设备。

冯·诺依曼结构计算机包括硬件系统和软件系统。计算机硬件的基本构成由运算器、控制器、存储器、输入设备和输出设备5部分组成,软件系统则包括系统软件和应用软件两大类。

指令是指能被计算机识别并执行的二进制代码。一台计算机的所有指令的集合称为该计算机的指令系统。指令系统反映了计算机的基本功能,不同的计算机其指令系统也不相同。程序是指能完成一定功能的指令序列,即程序是计算机指令的有序集合。

按照冯·诺依曼的计算机存储程序原理,计算机的工作过程就是执行程序的过程。计算机正是利用存储器(内存)来存放将要执行的程序,中央处理器(控制器和运算器)依次地从存储器中取指令、分析指令并执行指令,直至完成全部指令任务为止。这就是计算机的存储程序工作原理。

微型计算机的硬件主要由主板、微处理器、内存储器、外存储器、总线、输入设备和输出设备等组成。

我国的计算机硬件产业已经取得了一定的成绩,正在继续突飞猛进,迎头赶上。

思 考 题

1. 简述计算机系统的组成。
2. 简述冯·诺依曼计算机的设计思想。
3. 计算机硬件包括哪几个部分？分别说明各部分的作用。
4. 指令和程序有什么区别？试述计算机执行指令的过程。
5. 什么是总线？总线分为哪三类？总线的主要技术指标有哪些？
6. CPU 有哪些性能指标？
7. 简述内存和外存的特点。
8. 简述 RAM 和 ROM 的作用和区别。
9. 简述 Cache 的作用及其原理。
10. 谈谈你所了解的计算机硬件国产化情况。

第5章

计算机软件系统

前一章介绍了计算机硬件系统，而只有硬件的计算机只能算是没有思想和灵魂的躯体，而软件则是计算机系统的思想和灵魂。当用户需要使用计算机来完成某项任务时，需要借助的是某类计算机软件，因此，作为一个完整的计算机系统，硬件和软件两者缺一不可。在计算机硬件日益更新的同时，计算机软件作为信息技术的重要载体，更是发挥了巨大的作用，渗透到了社会生活的方方面面。

5.1　软件的相关概念

软件是支持计算机工作、提高计算机使用效率和扩大计算机功能的各类程序、数据和有关文档的总称。用户主要通过软件与计算机进行交流，因此，软件实际上是用户与硬件之间的接口界面，在软件和硬件的共同配合下，计算机为用户提供服务。其中：

软件的概念和分类

(1) 程序(Program)是为了解决某一问题而设计的一系列指令或语句的有序集合。

(2) 数据(Data)是程序处理的对象和处理的结果。

(3) 文档(Document)是描述开发程序、使用程序和维护程序所需要的有关资料。

用开发语言描述为：软件 = 程序 + 数据 + 文档。

与硬件相比，软件具有以下特点：

(1) 软件看不到、摸不着，不具备物理形态，只能通过在计算机上运行来了解。

(2) 软件是脑力劳动的成果，是人类思维与智能技术结合的产物。

(3) 软件不存在老化消亡，但需要维护和更新。

(4) 软件具有可移植性，但对硬件和系统还是会有要求和依赖。

软件被分为不同的类型，按软件授权的许可情况，可以分为专属软件、自由软件、共享软件、免费软件和公共软件。其中，专属软件必须经过授权才能使用，自由软件除了在使用方面无须授权外，甚至提供源码供用户自由使用。

软件最常见的分类是按照应用范围，分为系统软件和应用软件，详细分类如图 5.1所示。

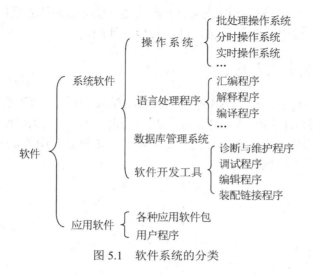

图 5.1　软件系统的分类

1. 系统软件

系统软件与计算机系统的基本功能息息相关，是必须要安装的，因为系统软件是其他软件能够正常安装和使用的基础。同时，系统软件不是为某些特定用户设计的，而是普遍适用于绝大多数用户。

系统软件的基本功能包括对系统资源进行管理和维护，协调和控制计算机系统的工作。特别要注意的是，这里的资源包括软件资源和硬件资源。

系统软件大多在购买计算机系统时随机安装，也可以根据需要自行安装。如图 5.1 所示，系统软件一般包括操作系统、语言处理程序、数据库管理系统和软件开发工具。

2. 应用软件

应用软件是面向某种特定用途而开发的软件。如果是为解决某类问题而设计的程序集合，则称为应用软件包。当前，各种各样的应用需求不断涌现，应用软件的种类和数量也日益丰富，使得计算机的应用领域不断拓宽，充分发挥着硬件的功能。

应用软件往往使用各种程序设计语言编制而成，用于实现某一应用功能。根据应用领域的不同的，常见的应用软件有文字处理软件、信息管理软件、辅助设计软件、实时控制软件等，也包括用户根据自身需求所编写的软件。

硬件系统和软件系统相辅相成，软件系统提供的丰富功能使得计算机在各个领域大显身手，更是走进了我们的日常生活。只有硬件系统，没有安装任何软件的计算机被称为裸机，其功能极其有限，更是难以操作。正是系统软件和应用软件使得计算机的功能不断加强，当然这一切都离不开硬件提供的基础和保障。

5.2　操作系统概述

操作系统并不是伴随着计算机硬件的诞生而出现的，它源于人们使用计算机过程中的实际需求。自出现以来，操作系统始终伴随着计算机硬件

操作系统概述

的发展而不断发展，始终是计算机系统当中最重要、最基础的核心系统软件，是计算机系统当中不可或缺的一部分，是计算机硬件和其他软件的接口。

5.2.1　操作系统的作用与地位

操作系统(Operating System，OS)由一些程序模块组成，用以控制和管理计算机系统内的软硬件资源，合理地组织计算机工作流程，并为用户提供一个功能强大、使用方便的工作环境。

在计算机系统当中，操作系统处在举足轻重的关键位置。图 5.2 中展示了操作系统与计算机硬件和其他软件之间的层次关系。

图 5.2　计算机系统的基本构成

一方面，操作系统向内包裹着硬件，并且是包裹在硬件之上的第一层软件，起到用户与计算机硬件之间的接口作用，也是其他软件与硬件联系的接口。操作系统极大程度地方便了用户对计算机的操作和使用。之后有了虚拟机的概念，即操作系统＋裸机＝虚拟计算机，如图 5.3 所示。之所以将操作系统＋裸机称为虚拟计算机，是因为安装了操作系统之后的计算机，其操作方法和功能实现都发生了巨大的变化，不再是原来物理上计算机的样子。

图 5.3　裸机＋操作系统＝虚拟计算机

另一方面，操作系统向外围拓展，成为其他软件的基础，所有其他软件如软件开发工具、语言处理器和应用程序等都建立在操作系统之上，需要操作系统提供支持。因此，在使用计算机时，开机后率先进入操作系统。

由于操作系统在计算机系统中的重要地位，再加上用户需求变化带来的不断发展，使得操作系统具备了复杂并且强大的功能，因此深入地学习和了解操作系统对计算机用户而言是非常必要的。可以从管理系统和用户服务这两个角度来了解操作系统的作用：

(1) 管理系统软硬件资源。计算机系统是由软件系统和硬件系统共同构成的，硬件系统是由大量的物理设备构成的，软件系统包含了各类软件，操作系统作为最基本的系统软件，实现了对系统软硬件资源的管理和协调，保证了计算机的高效平稳工作。

(2) 为用户提供良好的服务。对用户而言，由于有了操作系统，计算机系统的使用变得更加便捷、得心应手。无论是计算机相关专业的工作者，还是一般用户，都能在使用计算机时得到良好的用户体验，并不需要太多的专业知识，就可以熟练地操作计算机系统。

因此，可以认为操作系统充当着"管家婆"和"服务员"的双重角色。

5.2.2　操作系统的分类

操作系统从出现到如今，一直随着计算机硬件技术、软件技术、用户的应用需求等变化而不断发展，始终以充分利用硬件资源和提供更好的服务为目标，涌现出了众多操作系统。根据具体的硬件配置、应用场景和用户对象的不同，传统的操作系统分为批处理操作系统、分时操作系统、实时操作系统、个人计算机操作系统、网络操作系统、分布式操作系统、嵌入式操作系统等。

常见的操作系统还有如下分类：

(1) 按与用户对话的界面，可分为命令行界面的操作系统(如 MS DOS 等)和图形用户界面操作系统(如 Windows 等)。

(2) 按支持的用户数，可分为单用户操作系统(如 MS DOS、Windows 等)和多用户操作系统(如 UNIX、Linux 等)。

(3) 按运行的任务数，可分为单任务操作系统(如 MS DOS 等)和多任务操作系统(如 Windows、UNIX 等)。

1. 批处理操作系统

批处理操作系统的工作方式是将多个用户的作业组成一批作业，一次性输入到计算机系统当中，由计算机系统自动、依次执行每个作业，最终将结果返回给用户，用户并不干预执行过程。

该操作系统出现于 20 世纪 60 年代，目标是提高资源的利用效率，同时增加处理作业的吞吐量。因此，批处理操作系统又分为单道批处理和多道批处理两种。多道批处理即一次性将几个作业放入内存，从而提高了 CPU 的利用率，改善了主机和 I/O 设备的使用情况。这类操作系统一般用于计算中心等较大的计算机系统中，要求系统对资源的分配及作业的调度策略有精心的设计，管理功能要求既全又强。

典型的多道批处理操作系统是 IBM 的 OS/360(M)，它由密歇根大学为 IBM 公司开发(这是该操作系统名称后面的 M 所代表的意义)。它运行在 IBM 的第三代计算机 System 360、System 370、System 4300 等上。OS/360 在技术上和理念上都是划时代的操作系统，它引进了内存的分段管理，但因为它有很多错误，所以在商业上没有获得广泛使用。尽管如此，OS/360 还是被公认为一个划时代的操作系统。IBM 随后对 OS/360(M)进行了改进，使其逐渐演变为一个功能强大、性能可靠的操作系统。这个改进的版本被命名为 OS/390。该操作系统提供了资源管理和共享，允许多个 I/O 同时运行，以及 CPU 和磁盘操作并发。OS/390 获得了广泛的商业应用。

2. 分时操作系统

分时操作系统的工作方式是一台主机借助通信线路将多个终端连接起来，终端不具备计算能力，用户通过终端发送作业请求给主机，操作系统通过将 CPU 时间划分为时间的方式，轮流为每个终端服务。因为处理速度很快，所以终端用户会感觉到似乎在"独占"计算机。

分时操作系统的主要目标是实现用户响应的及时性，即不使用户等待每一条命令的处理时间过长。通常在计算机系统中往往同时采用批处理方式来为用户服务，即时间要求不强的作业放入"后台"(批处理)处理，需频繁交互的作业在"前台"(分时)处理，也就是分时优先，批处理在后。分时操作系统在一定程度上提高了资源的利用率，实现了资源共享和信息交换，特别是为软件开发和工程设计提供了良好的环境。典型的例子就是著名的多用户多任务操作系统 Unix 和 Linux。

3. 实时操作系统

实时操作系统的工作方式要求计算机能够及时响应外部事件请求，在严格的时间限制内处理作业，同时协调其他设备和任务保证实时工作。

实时操作系统的主要目标是在严格时间范围内对外部请求做出响应，具有高可靠性和完整性。实时操作系统中最重要的参数是时间。常见的实时操作系统可以分为两大类。

(1) 实时过程控制系统：包括工业控制、航空、军事控制等。例如，当计算机用于飞机飞行、导弹发射等的自动控制时，要求计算机能尽快处理测量系统测得的数据，及时对飞机或导弹进行控制，或将有关信息通过显示终端提供给决策人员。同理，当计算机用于轧钢、石化、机械加工等工业生产过程控制时，也要求计算机能及时处理由各类传感器送来的数据，然后控制相应的执行机制。

(2) 实时通信(信息)系统：包括电讯、银行、飞机订票、股市行情等。例如，利用计算机预订飞机票、火车票或轮船票，查询有关航班、航线、票价等，或把计算机用于银行系统、情报检索系统时，都要求计算机能对终端设备发来的服务请求及时予以正确的回答。在这个过程中，实时的重要性在于防止数据的丢失及错误。

4. 个人计算机操作系统

个人计算机操作系统实际就是安装在个人计算机上、实现联机交互的单用户操作系统，它在某一时间内为某一用户服务。

个人计算机操作系统的主要目标是为个人提供友好的界面、便捷的操作以及丰富的应用，从而满足个人用户的使用需求。从最早期的单用户单任务操作系统 MS-DOS 到单用户多任务操作系统 Windows 系列等，都是个人计算机操作系统。随着个人计算机的普及，个人计算机操作系统成为了大多数用户接触最多的操作系统。

5. 网络操作系统

网络操作系统的工作方式是借助网络来传递数据和信息，从而向网络计算机提供服务的一种操作系统，是按照网络体系结构标准开发的，具有网络管理、网络通信、资源共享等各种网络应用。网络操作系统一般由服务器和客户机两部分构成，服务端控制各种资源和网络设备，并加以管控；客户端接收服务端传送的信息，从而实现功能的运用。

网络操作系统的主要目标就是通信及共享，将网络的相关功能最大化，如文件转输服务功能、电子邮件服务功能、远程打印服务功能等。Windows NT 和 Linux 都是常见的网络操作系统。

6. 分布式操作系统

分布式操作系统的工作方式是以计算机网络为基础，或是以多台处理机为基础，将任务处理分布在不同的计算机上，由这些计算机共同完成一项任务。分布式操作系统是一个统一的操作系统。该类操作系统为用户提供一个统一的界面，用户通过这一界面实现所需要的操作并使用系统资源，至于操作定在哪一台计算机上执行或使用哪台计算机的资源则是由操作系统自动完成的，用户不必知道。

分布式操作系统的主要目标是自动调度，均衡负载。分布式操作系统具有更强的处理能力、更快的处理速度、更强的可靠性等优点。

7. 嵌入式操作系统

嵌入式操作系统的工作方式是在各种设备或装置中完成某些特定的功能。嵌入式操作系统运行在嵌入式环境中，对它所操作、控制的设备、资源进行统一分配、调度和控制，它可能是一个大的设备或装置，也可能是系统中的一部分。嵌入式操作系统具有很强的专用性，系统精简，并且要求实时性高。

5.2.3　常用的操作系统简介

在上述提到的各类操作系统中，最常用且需要有所了解的操作系统主要有 DOS、Windows、UNIX、Linux 和 macOS 等，如表 5.1 所示。

表 5.1　常用操作系统

操作系统	主设计人	出现时间	最新版本	系统特点
DOS	Tim Paterson	1981 年	终极版是 DOS 7.0(1995 年)，目前已被 Windows 取代	命令行字符用户界面
Windows	Microsoft 公司	1985 年	Windows11	图形用户界面
UNIX	贝尔实验室	1969 年	版本众多	分时系统
Linux	Linux Torvalds	1991 年	版本众多	免费，源代码开放
macOS	苹果公司	1984 年	macOS Big Sur	运行在 Macintosh 计算机上

1. DOS

DOS(Disk Operation System，磁盘操作系统)属于个人计算机操作系统，也是早期在个人计算机上使用的操作系统，其 MS-DOS 1.0 版本发布于 1981 年，曾经在个人计算机操作系统领域占据了举足轻重的地位，推出了多个版本，直到 1995 年微软推出了 Windows 95 之后，才停止了版本更新。其间出现了许多为 DOS 撰写的知名软件，包括高效的 C 语言编译程序 Turbo C 和早期的国产排版软件 WPS 等。

DOS 具有简单易学、硬件要求低等特点，属于单用户单任务非图形界面的操作系统，使用的是命令行界面，通过输入相应的 DOS 命令就可以完成大多数操作。微软早期的 Windows 版本以 DOS 为基础，并且在推出图形用户界面操作系统之后，仍然保留 DOS 为后台程序。现在的操作系统(如 Windows NT、Windows 2000、Windows XP、Windows Vista、Windows 7、Windows 8 和 Windows 10 等)在"附件"中仍然有"命令提示符"(CMD)。图 5.4 是 DOS 操作系统的界面。

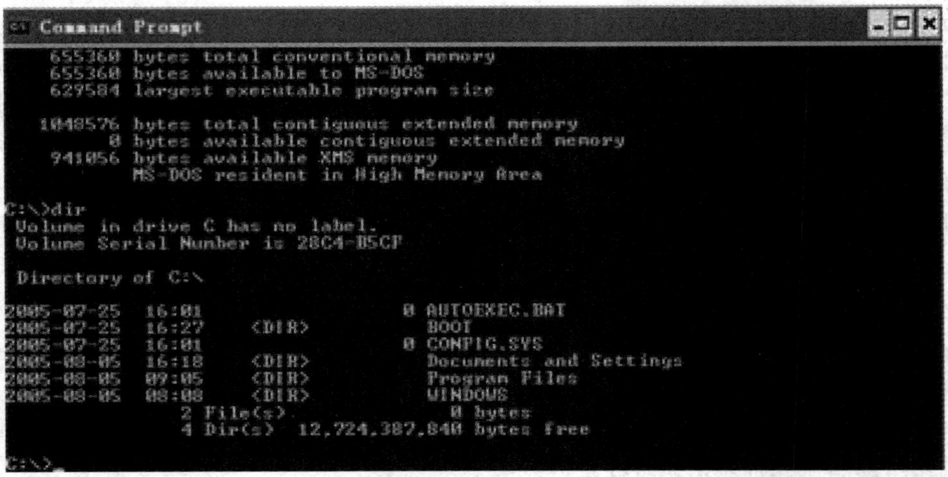

图 5.4　DOS 操作系统的界面

2. Windows

Windows 属于个人计算机领域应用最为广泛的操作系统,是 Microsoft 公司在 MS-DOS 的基础上开发的图形用户界面操作系统。第一个版本是 1985 年问世的 Windows 1.0,接着到 Windows 95、Windows 98,然后到里程碑式的 Windows XP,再到如今的 Windows 11,Windows 不断升级,支持架构从 16 位、32 位到 64 位。由单一版本的个人桌面操作系统到简易版、家庭版、专业版、企业版等多个版本,并涉及移动便携式产品领域,形成了 Windows CE、Windows Mobile、Windows Phone 等移动版本的系统。

Windows 操作系统属于单用户多任务的图形用户界面操作系统。在人机操作性方面表现优异,具有良好的人机界面,并且操作简单易学。同时,Windows 操作系统支持大量的应用软件,为用户提供了方便快捷的用户体验。Windows 操作系统在不断完善改进的过程中,实现了对硬件的良好支持,方便了用户使用,也与广大厂商建立了良好关系。

毫无疑问,Windows 操作系统是当今最受欢迎的操作系统之一,用户数量也一直保持领先。

3. UNIX

UNIX 除了作为单机操作系统之外,主要还用作网络操作系统,它出现在 20 世纪 70 年代初,由美国贝尔实验室开发,早期采用汇编语言编写,后又采用 C 语言重新设计。UNIX 在操作系统发展历史上占有重要地位,随着新版本的不断出现,其用户数量也在日益增多,从大型机到中型机,再到小型机、工作站和个人计算机,都配置有 UNIX 操作系统,它作为开放平台和台式操作系统得到了广泛认可。

UNIX 操作系统是典型的多用户多任务的分时操作系统,具有以下诸多优点:良好的可移植性、内核短小精悍、采用树形结构的文件系统、把设备如同文件一样对待、安全机制完善、丰富的网络功能等。UNIX 操作系统目前主要用于工程应用和科学计算等领域。

4. Linux

Linux 是一款类 UNIX 操作系统,它继承了 UNIX 以网络为核心的设计思想,它的操作系统内核是林纳斯·托瓦兹在 1991 年发布的，属于多用户多任务的网络操作系统，支持多线程多 CPU，支持 32 位和 64 位硬件，支持多硬件平台，发展至今有上百个不同的发布版本。现在流行的版本有 Red Hat Linux、Turbo Linux 等。国产开发的版本有红旗 Linux、蓝点 Linux 等。Linux 可以与 Windows 等其他操作系统共存于同一台电脑上。

　　Linux 系统性能稳定，具有强大的网络功能，安全性能出众，最突出的特点还是它不但完全免费使用，不受版权限制可以自由传播，而且源代码完全开源。其目的是建立不受任何商品化软件的版权制约，核心理念就是开源共享。因此，Linux 受到了全世界软件爱好者及公司的喜爱，无论是服务器端，还是个人电脑占有率都在不断提升。用户可以完全获取操作系统的实现机制，甚至可以根据自身需求对其进行修改完善，从而适应个性化定制需要。另外，Linux 方便配置各类开发环境，为开发提供便捷条件，系统具有较强的可移植性。

　　相比 Windows，Linux 在操作性、系统支持软件数量上还处于劣势，这也是阻碍 Linux 大范围普及的重要因素，不过这些不足目前也有所改善。

5. macOS

　　macOS 是苹果公司开发的运行于该公司 Macintosh 系列个人计算机系统上的操作系统。该操作系统诞生于 1984 年，与 Windows 不断升级换代同步，也推出了众多版本。由于基于 XNU 混合内核的图形化，因此在普通个人电脑上无法安装 macOS。

　　由于 macOS 在架构上与 Windows 明显不同，针对 Windows 系统的各类计算机病毒对该系统不会造成危害，因此 macOS 很少受到病毒侵袭。macOS 操作系统在界面设计，特别是多媒体处理方面具有独到的优势，加上与苹果公司其他设备平台之间的互通性，有大量的忠实用户。而 macOS 在软件兼容性方面的问题影响了它的普及。

5.2.4　国产操作系统的发展及现状

　　电脑上的应用程序都是在操作系统的支持之下工作的，操作系统就像地基，应用程序就像地基上的房子。也就是说，只要电脑联网，谁掌控了操作系统，谁就掌握了这台电脑上的所有操作信息。操作系统厂商很容易取得用户的各种敏感信息，如果使用大数据分析，国家经济社会的各种活动情况都可以获取，并且统计的数据比统计部门的更准确、更快。由于操作系统关系到国家的信息安全，因此俄罗斯、德国等国家已经推行在政府部门的电脑中采用本国的操作系统软件。

　　中国操作系统本土化始于 20 世纪末，并多以 Unix/Linux 为基础进行二次开发，在过去的 20 年里，曾诞生过 20 多个不同版本，目前，无论是服务器还是桌面与移动端，中国自主研发的操作系统的占有率都比较低，主要局限于政府部门。市场上较为熟知的有红旗 Red Flag、深度 Deepin、优麒麟 Ubuntu Kylin、中标麒麟 Neokylin、银河麒麟 Kylin 与中科方德等。但是，由于中国软件市场的开放、微软系统生态的攻势与知识产权等问题，本土化操作系统在市场上幸存下来的寥寥无几。

　　在国产操作系统厂商中，目前中标麒麟、银河麒麟、深度 Deepin、华为鸿蒙各有所长。其中：

(1) 中标麒麟是上海中标软件有限公司发布的面向桌面应用的操作系统产品,在政务市场领域具有领先优势。

(2) 银河麒麟是由国防科技大学、中软公司、联想公司、浪潮集团和民族恒星公司合作研制的闭源服务器操作系统。此操作系统是 863 计划重大攻关科研项目,目标是打破国外操作系统的垄断。银河麒麟研发的一套中国自主知识产权的服务器操作系统,在军队市场领域的资源深厚。银河麒麟完全版共包括实时版、安全版、服务器版三个版本,简化版是基于服务器版简化而成的。

(3) 深度 Deepin 是致力于为全球用户提供美观、易用、安全、免费使用环境的 Linux 发行版。它不仅可对全球优秀开源产品进行集成和配置,还开发了基于 Qt5 技术的深度桌面环境、基于 Qt5 技术的自主 UI 库 DTK、系统设置中心,以及音乐播放器、视频播放器、软件中心等一系列面向普通用户的应用程序。该系统长期在国际开源排名中处于前 12 名,且与华为 Magicbook 合作推出了首款基于 Deepin 的笔记本电脑,目前已经开始向民用市场推广。

5.3　操作系统的功能

综上所述,操作系统的作用就是管理计算机系统的软硬件资源,为用户提供良好的服务。因此,操作系统的核心功能其实就是通过合理高效地调度和管理计算机系统内部的各种软件和硬件资源,从而保证良好的用户体验。对单用户单任务的操作系统来说,资源的分配管理相对简单;而对于多用户多任务的操作系统,势必面临在共享资源时的调度和分配问题,从核心部件 CPU 到有限的内存存储空间,从输入/输出设备到软件资源,要求操作系统必须具有相应的管理功能,才能解决资源共享的难题,提升计算机的效率。因此,处理器管理、存储管理、文件管理、设备管理及作业管理被认为是操作系统的基本功能。这些功能彼此之间存在着或多或少的联系,相互之间互为支持,整个操作系统的正常运转是由这些功能共同作用来保证的,缺一不可。因此,衡量操作系统主要是衡量使用该操作系统时计算机系统所展现出来的各方面的性能。一个成功的操作系统需要具备完整的系统生态链,在提供这些功能的同时,还要提供丰富多样的支持以及明确的定位。

5.3.1　处理器管理

处理器管理中的处理器即中央处理器,也就是 CPU。因此,处理器管理实际上就是解决计算机内部对 CPU 资源的调度分配问题。CPU 是计算机内部的重要核心部件,对计算机的性能影响很大,充分发挥其功能,提高其利用率是最主要的任务。

程序只有在执行时才需要 CPU 的支持,CPU 管理的对象只是运行的程序,于是进程的概念就应运而生了。什么是进程? 进程就是正在运行的程序。一旦程序运行成为进程,就具备了资源分配调度的需要,实际上系统就是以进程作为资源分配和调度的单位。伴随着多道程序设计技术的诞生,需要对多个进程进行协调和管理来实现 CPU 资源的充分利用,此时处理器管理的实质就是进程管理。

从计算机的工作原理可知，程序运行需要进入内存。而多道程序设计就是允许内存中同时进入多个独立的程序，通过控制多个进程相互穿插运行，达到宏观上并行、微观上串行的效果。具体的控制方式就是当某个程序当前由于其他原因不能运行时，将 CPU 的使用权转移给另一个可以执行的程序。或是根据优先级的不同，让优先级更高、更重要的程序具有抢占 CPU 的能力，从而提高 CPU 的利用率，提升系统的使用效率，随之而来的就是资源的竞争。

要理解进程管理，先要明确掌握进程的特点。首先，进程是具有生命周期的，从程序开始运行到程序执行完毕或关闭，就如同诞生到消亡一样，有明确的起止时间。其次，程序大多可以运行多次，也就相当于创建了多个进程。某个进程可能对应一个程序，也可能涉及多个程序的执行。

结合多道程序设计和进程的特点，可以把进程定义成以下三种状态。

(1) 运行状态：即进程获取 CPU 使用权的执行状态。由于一个 CPU 在同一时刻只能被一个进程所占有，因此系统的 CPU 数目决定了处于执行状态的进程数目。对单 CPU 操作系统，只能有一个进程处于运行状态。

(2) 就绪状态：即进程除了未获得 CPU 使用权外，其他条件已经具备的状态。此时进程因为缺少 CPU 资源而不能运行，一旦获得 CPU 使用权就立即进入运行状态。同时处于就绪状态的进程可以有多个。

(3) 等待状态：即阻塞状态或睡眠状态，是指在进程执行过程中缺少某些条件(如外设资源或是其他前序进程的运行结果等)而不具备运行条件的状态。一旦所缺条件获得，就立即转为就绪状态，等待被分配 CPU。此前，即使 CPU 处于空闲，也不能被分配。同时处于等待状态的进程可以有多个。

如图 5.5 所示，在任何时刻，进程一定处于上述 3 种状态之一。在实际系统中，程序一旦进入内存成为进程，就会根据具体内部情况的变化在这 3 种状态之间相互转换，直到程序结束。所有进程的转换控制是由操作系统来完成的。从图 5.5 中可以看出，所谓时间片，是指操作系统分配给进程的 CPU 使用时长，一旦时间到了，运行状态的进程就会失去 CPU 使用权回归到就绪状态。正是由于时间片在不同进程之间不断调度分配 CPU 使用权，才实现了多道程序的宏观并行、微观串行。

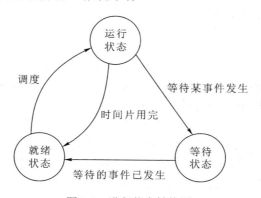

图 5.5　进程状态转换图

5.3.2　存储管理

存储管理主要针对的是内存。从计算机的体系结构可知,内存是负责信息交流的中心。程序在执行时必须调入内存,因此内存的合理分配和利用对计算机的性能影响巨大,而内存的空间又相对有限,所以对如此宝贵的内存空间进行管理是非常必要的。

操作系统对内存的管理主要表现在如下几个方面:内存空间的分配和回收、内存空间的扩展、内存保护、地址转换等。其中,内存空间的分配和回收主要是当内存空间不足时,将暂时不用的程序和数据移出到外存中,而将急需使用的程序和数据移入到内存中,从而保证最大限度地利用内存空间,实现多程序运行。内存空间的扩展主要是当无法通过硬件扩充内存时,借助虚拟存储技术或覆盖技术,从逻辑层面上实现内存的扩充,为用户提供比实际内存大得多的内存空间,解决原有内存的不足。内存保护解决的是保证存入内存中的不同数据和程序不会相互影响,互不干扰。地址转换是指完成程序中使用的逻辑地址和内存中的实际物理地址之间的转换。

5.3.3　文件管理

文件管理在操作系统中是通过文件系统具体实现的,因此也称为文件系统。众所周知,计算机系统的各类资源(包括程序、数据)都是以文件的形式存储在外部存储器(硬盘、U 盘、光盘)中的,在使用时从外存调入内存。大量的数据和信息就对应了大量的文件,强大的文件系统对操作系统的正常运转非常必要。

文件管理主要体现在如下两个方面:有效支持文件的存储、检索和修改等操作,解决文件的共享、保密和保护问题。这两方面的实现保证了用户对文件方便、安全的访问和使用。

目前操作系统的文件系统对文件采用的都是按名存取的方式,对用户而言,知道文件的名称就可以找到该文件,并对这些文件执行各类操作,如复制、移动、修改、删除等,而不需要知道这些文件存放在什么地方。实际上,文件系统负责了文件存储空间的分配和回收、检索、共享和保护,保证了用户的使用。

操作系统实现文件管理功能,提高了文件使用的方便性,提供了对文件的保护措施,通过文件的并发控制达到了信息共享的目的。

5.3.4　设备管理

设备管理中的设备指的是计算机系统中的外部设备,也就是除了 CPU 和内存之外的所有输入、输出设备。设备管理的目的是保证计算机系统在工作时,这些外部设备能够完成相应的输入、输出以及存储任务,使得整个计算机系统正常运转。

如今的外部设备不断推陈出新,种类繁多,在功能和技术上都有很大差异,特别是随着 CPU 性能的不断提升,它与输入/输出设备之间的差异也不断增大。设备管理的主要功能有缓冲管理、设备分配与回收、设备处理和虚拟设备等。通过设备管理,可利用中断技术、缓冲技术和通道技术,提高 CPU、设备之间的并行工作能力,提高外部设备的利用率。更重要的是,设备管理为用户提供了方便的设备接口,用户不需要了解设备具体的输入/

输出操作方式，也无须了解设备的接口细节，就可以对设备进行相应的操作，同时，还能够根据用户的输入/输出请求，对应分配所需设备。在多道程序环境下，通过设备管理的策略和管理机制能够保证系统有条不紊地工作。

5.3.5　作业管理

作业管理功能中的"作业"实际上是指用户完成某一项任务或是事务所做的工作总和。操作系统所提供的作业管理功能属于直接服务用户的功能，包括提供良好的人机接口，方便用户自行组织自己的工作流程，满足用户的需求等。同时，操作系统平衡了系统和用户的需求，在作业运行的过程中，由用户按照自己的需要控制整个作业的运行，过程按用户意愿来进行，也保证了系统的高效运行，充分体现了操作系统为用户服务的特征。

5.4　程序设计语言与语言处理程序

程序设计语言与
语言处理程序

5.4.1　程序设计语言

用户使用计算机时，无疑是需要与计算机进行沟通的。在日常生活中，人与人之间是通过自然语言进行沟通的，那么人与计算机之间的沟通使用自然语言显然是行不通的，需要使用专门的程序设计语言。程序设计语言就是人与计算机之间的交流工具，用户通过使用程序设计语言编写程序来实现想要的功能。

由于计算机内部使用的是二进制，因此，只有二进制形式的机器语言所编写的程序才能被计算机识别并执行，可以认为机器语言就是计算机自己的语言。伴随着计算机技术的发展，自 20 世纪 60 年代以来，世界上已经公布了数以百计的程序设计语言，其中一小部分得到了广泛应用。最常用的程序设计语言大致有十来种，并且还不断有新的语言出现。这些语言都需要经过翻译才能被计算机执行。

整个程序设计语言的发展历程可以被分为机器语言、汇编语言、高级语言和第四代语言四个阶段。

1. 机器语言

如前所述，机器语言就是计算机本身可以直接识别和执行的语言，也叫作机器语言指令系统，是由机器指令构成的。每一条机器指令又是由 0 和 1 这样的二进制数所组成的，能够被计算机直接识别和执行。机器指令作为计算机自己的语言与计算机密切相关，不同机器有不同的机器语言系统。

例 5.1　计算 A = 10 + 12 的机器语言程序如下：

```
10110000 00001010        ；把 10 放入累加器 A 中
00101100 00001100        ；12 与累加器 A 中的值相加，结果仍放入 A 中
11110100                 ；结束，停机
```

由上面的例子可以看出，从程序员的角度来说，使用机器语言编写程序的难度很大，对程序员的要求很高，需要程序员记住计算机的全部机器指令及其含义，自己处理存储分

配和输入/输出，并记住整个工作流程中工作单元的不同状态，开发难度大。另外，机器语言的编程逻辑与日常逻辑相差较大，需要对程序员进行专门的培训。而且这些 0 和 1 构成的二进制字符串可读性差，容易出错，交流和维护困难。更重要的是，克服重重困难所编写的机器语言程序由于对计算机指令的依赖，不同机器之间存在不适用的情况，可移植性差。

可以认为，机器语言具有难学、难懂、难记、难修改、难移植的特点，这些特点给开发者和使用者都带来了诸多不便，使其推广使用障碍重重。但是由于机器语言可以被计算机直接识别和执行，没有中间环节，所以用机器语言写的程序效率最高。

2. 汇编语言

由于机器语言在应用推广方面的问题，20 世纪 50 年代，人们在机器语言的基础上，使用助记符来代替 0 和 1 这样的二进制机器指令，出现了汇编语言，这种语言也被称为符号语言，即符号化的机器语言。

例 5.2　计算 A = 10 + 12 的汇编语言程序如下：

```
MOV   A，10          ；把 10 放入累加器 A 中
ADD   A，12          ；12 与累加器 A 中的值相加，结果仍放入 A 中
HLT                 ；结束，停机
```

汇编语言当中的助记符多为英语单词的缩略形式，数字符号都容易辨认，便于记忆和理解，提升了程序的可读性和程序开发的效率，克服了机器语言在这方面的缺陷。同时，汇编语言依然是面向机器开发的语言，所以，具有占用内存空间少、运行速度快、编程质量高的优势。汇编语言一般多用来编写系统软件及过程控制软件。也正是由于面向机器，不同机器的汇编语言不同，因此使用汇编语言编写的程序通用性较差。

对程序员而言，汇编语言编程需要熟悉计算机的内部构造，包括自行完成存储器等空间分配，编程强度高，难度大，专业性较强。

机器语言和汇编语言同属于面向机器的语言，也被称为低级语言。虽然汇编语言比起机器语言更接近用户，但是对非计算机专业人士而言依然难以掌握，也不利于计算机的推广应用。于是，高级语言应运而生了。

3. 高级语言

高级语言是为了满足接近人类自然语言、规则明确、直观易学的需求而出现的程序设计语言。高级语言采用的是近似自然语言和数学公式的语言，是一种面向用户的语言。这里"高级"一词主要强调的是该语言脱离了具体的机器，使用时程序员无须与计算机硬件打交道，不必掌握计算机的硬件实现细节及指令系统，只需要专注于实现过程本身，因而提高了编程的效率。

例 5.3　计算 A = 10 + 12 的高级语言程序如下：

```
A = 10 + 12         ；10 与 12 相加的结果放入 A 中
PRINT   A           ；输出 A
END                 ；结束程序
```

高级语言具有可读性好、独立性强、可移植性好等优势，目前在各个编程领域都占有巨大的比重。随着计算机技术的发展，广泛使用的高级语言有 C、C++、Java、C#、F#、

JavaScript、JSP 等。但由于高级语言执行时需要进行翻译，因此与低级语言相比，程序的执行效率要低一些。特别需要说明的是，作为高级语言的一种，C 语言兼具了高级语言的易用性和汇编语言对硬件编程的特点，因此，有时被称为中级语言。C 语言普遍适用于高级语言和低级语言的应用领域，是程序设计语言的常青树。

程序设计语言从机器语言发展到高级语言，为程序员提供了便捷的编程工具，编写的代码可读性好，可靠性高，特别是程序员可以集中时间和精力去思考解决问题的方法，充分发挥创造性，使得计算机的各项功能能够更加充分地发挥出来。

4. 第四代语言

第四代语言(Fourth-Generation Language，4GL)是为了满足商业需要，在软件厂商的广告和产品介绍中出现的。从 20 世纪 80 年代开始，众多计算机科学家对 4GL 进行了研究。

4GL 具有面向问题、非过程化等特点，特别是以数据库管理系统功能为核心，为用户提供了开发高层软件、强大而友好的开发环境。由于采用非过程化问题定义手段，所以，用户只需要告诉系统做什么，而不需要说明怎么做。

20 世纪 90 年代，基于数据库管理系统的 4GL 商品化软件在计算机应用开发领域中广泛应用，并且成为了面向数据库应用开发的主流工具，如 Oracle 应用开发环境、Informix 4GL、SQL Windows、Power Builder 等。它们为缩短软件开发周期、提高软件质量发挥了巨大的作用，为软件开发注入了新的生机和活力。

由于 4GL 多数只面向专项应用，能力有限，加上其抽象级别较高，系统开销大，但运行效率低，对软硬件资源消耗比较严重，应用受硬件限制，同时缺少统一的标准，导致了其应用软件移植和推广比较困难，所以 4GL 不是目前应用开发的主流工具。

目前 4GL 主要面向基于数据库应用的领域，不适合于科学计算、高速的实时系统和系统软件开发。所以，也有不少观点认为程序设计语言发展分为三个阶段，即机器语言、汇编语言和高级语言。

5.4.2　语言处理程序

在众多程序设计语言中，只有机器语言编写的程序可以被计算机直接识别和执行，而其他程序设计语言所编写的程序需要进行翻译才能够执行。在翻译过程中，采用除机器语言外的其他程序设计语言编写的程序叫作源程序，也就是初始状态。经过翻译之后，源程序就被转换为可以被计算机直接识别和执行的机器语言程序，我们称之为目标程序，也就是最终状态。将初始状态的源程序转换为最终状态的目标程序的工具就是语言处理程序。由于不同类型的程序设计语言的实现机制不同，因此对应的语言处理程序也不同。

1. 汇编程序

汇编语言所对应的语言处理程序就是汇编程序。也可以说，汇编程序实现了将汇编语言编写的源程序转换为机器语言目标程序的功能。正是因为汇编程序的工作，汇编语言源程序才能被计算机系统所识别和执行。而汇编程序的工作简单来说就是通过两次扫描，完成转换指令和处理伪指令，最终完成目标程序的生成。图 5.6 表示了计算机系统执行汇编语言源程序的过程。

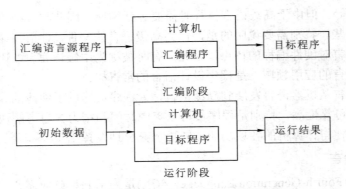

图 5.6　计算机系统执行汇编源程序的过程

2. 高级语言翻译程序

高级语言所对应的语言处理程序称为高级语言的翻译程序。高级语言的翻译程序实现的就是将高级语言编写的源程序转换成机器语言目标程序的功能。与汇编语言不同，由于高级语言种类繁多，实现机制有所不同，因此翻译程序采用了两种不同的工作方式，一种叫编译方式，另一种叫解释方式，与之相对应的翻译工具分别称为编译程序和解释程序。

1) 编译程序

编译程序是采用编译方式的翻译工具。具体执行过程：第一步，将整个源程序一次性编译，生成与其等价的目标程序；第二步，将目标程序与其他库函数及子程序连接在一起，组成一个完整的可执行程序；第三步，执行可执行程序，得到运行结果。

编译程序的突出特点就是最终生成的可执行程序是可以脱离编译环境和源程序独立并能反复使用的。编译程序具有一次编译、反复使用、执行速度快、执行效率高的优势。但由于编译程序是一次性整体编译，因此一旦源程序有所修改，整个编译过程需要重新执行。大家熟悉的高级语言如：C/C++、Pascal、FORTRAN、COBOL 等都采用编译方式。编译方式的大致工作过程如图 5.7 所示。

图 5.7　编译方式的工作过程

2) 解释程序

解释程序是采用解释方式的翻译工具。具体执行过程是：由解释程序逐句对源程序进行分析检查，如果没有错误的话，将源程序中的语句逐条翻译成一个或多个机器指令，然后立即执行；如果发现错误，则停止执行，提示错误，要求用户对源程序进行修改。

解释方式的突出特点是每次运行时都要逐句检查，离不开解释环境，而且是翻译一句执行一句，可以随时修改，灵活性强，便于查找错误的语句进行修改。该方式特别适合人-机对话。例如，在终端输入一条命令，解释程序立刻翻译并执行，将结果输出到终端。解释方式需要执行两遍扫描，解释方式的执行过程如图 5.8 所示。

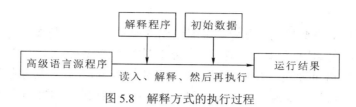

图 5.8　解释方式的执行过程

　　解释方式方便，交互性较好，早期一些高级语言采用的就是这种方式，如 BASIC、dBASE，如今，Python/JavaScript/Perl/Shell 等也采用的是解释方式。解释方式的突出优点是可简单地实现，且易于在解释执行过程中灵活、方便地插入修改和调试措施，其最大缺点是执行效率很低。

　　两种翻译方式实际上是各有利弊，单从速度方面比较的话，解释方式的执行速度比编译方式的慢，主要原因有三个，第一，解释方式每次运行都必须重新解释，而编译方式只编译一次，可重复执行多次；第二，解释方式从头开始逐条翻译并执行，如果错误发生在较后的位置，则导致前面的结果无效；第三，解释程序时由于只能看到一条语句，从而无法纵观全局对整个程序进行优化。

5.5　几个通用的应用软件

　　操作系统等系统软件为用户操作和使用计算机带来了便利，在计算机不断发展的过程中，随着微机性能的提升和网络的普及发展，越来越多为某些应用专门开发的应用软件丰富并强大了计算机的功能，下面列举一些常用的应用软件。

1. 办公软件

　　办公软件毫无疑问是大多数计算机用户都会安装的应用软件，目前常用的办公软件包有Microsoft 公司的 Microsoft Office 和我国金山公司的 WPS Office。Office 办公软件包实现了现代办公所需要的方方面面信息的处理，包括文字、数字、图表、图形、图像、语音等，从而达到办公自动化。目前的办公软件一般有字处理软件、电子表格处理软件、演示文稿制作软件等几类，配合网络时代办公和业务的需要，知名的办公软件包中还提供小型数据库管理系统、电子邮件软件及网页制作软件等。

2. 图形和图像处理软件

　　伴随着计算机性能的提升以及手机、数码相机的普及，利用计算机进行图形图像处理已经成为很多人的选择，软件开发商也推出了不少图形图像处理软件，以满足专业人士及非专业人士的不同使用需求。

1) 绘图软件

　　绘图软件的主要功能是创建和编辑矢量图文件。所谓的矢量图文件，是指由包括线、圆、椭圆等形状和不同颜色组成的图形。这类绘图软件有 Adobe Illustrator、AutoCAD、CorelDRAW、Macromedia FreeHand 等。主要用于创作杂志、书籍、海报中所需要的图片，其中，美国 Autodesk 公司开发的 AutoCAD 是一个通用的交互式绘图软件包，应用广泛，常用于绘制土建图、机械图等。

2) 图像处理软件

图像处理软件的主要功能是创建和编辑位图图像文件。所谓位图文件，是指图像由众多像素点构成，比如照片这类真实的图片。这类绘图软件有 Windows 自带的"画图"工具，Adobe 公司开发的 Photoshop、Corel Photo 等，其中，Photoshop 以其专业强大的功能受到用户的普遍认可，是目前最流行的图像处理软件，广泛应用于各类美术设计、印刷排版、艺术摄影等领域。

3) 动画制作软件

动画制作软件的主要功能是创建和编辑动画。动画是动态展示的，动画制作软件可以提供强大的动画设计功能，包括动画编辑、场景变换、角色更替，中间动作过渡等。目前最为常见的动画制作软件有用于三维动画的 3DS MAX、用于制作二维动画的 Flash 等。动画制作更是涉及游戏软件、电影制作、产品设计等多个领域。

3. 数据库系统

数据库系统(DataBase System，DBS)是为了适应数据处理需要而发展起来的一种数据处理核心机构，是建立在计算机高速处理能力和大容量存储能力基础上的数据管理工具。它是计算机应用从科学计算为主转向数据处理为主的里程碑，现如今依然广泛地应用于生产生活的多个领域。

数据库系统一般由数据库(存放数据)、数据库管理系统(管理数据、数据的插入、修改和检索等)、数据库应用系统(应用数据)、数据库管理员(管理数据库系统)和硬件等组成。其中，数据库管理系统(DBMS)是数据库系统的基础和核心。数据库中的数据具有良好的结构、共享性好、数据独立性强，同时为用户提供了友好的接口。

目前常用的数据库管理系统有大型数据库系统 Oracle、SQL Server、DB2，中小型数据库系统 MYSQL、ACCESS、Sybase 等。

4. Internet 服务软件

Internet 服务软件是随着网络的发展和普及而兴起的，主要功能是为广大的用户在使用计算机上网的相关功能提供服务，为用户提供便利的同时，丰富其网络应用。主要的网络服务软件有浏览器、电子邮件软件、文件传输软件、即时通讯软件等等，这些内容在本书后面的章节有详细介绍。

特别需要说明的是，在 2020 年新冠疫情席卷世界的同时，网络视频授课软件实现了众多中外大中小学生居家上网课，同时，这些软件主要提供的网络视频会议功能得到了广大网络计算机用户的青睐，包括 Zoom，钉钉、腾讯会议、腾讯课堂等软件被大面积普及应用。

本 章 小 结

本章主要介绍了计算机软件的相关概念，对操作系统的作用与地位、分类，特别是操作系统的功能进行了详细介绍，还介绍了几种常见的操作系统，并简要介绍了程序设计语言与语言处理程序。

　　软件是支持计算机工作、提高计算机使用效率和扩大计算机功能的各类程序、数据和有关文档的总称。

　　程序(Program)是为了解决某一问题而设计的一系列指令或语句的有序集合。

　　数据(Data)是程序处理的对象和处理的结果。

　　文档(Document)是描述开发程序、使用程序和维护程序所需要的有关资料。

　　软件最常见的分类是系统软件和应用软件两大类。系统软件是指管理、控制和维护计算机的各种资源，以及扩大计算机功能和方便用户使用计算机的各种程序集合。应用软件是为了解决各种实际问题而设计的计算机程序，通常由计算机用户或专门的软件公司开发。

　　所谓操作系统(Operating System，OS)，它是由一些程序模块组成，用以控制和管理计算机系统内的软硬件资源，合理地组织计算机工作流程，并为用户提供一个功能强、使用方便的工作环境。

　　操作系统的基本功能有：处理器管理、存储管理、设备管理、文件管理及作业管理。常用的操作系统有 DOS、Windows、UNIX、Linux 和 macOS 等。国产操作系统有中标麒麟、银河麒麟、深度 Deepin、华为鸿蒙等。

　　程序设计语言就是人与计算机之间的交流工具，用户通过使用程序设计语言编写程序，来实现想要的功能。整个程序设计语言的发展历程可以被分为机器语言、汇编语言、高级语言和第四代语言四个阶段。将汇编语言或高级语言编写的不能被机器直接识别和执行的源程序翻译成为机器语言目标程序的工具就是语言处理程序，汇编语言对应的是汇编程序，而高级语言的翻译程序有编译和解释两种方式。

思　考　题

1. 什么是软件？
2. 简述系统软件和应用软件的区别。
3. 简述操作系统的作用与地位。
4. 简述操作系统的主要功能。
5. 什么是进程？进程和程序有什么区别？
6. 简述进程的三种状态。
7. 什么是程序设计语言？常用的程序设计语言有哪些？
8. 简述机器语言、汇编语言、高级语言各自的特点。
9. 为什么高级语言必须有翻译程序？翻译程序的实现途径有哪两种？
10. 简述解释和编译的区别。
11. 简述将高级语言编译成可执行程序的过程。

第 6 章

算法和程序设计

　　基于存储程序原理工作的计算机，其工作过程就是存储程序，自动执行程序。计算机系统之所以能够完成各种工作，其核心就是执行程序。程序包括两个部分，分别是对待处理数据的描述(数据结构)和对操作过程的描述(算法)，即需要对什么样的数据进行一系列什么样的操作。算法对于程序设计来说至关重要，是程序的灵魂，也是基于计算机的问题求解和计算机科学的核心问题。

　　本章从基于计算机的问题求解过程出发，首先介绍算法、算法的描述方法以及算法评价的标准。在理解算法的基础上，介绍程序设计的基本概念、程序设计的方法和过程、常用的高级程序设计语言、程序的三种基本结构以及程序的运行过程。

6.1　基于计算机的问题求解

　　人们在日常工作、学习过程中会碰到各类问题，问题的解决往往需要各种工具的辅助。计算机的出现为求解各类问题提供了新途径。由于计算机具有速度快、精度高、稳定可靠和自动执行程序等优点，因此其在处理海量、异构数据和计算复杂问题的时候具有强大的优势。

6.1.1　基于计算机的问题求解方法

　　计算机学科要解决的首要和根本问题就是利用计算机进行问题的求解。计算机解决问题的前提是对问题的足够清晰的描述，不同的问题需要不同的解决方法。

1. 基于计算机软件的问题求解

　　日常，我们经常会遇到这样的一些问题：计算机上有病毒了，制作一份演讲报告，需要统计学生成绩……通常我们会借助相应的软件来解决问题。例如，使用杀毒软件查杀计算机病毒，使用文字处理软件制作演讲报告，使用表格处理软件统计学生成绩……

　　对于大部分通用性问题，常见的软件就可以解决。针对同一功能的软件众多，用户可以根据喜好进行选择。比如，常见的杀毒软件有 360 杀毒、瑞星杀毒等。常用的办公软件有微软的 Microsoft Office。当然，随着国产软件的发展与进步，越来越多的用户喜欢使用金山公司的 WPS Office。

那么，所有的基于计算机解决的问题，都有可用的软件帮助解决吗？答案是否定的。通用软件解决的都是通用性的问题，对于专业性的问题就无能为力了。另外，用户只是在其提供的有限功能内使用它解决问题，不能随意更改软件的功能、性能，也无法发挥用户自己的创意。

2. 基于计算机程序的问题求解

在科学研究中，大多数基于计算机求解的问题是不能依靠软件方法解决的。比如，线性方程组、平面分割、微积分等数学上常见的问题，还有中国古代的著名趣题百鸡问题、鸡兔同笼问题等，这些都需要人们通过分析问题和思考解决流程后，编写出相应的计算机程序，通过计算机执行后求解。

那么，什么是计算机程序？它又有哪些特点呢？

程序是人们使用程序设计语言编写的指令序列。一个完整的计算机程序需要包含以下两个方面的信息：

(1) 对操作的描述：也就是计算机解决该问题的方法和步骤，即算法。

(2) 对操作对象(数据)的描述：计算机要处理的数据对象及其在机器内的组织形式，即数据结构。

使用计算机程序求解问题的关键在于以下两个方面：

(1) 可计算：即问题能够被形式化描述。

(2) 有限步骤：即程序执行有限步之后必须终止。

3. 基于计算机系统的工程问题求解

依靠计算机软件和编程并不能解决所有的问题。在科学研究与创新研究中，许多大规模的、复杂的问题，需要多种系统平台(软件、硬件、网络等)的支持，这些问题是基于计算机系统的工程问题，如天气预报系统。

基于计算机系统的工程问题的求解过程分为 5 个步骤：

(1) 清晰地陈述问题。

(2) 描述输入、输出和接口信息。

(3) 对于多个简单的数据集，抽象地解答问题。

(4) 设计解决方案并将其转换为计算机程序。

(5) 利用多种方案和数据测试计算机程序。

6.1.2　计算机求解问题的过程

当我们求解数学问题的时候，都会首先思考求解问题的方法，然后设计求解问题的步骤，最后带入数据验证求解方法是否能得到正确的结果。

通过计算机求解问题，也需要经历一个分析问题、设计求解步骤、编程实现和调试测试的过程，具体可分为以下 5 个步骤：

1. 分析问题——自然问题的逻辑建模

在这个阶段，首先要明确和理解需要解决的问题是什么，有什么特点，即明确问题的性质，并将一个自然问题建模到逻辑层面上。也就是说，将一个看似很复杂的问题转化为基本逻辑。例如，转换为顺序执行的结构或者选择的结构等。

待求解的问题可以分为数值型问题和非数值型问题，非数值型问题也可以模拟为数值型问题，在计算机里仿真求解。

2. 建立模型——逻辑问题的数学建模

通过分析问题，得到逻辑模型，接下来就需要了解如何将逻辑模型转换为能够存储到硬件芯片上的数学模型。对于数值型问题，可以先建立数学模型，直接通过数学模型来描述问题。对于非数值型问题，可以先建立一个过程或者仿真模型，通过过程模型来描述问题，再设计算法进行求解。

3. 设计算法——从数学模型到计算模型

得到数学模型后，需要将数学的思维方式转化为离散计算的模式。

对于数值型问题，一般采用离散数值分析的方法进行处理。在数值分析中有许多经典算法，当然也可以根据问题的实际情况自己设计解决方案。

对于非数值型问题，可以通过数据结构或算法分析进行仿真。也可以选择一些成熟和典型的算法进行处理，如穷举法、递推法、递归法、分治法、回溯法等。

算法确定之后，就可以进一步形式化为伪代码或者流程图。

4. 编写程序——从计算模型到编程实现

根据已经形式化了的算法，选用某种程序设计语言(如 C 语言)编程实现，获得源代码。

5. 调试测试——程序的运行和修正

调试、运行程序，得到运行结果。对运行结果进行分析和测试，检测其是否符合期望，如果不符合，要进一步进行分析和判断，找出问题所在，再对算法或程序进行修正，循环往复，直到得到正确结果。

在上述计算机求解问题的步骤中，最重要的是步骤 1~3，即分析问题到设计算法。算法设计好之后，就可以很方便地用任何程序设计语言来编程实现。所以，算法是程序设计的灵魂。

6.2　算　　法

算法是人们在现实世界中解决实际问题的方法和步骤。对于计算机来说，算法是计算机问题求解的灵魂，更是程序设计的基础。本节将详细介绍算法的概念及其特征。

算法及其表示

6.2.1　算法及其特征

1. 算法的概念

在现实世界中，从事各项工作和活动之前都需要事先制订好一定的方法和步骤，再按部就班地实施，才能保证有条不紊地完成工作。这些为了解决一个特定的问题而采取的方法和步骤，就是算法。

不是有关"计算"的问题才涉及算法,在日常生活中,算法随处可见。比如,厨师做菜的菜谱、演奏者弹奏钢琴曲的乐谱、运动员做广播体操的分解动作……这些都可以看成算法。

算法是一组确定的、有效的、有限的解决问题的步骤。

当人们对实际的问题进行抽象,将问题描述为输入与输出后,就要考虑按照什么样的顺序设计有限步的基本计算,将输入数据转换成输出数据,这个过程就是算法设计。想借助计算机解决问题,就要和计算机对话,告诉计算机解决问题的步骤,即先做什么,再做什么……人们可以通过程序设计语言的语句实现和计算机的对话,这些语句不仅体现了算法设计的思路,也能指示计算机按照算法的思路完成工作,解决问题。

算法可以分为数值型算法和非数值型算法。如科学计算中的数值积分、线性方程求解等就是数值型算法,而信息管理、文字处理、图像分类、检索等算法就是非数值型算法。

不管何种类型的算法,都必须具备以下三个要素:

(1) 数据对象。

(2) 基本运算和操作,如算术运算、逻辑运算、关系运算和数据传输。

(3) 控制结构,如顺序结构、选择结构、循环结构。

一个算法的功能不仅取决于所选用的操作,还与各操作之间的执行顺序有关。算法并不给出问题的具体解,只是说明按什么样的操作去实施才能得到问题的解。

在计算机科学中,算法一词用于描述一个可用计算机实现的问题的求解方法。算法是程序设计的基础,是计算机科学的核心,在计算机应用领域发挥着非常重要的作用。一个优秀的算法可以运行在速度比较慢的计算机上求解出问题,而一个劣质的算法在一台性能很强的计算机上也不一定能满足应用的需求。因此,在计算机程序设计中,算法设计往往处于核心地位。

有了一个好的算法,就可以选用某一种程序设计语言将其转换为程序。

具体的算法是对解决问题步骤的描述,最终表现为一个指令的有限集合(程序),如果遵循它就可以完成一项特定的任务。但是,算法是定义在逻辑结构上的操作,是独立于计算机的,而它的实现则是在计算机上进行的,因此算法依赖于数据的存储结构,计算机按算法所描述的顺序执行算法的指令就可形成程序。

可见,计算机程序是通过计算机程序语言精确描述算法的模型,它的作用是指示计算机进行必要的计算和数据处理,从而解决特定的问题。

因此,算法和程序的关系可以用这样一个著名的公式来描述:

$$数据结构 + 算法 = 程序$$

该公式的提出者是计算机科学家 Niklaus Wirth。

设计算法是一种创造性的思维活动,同样的问题,不同的人有不同的处理方式,对应的算法也就各不相同。算法设计者通过学习和运用,不断提高问题求解能力和想象力,并能从宏观上把握问题的求解逻辑。

2. 算法的特征

算法具有以下特征:

(1) 有穷性。一个算法应包含有限个操作步骤。也就是说,在执行若干个操作步骤之后，算法将结束，并且每一步都在合理的时间内完成。比如，算法中的循环结构如果进入无限循环是不被允许的。

(2) 确定性。组成算法的指令是清晰的，无歧义的。算法中的每一条指令必须有确切的含义，不能有二义性，并且对于相同的输入，必然有相同的执行结果。

(3) 可行性。算法是可行的，算法中的运算是能够实现的基本运算，每一种运算可在有限时间内完成。

(4) 有零个或多个输入。在计算机上实现的算法通常是用来处理数据对象的，大多数情况下这些数据是需要通过输入得到的。

(5) 有一个或多个输出。算法的目的是求"解"，这些"解"只有通过输出才能得到。

(6) 有效性。算法中的每个步骤都能有效执行，并得到确定的结果。

上述 6 个特征是一个正确算法应该具备的特点和要素，在设计算法的时候对每一个特征都应该注意。

6.2.2 算法的表示

算法是解决某个特定问题的一系列操作，程序是算法用某种程序设计语言的实现。首先要设计算法，才能编写程序。那么，该如何描述和表示一个算法呢？下面给出几种常用算法的描述方法。

1. 自然语言描述

自然语言是人们日常交流使用的语言，如汉语、英语等。

例如，要想从 1 加到 N，设 N 的值不大于 100。使用自然语言描述的算法如表 6.1 所示。

表 6.1　从 1 到 N 的累加求和的自然语言描述

步　骤	自然语言描述
S1	设置存储单元 N，输入 N
S2	设置存储单元 Sum，设置初值为 0
S3	设置存储单元 i，设置初值为 1
S4	如果 i 小于等于 N，则继续执行，否则跳转到 S6
S5	给 Sum 的值加上 i
	给 i 的值加上 1，跳转到 S4
S6	输出 Sum，程序结束

用自然语言描述的算法表述清晰、通俗易懂。但是，自然语言与计算机语言的表现形式差距较大，通常只用它来介绍求解问题的基本步骤。

2. 伪代码表示法

伪代码是介于自然语言与计算机语言之间的文字和符号，它的结构性较强，表述自由，比较容易书写和理解，修改起来也相对方便。它利用自然语言的功能、数学表达和若干基本控制结构来描述算法，不拘泥于某种具体语言的语法结构，以非常灵活的形式来表述被描述的对象。

伪代码没有统一的标准，可以自己定义，也可以采用与程序设计语言类似的形式。上例的伪代码可以表示为

S1：用户输入 N；

S2：Sum = 0；

S3：i = 1；

S4：如果 i≤N，则继续执行，否则跳转到 S6

S5：Sum = Sum + i；

　　i = i + 1；跳转到 S4

S6：输出 Sum，程序结束。

3. 流程图

流程图是描述算法最常用的方法，是一种用各种几何图形、流程箭头线及文字说明来描述计算过程的框图。

用流程图描述的算法直观、灵活、简洁、清晰。它可以将设计者的思路表达得清楚易懂，并且便于检查和修改。表 6.2 给出了常见的流程图的描述图形。

表 6.2　流程图的描述图形

流程图符号	含　义
▱	数据输入/输出框，用于表示数据的输入和输出
▭	处理框，描述基本的操作功能，如赋值、数学运算等
◇	判断框，根据框中的指定条件，选择执行两条路径中的一条
▢	开始、结束框，表示算法的开始与结束
○	连接符，连接流程图中不同地方的流程线
↓→	流程线，表示流程的路径和方向

使用流程图描述算法时，需要注意以下几点：

(1) 应根据解决问题的步骤按照从上至下的顺序画出流程图，图框中的文字尽量言简意赅。

(2) 图中的流程线要尽量短，以免流程图的图形显得过长。

(3) 流程图描述的原则是：根据实际问题的复杂性，流程图达到的最终效果应该是依据此流程图完全能使用某种程序设计语言实现相应的算法，完成编程。

例如，计算 1 到 N 的累加和，设 N 的值不大于 100，流程图如图 6.1 所示。

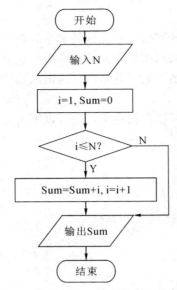

图 6.1　计算 1 到 N 的累加和的流程图

4. 程序代码表示

设计算法就是为了实现算法，实现算法是为了得到运算结果。比如，创作乐谱就好比设计算法，而演奏乐谱就是实现算法，输出音乐则是让人们欣赏它。

在上面累加求和的例子中，当 N 是 100 的时候，要想得到 1 加到 100 的结果，可以有多种计算方法，可以直接手工计算，也可以利用计算器完成计算，还可以利用数学方法中的等差公式快速计算求解。这些计算过程都是算法实现的过程。

如果要借助计算机来求解问题，则因计算机是无法识别自然语言、流程图和伪代码的，此时就要使用计算机语言来编写程序，让计算机去执行。因此，用流程图或伪代码表示出算法后，还需要将其转换为计算机程序。

下面给出图 6.1 所示流程图对应的 C 语言程序代码。

```c
#include<stdio.h>
void main()
{
    int N, i, Sum;
    printf("请输入一个整数：");
    scanf("%d", &N);
    i=1;
    Sum=0;
    while (i<=N)
    {
        Sum=Sum+i;
        i++;
    }
```

```
    printf("Sum = %d\n", Sum);
}
```

在 VC++6.0 编译环境下，编辑、编译、链接、再运行该程序，就可以实现算法，得到结果，如图 6.2 所示。注意，使用 C 语言等高级语言编辑程序的源程序，还要经过编译，将源程序(C 语言编写的程序)转化成目标程序(机器语言程序)后才能被计算机识别并执行，然后得到执行结果。

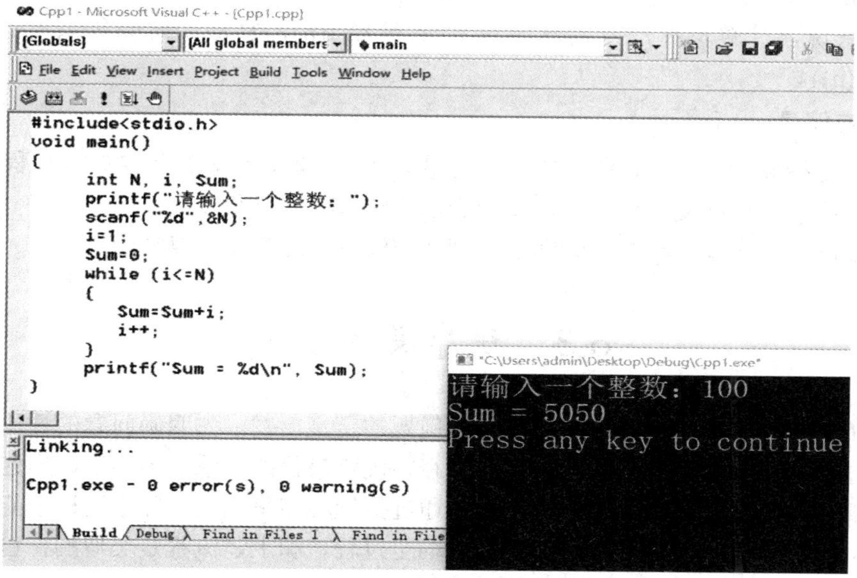

图 6.2 1 到 N 的累加求和的 C 语言程序及执行结果

6.2.3 算法的评价标准

解决问题的方法不是唯一的，在众多方法中，效率有高有低，能耗有多有少，算法也一样，有优有劣，通常可以从以下 5 个方面衡量算法的优劣性。

1. 正确性

算法的正确性是指算法应该满足具体问题的需求。正确性是评价一个算法优劣的最重要的标准。"正确"的含义可以分为以下 4 个层次：

(1) 程序没有语法错误。

(2) 程序对于不同的输入数据能够得出满足要求的结果。

(3) 程序对于典型的、苛刻的几组输入数据能够得出满足要求的结果。

(4) 程序对于一切合法的输入数据都能产生满足要求的结果。

能够达到第 4 层次是极为困难的，不少大型软件在使用多年后，仍然还能发现其中的错误。通常可以将第 3 层次的正确性作为衡量一个程序是否正确的标准。

2. 可读性

算法的可读性是指一个算法可供人们阅读的容易程度。一个好的算法首先应该便于人们理解和交流，其次才是机器可执行。

3. 鲁棒性

算法的鲁棒性也叫健壮性，指一个算法对不合理数据输入的反应能力和处理能力。作为一个好的算法，当输入非法数据时，也能适当地给出正确反应或进行相应处理。

4. 高效率

算法效率一般指算法执行的时间，即时间复杂度。算法执行时间需通过依据该算法编制的程序在计算机上运行时所消耗的时间来度量。

一般来说，计算机算法是问题规模 n 的函数 f(n)，算法的时间复杂度就记作：$T(n) = O(f(n))$。

5. 低存储量

存储量是指算法在执行过程中所需要的最大存储空间，也就是算法执行过程中需要消耗的内存空间，即空间复杂度。其计算和表示方法与时间复杂度类似。

一般情况下，多采用算法的时间复杂度和空间复杂度来评价算法的优劣。

6.3　程序设计基础

当我们需要解决某个问题时，往往会从问题的定义出发，先明确问题的性质，进而发现问题的本质，再寻找解决问题的方法和途径，确定最优的方法，最终解决问题，得到结果。在计算机中，任何问题的求解最终都要通过执行程序来完成。程序设计不能简单地等同于编程，它的本质是使用计算机解决问题的全过程，和上述流程是类似的，包含了一系列操作和内容，而编写程序只是其中的一个环节。

6.3.1　程序与程序设计

1. 程序(Program)

程序是为解决特定问题而用计算机语言编写的一系列指令序列的集合。

程序可以看成是人们求解问题的逻辑思维活动的代码化描述，体现了程序员求解问题的思路以及想要计算机执行的操作。

对于计算机来说，机器指令是计算机内部的一个最基本的操作序列或动作，加法、减法都有相应的机器指令。而一组人为组织的有序的机器指令集合就构成了程序。程序其实就是按照计算机硬件规范的要求编制出来的计算机操作序列。

对于计算机使用者来说，使用某种计算机语言编写的语句序列就是程序，通常以文件的形式保存起来。人们使用程序设计语言编写的程序，计算机不能直接识别，被称为源程序或源代码。

计算机能够直接识别的是完全由机器语言组成的目标程序。源程序要想被机器执行，必须经过翻译程序的翻译，转换成目标程序，翻译程序就是语言处理程序。

2. 程序设计(Programming)

程序设计是软件构造活动中的重要组成部分，指计算机解决特定问题的全过程。具体包括以下四个阶段：

(1) 分析问题。

(2) 确定解决问题的具体方法和步骤。

(3) 利用程序设计语言编写可以让计算机执行的程序。

(4) 利用计算机调试程序、执行程序，并得到最终结果。

简而言之，就是分析、设计、编码、测试。因此，程序设计的基本思想就是：

(1) 把复杂的设计过程翻译成计算机能够识别并执行的代码。

(2) 程序被存储在计算机中，可以被反复执行。

由于不同的人对相同问题的处理方法不同，所以针对同一个问题设计的程序也是多样的。正因为如此，在计算机发展的早期，程序设计被认为是与个人经历、思想和技艺相关联的技艺和技巧，这些技巧是可以进行探索和训练的。

经过多年的研究积累，计算机科学领域已经发展出了许多程序设计的方法与技巧，如自顶向下、逐步求精的过程化程序设计方法，面向对象的程序设计方法，函数式程序设计技术和逻辑程序设计技术等。

程序设计方法一般都是从不同的角度对程序及其设计过程中的规律进行观察，再经过抽象、分析和总结之后得到的。其中，具有生命力的、能被广泛使用的方法和技巧都具有一个共同的特征：在其发展过程中建立了比较坚实的数学理论基础，并在实践中被反复检验证明是有效的，如过程化程序设计方法和面向对象的程序设计方法。

6.3.2　程序设计的一般过程

通过 6.3.1 节的分析可知，程序设计的一般过程可以归纳为以下 5 个步骤：

1. 分析问题

解决问题之前，一定要仔细分析问题，明确问题的内涵，具体包含：

程序设计的一般过程

(1) 待解决问题的目标。

(2) 已知条件和已知数据。

(3) 期望的结果。

(4) 需要输出的信息。

例如，我国古代算经中的百鸡问题：鸡翁一，值钱五；鸡母一，值钱三；鸡雏三，值钱一；百钱买百鸡，则翁、母、雏各几何？

通过分析问题，可以得到以下已知条件：

(1) 公鸡、母鸡和小鸡的单价以及需要购买的总数。

(2) 公鸡、母鸡和小鸡都是整数且小鸡的数量是 3 的倍数。

(3) 三种鸡的数量的取值范围。

(4) 需要通过计算，得到用 100 钱买 100 只鸡的具体分配方案。

2. 确定数学模型

分析问题后，建立基于计算机的数学模型，将实际问题的求解过程转化为数学问题的求解，甚至是数学公式的求解，这就是建模的过程。建模是计算机解决问题过程中的重点，也是难点。

在上例中，根据已知条件，可以将百钱买百鸡的问题转化为求以下不定方程组整数解的问题。

$$\begin{cases} cock + hen + chick = 100 \\ 5 \times cock + 3 \times hen + chick / 3 = 100 \end{cases}$$

其中，cock 的取值范围是 $1 \sim 20$，hen 的取值范围是 $1 \sim 33$，chick 的取值范围是 $3 \sim 99$。这样就得到了求解百鸡问题的数学模型。

3. 设计算法

算法表述了求解问题的方法和步骤。根据数学模型，针对给定的输入，要想得到期望的输出，这中间需要经历哪些具体的操作，每个操作具体如何实现，这些都要通过算法描述出来。

所以，算法就是程序设计的基础和核心，掌握常用的算法对于程序设计来说是必要的、重要的。

在上例中，根据已经得到的不定方程组，很容易想到使用穷举法，通过遍历所有满足条件的解的组合，就可以实现问题的求解。如果手工计算，工作量非常大；而计算机最擅长的就是大量的、重复性的计算问题，如果借助计算机程序进行计算，这个问题便迎刃而解了。

实际上，在程序设计领域，穷举法是一种典型的算法设计方法，也称为枚举法、暴力破解法。其基本思想是：采用搜索与遍历的方法，在已知的搜索范围内对所有满足条件的可能情况进行逐一验证，将符合条件的解挑选出来。

所以，针对百鸡问题，就确定了使用穷举法进行算法设计：通过设计三重循环结构，在三种鸡的取值范围内，对满足百鸡并满足百钱条件的各种解的组合进行一一测试，就得到了求解百鸡问题的算法。最后根据算法编程实现即可。

那么，如果问题更加复杂，该如何做呢？

在程序设计过程中，对于复杂问题的求解，可以将其分解成若干子问题，将每个子问题作为程序设计过程中的一个功能模块，分别设计算法和实现算法，即进行算法的模块化设计，这体现了分而治之的思想。

4. 程序的编写和执行

有了解决问题的方法(算法)，接下来要做的就是如何将其对应成计算机程序的语句。首先，需要选择某种程序设计语言，然后按照语法规则编写成源代码，再将源代码通过翻译程序(语言处理程序)转换为目标程序。最终生成可执行文件，就可以执行程序了。

采用 C 语言实现百鸡问题时可以细化为编辑、编译、链接和执行 4 个步骤。

C 语言属于高级程序设计语言，其翻译程序(即语言处理程序)的工作方式为编译方式(在此例中，使用 VC++ 6.0 编译环境)，用户编辑好 C 语言的源程序 (后缀名为.cpp) 后，通过 VC++ 6.0 编译环境，在编译方式下经由编译程序将其翻译成目标程序(后缀名为.obj)，同时，编译器还需要对源程序进行语法和词法分析以及逻辑结构检查。之后目标文件还需要通过链接程序，将目标程序和系统目标程序、库函数或其他目标程序链接，生成可执行文件(后缀名为 .exe)，最后被计算机执行。

百鸡问题的 C 语言程序和执行结果见图 6.3。

图 6.3　百鸡问题的 C 语言程序及执行结果

5. 运行与测试

程序运行后，得到的结果可能会出现各种各样的错误，为了确保程序能按照预定的方式正确地运行，对其进行检测与测试是非常必要的。测试的目的就是查错和修改错误。测试的方法是：选择多组数据，让程序试运行，然后检测其能否达到预期的结果。如果不能达到预期的结果，就要检查程序并进行修改，直到满足预期为止。

在上述程序设计的 5 个步骤中，步骤 1 和 2 是分析问题的过程，与人们日常分析和解决问题的过程类似；步骤 3～5 是程序设计的过程，包括算法设计、编程实现和测试运行。其中，算法设计是整个程序设计过程的关键步骤，决定着计算机程序能否正确而有效地解决实际问题。所以算法被认为是程序的灵魂。在进行程序开发的时候，要注意并擅长进行算法分析与设计，充分利用流程图等形式化手段，清晰描述出算法的步骤、流程，以保证后续的程序编写工作能够顺利进行。

6.4　程序设计方法

20 世纪 60 年代以前，计算机刚刚投入实际使用，软件设计往往只是为了一个特定的应用而在指定的计算机上进行程序设计和编写，编程语言采用面向机器的机器语言或汇编语言，软件的规模较小，很少使用系统化的开发方法。因此，这个阶段的软件往往就等同于程序。

20 年代 60 年代中期，随着大容量、高速度的计算机出现，计算机的应用范围迅速扩大，软件开发急剧增长。此时，出现了面向过程的高级语言，而且操作系统的发展引起了计算机应用方式的变化，大量的数据处理导致了数据库管理系统的诞生。软件系统的规模越来越大，复杂度越来越高，随之而来的便是软件的可靠性问题日益突出，给程序设计带来了一系列新的问题，出现了"软件危机"。

为了解决软件危机，人们开始重新思考程序设计的基本问题，即程序的基本组成、设计方法。荷兰数学家 E. W. Dijkstra 首先提出了结构化程序设计(Structured Programming)的概念，经过数十年的发展，结构化设计被广泛用于程序设计中。

但是，如果软件系统达到一定规模，即使应用结构化程序设计方法也难以有效解决软件危机。作为一种降低复杂性的工具，面向对象的程序语言产生了，面向对象程序设计也随之产生。

一般来讲，程序设计方法主要有结构化程序设计和面向对象程序设计两种。随着计算机程序设计方法的迅速发展，程序结构也呈现出多样性，如结构化程序结构、模块化程序结构和面向对象的程序结构。

6.4.1 结构化程序设计

1. 基本概念

结构化程序设计(Structured Programming)基于模块划分原则，是一种面向过程的程序设计(Process-Oriented Programming，POP)方法，体现了以过程为中心的编程思想。其本质是以什么正在发生为主要目标进行编程。

在面向过程的程序设计中，问题被看作一系列需要完成的任务。具体需要使用函数来完成这些任务。因此，解决问题的焦点就集中在函数上。在进行程序设计的过程中，先分析出解决问题所需要的步骤，然后用函数将这些步骤一步一步实现，使用的时候依次调用函数即可。

结构化程序设计是软件开发的重要方法，采用这种方法设计的程序结构清晰、可读性强、容易理解，便于调试和维护。同时，还能有效提高编程工作的效率，降低软件开发和维护的成本。

2. 结构化程序设计的原则

基于结构化设计的程序一般由若干个函数(或过程)构成，而函数又是由若干条语句构成。

结构化程序设计方法的基本思想就是"分而治之"，即以模块化设计为中心，将待开发的软件系统划分为若干个模块，使每一个模块的工作变得单纯而明确，这种设计方法为设计与开发一些大型软件提供了有效的解决途径。

结构化程序设计方法的主要原则如下：

1) 自顶向下、逐步求精

在程序设计时，先考虑总体进行全局设计，再考虑细节进行局部设计，逐步实现精细化。

自顶向下强调的是在程序设计过程中不要一开始就过多追求细节，先从最上层总目标开始设计，逐步使问题具体化。

逐步求精强调的是对于一个复杂问题，应设计一些子目标作为过渡，逐步细化。也就是说，把一个较大的复杂问题分解成若干相对独立且简单的小问题，只要解决了这些小问题，整个问题也就解决了。

2) 模块化

将一个大的任务分解成若干小任务，每个小任务承担一个子功能，即划分出功能模块，每个模块可以分别编程和调试，然后将各个模块组织起来，组成一个完整的程序。

模块化的目的是降低程序的复杂度，使程序设计、调试和维护等操作简单化、便捷化、容易化。这样的程序一般拥有良好的书写形式和结构，容易阅读和理解，便于由多人分工合作、分别完成不同的模块。所以模块化很好地体现了分工与协作的思想。

一个模块可以是一条语句、一段程序、一个函数等，模块的基本特征是仅有一个入口和一个出口，即要执行该模块的功能时，只能从该模块的入口处开始执行，执行完该模块的功能后，从模块的出口转而执行其他模块的功能。

模块划分的基本原则：

(1) 其功能具有单一性，即强调每一个功能模块完成单一的任务。

(2) 模块内部要紧密联系，关联度要高。

(3) 模块间的接口要尽量简单，以减少模块间的数据传递。

(4) 模块具有可维护性与可测试性。功能相对独立的模块易于程序的修改和测试。

3) 限制使用 GOTO 语句

在保证正确性的前提下，结构化程序设计由过去的"效率第一"转变为现在的"清晰第一"。过去，使用 GOTO 语句会使程序执行效率提高。但是，经常使用 GOTO 语句是有害的，GOTO 语句是造成程序混乱和软件危机的根源，程序的质量与 GOTO 语句的数量呈反比。取消使用 GOTO 语句后，程序就会更易于理解、易于排错，且容易维护和进行正确性证明。

3. 结构化程序设计过程

结构化程序设计的基本思想包括"自顶向下、逐步求精"的程序设计方法与"单入口单出口"的控制结构，即从问题本身开始，经过逐步细化，将解决问题的步骤分解为由基本程序结构模块及其组合形成的程序结构。

结构化程序设计的工作过程是：首先，从给定的条件入手，研究要达到的目标，找出解决问题的规律，把客观的问题归结到某种基本模型上，如数学公式、图表(建立模型)；其次，确定实现问题的步骤(即算法)，并将算法用各种形式进行描述，如结构化框图、伪代码等，以此为基础，进行进一步分析；再次，对框图中那些比较抽象的、用文字描述的程序模块做进一步的分析细化，每次细化的结果仍可用结构化框图表示；然后，根据这些框图直接写出相应的程序代码，这就是所谓的"自顶向下、逐步求精"和模块化的"分而治之"程序设计方法；最后，在编程环境中进行程序调试、运行，得到运算结果。

自顶向下、逐步求精、分而治之的程序设计方法步骤可归纳如下：

(1) 对实际问题进行全局性的分析，确定解决问题的数学模型。

(2) 确定程序的总体结构。

(3) 将整个问题分解为若干相对独立的子问题。

(4) 确定每一个子问题的具体功能及其相互关系。

(5) 对每一个子问题进行分析和细化，确定每一个子问题的解决方法。

(6) 用计算机语言描述，并最终解决问题。

　　按照结构化程序设计方法设计出的程序具有易于理解、便于使用和方便维护的优点，同时可以有效提高编程工作的效率。

6.4.2　面向对象程序设计

1. 面向对象程序设计的概念

　　面向对象的程序设计(Object-Oriented Programming，OOP)方法是对面向过程的程序设计方法的继承和发展，它吸取了面向过程的程序设计方法的优点，同时又考虑了现实世界与计算机之间的关系。其设计的基本原则是计算机程序由能够起到子程序作用的单元或对象组合而成。

　　在面向过程的程序设计中，函数被用于描述对数据结构的操作。同时，函数及其所操作的数据又被分离开来。但是，实际中函数与其所操作的数据是密切相关、相互依赖的，如果数据结构发生变化，则建立在此数据结构之上的函数也必须做相应的改变。这将使得采用面向过程的程序设计方法在编写大程序时面临难以编写、调试、维护以及移植等诸多困难。

　　面向对象程序设计方法是在尽可能地模拟人类的思维方式，使得软件的开发方法与过程都尽可能地接近人类认识世界、解决现实问题的方法和过程。

　　面向对象的基本思想如下：

　　(1) 每个对象都扮演了系统中的一个角色，并为其他成员提供特定的服务或执行特定的行为。

　　(2) 在面向对象的世界中，行为的启动是通过将"消息"传递给对此行为负责的对象来完成的，同时还要传递相关的信息(参数)，而收到该消息的对象则会执行相应的"方法"来实现需求。

　　(3) 用类和对象表示现实世界，用消息和方法来模拟现实世界。

　　(4) 面向对象的方法是一种运用对象、类、消息、封装、继承、多态等概念来构造系统的软件开发方法。

　　下面明确几个概念：

　　1) 对象

　　对象是面向对象方法中最基本的概念。对象可以用来表示客观世界中的任何实体。也就是说，应用领域中有意义的、与所要解决的问题有关系的任何事物都可以作为对象。总之，对象是对问题域中某个实体的抽象。

　　对象可以用来表示客观世界中的任何实体，如一本书、一个人、阅读者的一次借书、大学生的一次选课、一只小狗、一棵柳树等都是对象。每个对象都有各自的内部属性和操作方法。如张三同学具有姓名、年龄、性别、民族等属性，可以执行的操作有走路、跑步、跳高、骑车、游泳等。不同对象的同一属性可以具有相同或不同的属性值。

　　简而言之，面向对象的程序设计方法是将客观世界看成是由各种各样的实体组成，这些实体就是面向对象方法中的对象。面向对象程序设计以对象作为核心，对象是组成程序的基本模块，程序由一系列对象组成。

2) 类

分类是人类认识客观世界的基本方法，人类把具有相同性质的对象抽象成类，例如人类、动物类、植物类等。

类是对具有共同特征对象的进一步抽象。将属性和操作相似的对象归为类，也就是说，类是具有共同属性、共同方法的对象的集合。所以，类是描述属于该对象类型的所有对象的性质，而一个对象则是其对应类的实例。

例如菊花、玫瑰花、百合花等是具体的花，抽象之后得到"花"这个类。类具有属性，属性是状态的抽象，如菊花是黄色的，玫瑰是红色的，百合花是白色的，花则抽象出一个属性——"颜色"。类具有操作性，它是对象行为的抽象。

3) 消息

消息就是对象之间进行通信的机制，一个对象通过向另一对象发送消息来请求其服务。简而言之，消息就是向对象发出的操作请求。消息由三个部分组成：接收消息的对象、消息名、零个或多个参数。一个对象需要得到另一个对象的服务时，就需要向它发出请求服务的消息。

消息中包含传递者的要求，它告诉接收者需要做哪些处理，但并不指示接收者应该怎样完成。消息完全由接收者解释，且接收者独立决定采用什么方式完成所需的处理，发送者对接收者不起任何控制作用。一个对象能接受不同形式、不同内容的多个消息；相同形式的消息可以送往不同的对象，不同的对象对于形式相同的消息可以有不同的解释，能够做出不同的反应。一个对象可以同时往多个对象传递消息，多个对象也可以同时向某个对象传递消息。

消息是对象之间交互的唯一途径，一个对象要想使用其他对象的服务，必须向该对象发送服务请求消息。而接收服务请求的对象必须对请求做出响应。例如，当人们向银行系统的账号对象发送取款消息时，账号对象将根据消息中携带的取款金额对客户的账号进行取款操作，验证账号余额，如果账号余额足够，并且操作成功，对象将把执行成功的消息返回给服务请求的发送对象，否则就发送交易失败消息。

综上所述，类就是对现实世界的抽象，包括表示静态属性的数据和对数据的操作，即事物的属性及其行为。对象是类的实例化，对象之间通过消息传递相互通信，来模拟现实世界中不同实体间的联系。

2. 面向对象程序设计的特征

面向对象方法是以数据为中心，将数据和处理相结合的一种方法。它把对象看作是一个由数据及可以施加的操作构成的统一体。对象与数据有着本质的区别，传统的数据是被动的，它等待着外界对它施加操作；而对象是处理的主体，要想使对象实施某一操作，必须发消息给对象，请求对象主动地执行该操作，外界不能直接对对象施加操作。面向对象程序设计方法是迄今为止最符合人类认识问题的思维过程的方法，它具有以下4 个基本特征。

1) 抽象性

抽象是人类认识问题的最基本手段之一。抽象就是不去了解全部问题，只选择其中一部分，而忽略与主题无关的细节，以便更充分地注意与当前目标有关的方面。例如，设计一个图书管理系统时，对于图书可以只涉及其书名、单价、作者、出版社等信息，而忽略其页数、章节内容、封面设计等与主题无关的信息。

2) 封装性

封装就是将对象的属性和方法结合为一体，构成一个独立的实体，对外屏蔽其内部具体细节。

对象具有封装性的条件如下：

(1) 有一个清晰的边界。

(2) 有确定的接口。这些接口就是对象可以接收的消息，只能通过向对象发送消息来使用它们。

(3) 受保护的内部实现。实现对象功能的细节不能在定义该对象的类的范围外访问。

封装是一种信息隐蔽技术，目的在于将对象的使用者和对象的设计者分开。用户只能看到对象封装界面上的信息，不必知道其内部实现的细节。例如，用户想要上网，需要在计算机上安装一个网卡，但是不需要用集成电路芯片和材料自己去制作网卡，而是购买一个即可。用户也不必关心网卡内部的工作原理，直接安装使用它即可。网卡的所有属性都封装在其上，数据都隐藏在电路板上，用户无须知道网卡的工作原理就能有效地使用它。

封装保证了类具有良好的独立性，防止外部程序破坏类的内部数据，使得维护、修改程序较为容易。对应用程序的修改仅限于类的内部，因而可以将修改应用程序带来的影响减少到最低程度。

3) 继承性

继承是子类(派生类)自动地共享父类(基类)中定义的属性和方法的机制。继承使用已有的类定义作为基础来建立新类。已有的类可当作基类引用，则新类相应地可当作派生类来引用。

面向对象程序设计中把类组成一个层次结构的系统，一个类的上层可以有父类，下层可以有子类。这种层次结构系统的一个重要性质是继承性，一个类直接继承其父类的描述或特性，子类自动地共享父类中定义的数据和方法。面向对象方法支持对这种继承关系的描述和实现，从而可以简化系统的构造过程。

继承关系模拟了现实世界中的一般与特殊的关系。它允许人们在已有的类的特性基础上构造新类。被继承的类称为父类，在父类的基础上新建立的类称为子类。子类可以从它的父类那里继承方法和实例变量，并且可以进行修改，也可以增加新的方法，使之更适合特殊的需要。例如，"人"类属性有性别、身高、体重等，操作有吃饭、学习、工作等，可以派生出"中国人"类和"美国人"类，他们都可以继承"人"类的属性和操作，并可以扩充出新的特性。

继承性很好地解决了软件的可重用性问题，并且降低了编码和维护的工作量。

4) 多态性

多态性是指在一般类中定义的属性或行为，被特殊类继承以后，可以具有不同的数据类型或表现出不同的行为，即同样的消息被不同的对象接收时，可导致完全不同的行为。例如，"动物"类有"叫"的行为。对象"猫"接收"叫"的消息时，叫的行为是"喵喵"；对象"狗"接收"叫"的消息时，叫的行为是"汪汪"。

多态性机制不仅增加了面向对象软件系统的灵活性，减少了信息冗余，并且显著地提高了软件的可重用性和可扩充性。当扩充系统功能增加新的实体类型时，只需派生出与新实体类相应的新的子类，无须修改原有的程序代码，甚至不需要重新编译原有的程序。利用多态性，用户能够发送一般形式的消息，而将所有的实现细节都留给接收消息的对象。

3. 面向对象程序设计过程

面向对象程序设计是将软件看成一个由对象组成的社会，这些对象具有足够的智能，能理解从其他对象发出的消息，并以适当的行为做出响应；允许低层对象从高层对象继承属性和行为。通过这样的设计思想和方法，可以将所模拟的现实世界中的事物直接映射到软件系统的解空间。

用面向对象方法建立系统模型的过程，就是从被模拟现实世界的感性具体中抽象出要解决问题的概念的过程。这种抽象过程分为知性思维和具体思维两个阶段。知性思维是从感性材料中分解对象，抽象出一般规定，形成了对对象的普遍认识；具体思维是从知性思维得到的一般规定中揭示出事物的深刻本质和规律，其目的是把握具体对象的多样性的统一和不同规定的综合。

面向对象程序设计具有许多优点，如开发时间短，效率高，可靠性高，所开发的程序更健壮等。由于面向对象编程的代码具有可重用性，因此可以在应用程序中大量采用现成的类库，从而缩短开发时间，使应用程序更易于维护、更新和升级。而继承和封装使得对应用程序的修改所带来的影响更加局部化。

4. 面向对象程序设计的优势与不足

面向对象程序设计出现以前，面向过程的结构化程序设计是程序设计的主流。在面向过程程序设计中，问题被看作一系列需要由函数来完成的任务，解决问题的焦点集中于函数。函数是面向过程的，它关注如何根据规定的条件完成指定的任务。通过比较面向对象程序设计和面向过程程序设计，可以得到面向对象程序设计有以下优点：

(1) 数据抽象的概念可以在保持外部接口不变的情况下改变内部实现，从而减少甚至避免对外界的干扰。

(2) 通过继承大幅减少冗余的代码，并可以方便地扩展现有代码，提高编码效率，也降低了出错概率，降低了软件维护的难度。

(3) 结合面向对象分析、面向对象设计，允许将问题域中的对象直接映射到程序中，减少软件开发过程中中间环节的转换过程。

(4) 通过对对象的辨别、划分可以将软件系统分割为若干相对独立的部分，在一定程度上更便于控制软件复杂度。

(5) 以对象为中心的设计可以帮助开发人员从静态(属性)和动态(方法)两个方面把握问题，从而更好地实现系统。

(6) 通过对象的聚合、联合可以在保证封装与抽象的原则下实现对象在内在结构以及外在功能上的扩充，从而实现对象由低到高的升级。

然而，面向对象程序设计也有以下缺陷：

(1) 运行效率较低。类的大量加载会牺牲系统性能，降低运行速度。

(2) 类库庞大。由于类库都过于庞大，程序员对它们的掌握需要一段时间。

(3) 类库可靠性问题。越庞大的系统必会存在我们无法预知的问题隐患，程序员无法完全保证类库中的每个类在各种环境中都百分之百正确，当使用的类发生了问题，就会影响后续工作，程序员可能要推翻原来的全部工作。

6.5　高级语言程序设计

程序设计是利用计算机解决问题的全过程，编写程序是其中的一个环节。编写程序需要使用程序设计语言。和自然语言一样，程序设计语言也有很多种，高级程序设计语言就是其中的一类，也是当前较为流行的程序设计语言。

6.5.1　程序设计语言

程序设计语言是人们和计算机交流的语言，可以用来编写计算机程序。按其发展阶段可分为机器语言、汇编语言和高级语言；按是否面向机器又可分为低级语言和高级语言。

低级语言面向机器，是与机器硬件有关的语言，包括机器语言和汇编语言。机器语言基于二进制代码，是计算机可以直接识别的唯一语言。汇编语言使用英文助记符代替了烦琐的二进制代码。

高级语言具有通用性，不再面向机器，它是人们为了解决低级语言的不足而设计的程序设计语言，由一些接近于自然语言和数学符号的语句组成。因此，高级语言更接近要解决问题的表示方法。

高级语言有其语法结构，更接近自然语言，其编写的源程序需要通过编译或解释成机器语言后才能被计算机执行。

有关机器语言、汇编语言和高级语言的知识已在前面的章节中介绍过，这里不再赘述。

6.5.2　高级语言的分类

高级语言分为面向过程的语言和面向对象的语言。

面向过程(Process Oriented，PO)是一种以过程为中心的编程思想。面向过程也可称之为面向记录的编程思想，就是分析出解决问题所需要的步骤，然后用函数(或过程)把这些步骤一步一步实现，使用的时候依次调用就可以了。

面向对象(Object Oriented，OO)是一种以事物为中心的编程思想，是一种对现实世界理解和抽象的方法，是计算机编程技术发展到一定阶段后的产物。

以常见的公共汽车为例，面向过程的方法可以类比为汽车启动、汽车到站等过程。在编写程序时关心的是某一个过程，而不是汽车本身。下面对公共汽车的启动和到站面向过程编写程序。

```
void 汽车启动
{
    打左转向灯;
    踩离合;
```

```
            换挡位;
            踩油门;
            汽车启动;
            前进;
            ...
        }
```

面向对象的编程方法则需要先建立一个汽车的实体，再由实体引发事件，关心的是由汽车实体抽象成的对象。汽车这个对象不仅有静态属性，例如车身颜色、车辆类型、牌照号码等；还有自己的动态的方法，例如启动过程、行驶过程等。下面是对公共汽车的启动和到站面向对象编写程序。

```
        public class 汽车
        {
            void 到站( )
            {
            }
            void 启动( )
            {
            }
        }
```

面向过程是比较常见的思考方式，更贴近人思考问题的模式，即使是面向对象的方法也含有面向过程的思想。因此，可以说面向过程是一种基础的方法。面向过程的程序设计遵循模块化、自顶向下、逐步求精的解决问题步骤。而面向对象首先把事物对象化，然后设计对象的属性和行为。

这两种方法各有优点。当程序规模不是很大时，面向过程的方法体现出简单、易于修改的优势。这是因为程序的流程很清晰，模块与函数(或过程)可以很好地表现过程的顺序。比如学生早起的过程可以模拟如下：

(1) 起床。

(2) 穿衣。

(3) 刷牙洗脸。

(4) 吃早餐。

(5) 去上学。

这 5 步一步一步地按顺序完成，由此得到的顺序结构清晰、完整。

但是，如果学生有很多种类型，例如有早起需要先练声的音乐系学生，还有早起需要先锻炼的体育系学生，要描述清楚每种学生则需要多个过程。解决这种问题复杂时就可以用面向对象的思想。首先，抽象出一个学生的类，再抽象和派生出音乐系、体育系等学生子类。子类除了共享(继承)父类的统一属性和操作之外，还可以拥有自己特殊的属性和操作。

典型的面向过程的程序设 计语言有：BASIC、FORTRAN、PASCAL、C、Python。

典型的面向对象的程序设计语言有：C++、Java、C#、Python。

可以看出，Python 程序设计语言既支持面向过程，又支持面向对象。

高级语言的下一个发展目标是面向应用的智能化语言。面向过程的语言，需要告诉计算机要做什么和怎么做，而智能化的语言只需要告诉程序需要做什么，程序就能自动生成算法进行后续处理，这就是第四代的非过程化语言。

非过程化语言是面向应用的，为最终用户设计的一类程序设计语言。这类语言对用户友好，能够缩短应用开发周期、降低维护代价，并能最大限度地减少调试过程中出现的问题。关系数据库语言(如 SQL 语言)就是一种高度的非过程化语言。

从 20 世纪 50 年代中期第一个实用的高级语言诞生以来，人们曾设计出几百种高级语言，但今天实际使用的通用高级语言也不过数十种。下面介绍几种目前最常用的高级语言。

1. BASIC 语言

BASIC 语言是 20 世纪 60 年代初为适应分时系统而研制的一种交互式语言，全称是 Beginner's All Purpose Symbolic Instruction Code，意为"初学者通用符号指令代码"，是最容易掌握的语言之一，为无经验的人提供一种简单的编程语言，目前使用仍很广泛。Visual Basic 或 QBasic 都属于 BASIC 语言，不过 Visual Basic.net 和传统的 BASIC 已经有了很大的区别。

2. C 语言

C 语言是一门面向过程的计算机编程语言，1970 年由美国贝尔实验室研制成功。C 语言有着清晰的层次，可按照模块的方式对程序进行编写，十分有利于程序的调试，并且其处理和表现能力都非常的强大，移植力强，编译质量高，依靠非常全面的运算符和多样的数据类型，可以轻易完成各种数据结构的构建，通过指针类型更可对内存直接寻址以及对硬件进行直接操作，因此既能够用于开发系统程序，也可用于开发应用软件。

由于兼顾了高级语言和低级语言的优点，C 语言相较于其他编程语言具有较大的优势。在实际中得到了广泛的使用，被称为是高级语言中的常青树。

3. C++ 语言

20 世纪 70 年代中期，Bjarne Stroustrup 在剑桥大学计算机中心工作。他以 C 语言为背景，以 Simula 思想为基础，1979 年开始从事将 C 语言改良为带类的 C 语言的工作，1983 年该语言被正式命名为 C++。

C++ 支持 C 语言语法，但并不只是一个 C 语言的扩展版本。实际上，在 C++ 与 C 之间存在着一个很大的区别就是面向对象和结构化的思想之间的区别。C++ 是面向对象的程序设计语言，而 C 语言则是一种标准的结构化语言。C++ 在标准化之后迅速成为了程序开发的主流语言之一。

4. Java 语言

Java 是 1995 年由 SUN 公司(甲骨文公司 2009 年收购了 SUN)推出，2014 年，甲骨文公司发布了 Java 8 正式版。Java 是纯面向对象的开发语言，也是目前非常流行的面向对象的程序设计语言之一。

Java 的最大优点是它的跨平台特性，即借助运行于不同平台上的 Java 虚拟机，程序可以在多种不同的操作系统甚至硬件平台上运行，实现"一次编写，处处运行"。Java 的语法和 C++ 具有很多相似的地方。

5. C# 语言

C# 是 Microsoft 公司设计的下一代面向对象的语言产品。微软给它的定义是"C# 是从 C 和 C++ 派生来的一种简单、现代、面向对象的编程语言。C# 试图将 Visual Basic 的快速开发能力和 C++ 的强大灵活能力结合起来"。C# 有很多方面和 Java 类似。

6. Python 语言

Python 是一种面向对象的解释型计算机程序设计语言，由荷兰人 Guido van Rossum 于 1989 年发明，第一个公开发行版发行于 1991 年。Python 是纯粹的自由软件，源代码和解释器 CPython 遵循 GPL(GNU General Public License)协议。

Python 语言目前在产业界应用广泛。随着人工智能技术的不断演进，Python 已成为国际上最流行的程序设计语言之一。虽语法简单，但功能强大，具有丰富和强大的库，并且编写简洁、可读性好，能够与各种编程语言对接，俗称"胶水语言"。

作为程序设计语言中的后起之秀，Python 现已成为最受欢迎的程序设计语言之一。

随着可视化技术的发展，还出现了 Visual Basic、Visual C++、Delphi、.NET 等可视化开发环境，为程序员写出高效率的软件提供了方便。

图 6.4 给出了 TIOBE 编程语言 2021 年 1 月的排行榜前十榜单。TIOBE 排行榜是根据互联网上有经验的程序员、课程和第三方厂商的数量，并使用搜索引擎以及 Wikipedia、Amazon、YouTube 统计出排名数据，反映某个编程语言的热门程度。

Jan 2021	Jan 2020	Change	Programming Language	Ratings	Change
1	2	⌃	C	17.38%	+1.61%
2	1	⌄	Java	11.96%	-4.93%
3	3		Python	11.72%	+2.01%
4	4		C++	7.56%	+1.99%
5	5		C#	3.95%	-1.40%
6	6		Visual Basic	3.84%	-1.44%
7	7		JavaScript	2.20%	-0.25%
8	8		PHP	1.99%	-0.41%
9	18	⌃⌃	R	1.90%	+1.10%
10	23	⌃⌃	Groovy	1.84%	+1.23%

图 6.4　TIOBE 编程语言排行榜 2021 年 1 月前十榜单

6.5.3　程序的三种基本结构

程序按照执行流程分为三种基本结构：顺序结构、选择结构和循环结构。由这些基本结构按一定的规律可组成算法结构，理论上可以解决任何复杂的问题。

C 程序的三种基本
结构及运行过程

1. 顺序结构

顺序结构就是按照事情发生的先后顺序依次进行的程序，该结构最为简单，属于直线性的思维方式，其特点是每条语句只能是由上而下执行一次且只能执行一次。如图 6.5 所示，程序块 A 和程序块 B 按照顺序依次执行。

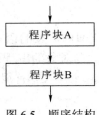

图 6.5 顺序结构

日常生活中的很多事情都是有顺序的，比如月份的更替、四季的交替等。这种按时间先后顺序来处理事物的过程都可以用顺序结构实现。

顺序结构的特点是按照顺序从第一步骤执行到最后一步，每个步骤都执行一次且只执行一次。

例如，在 Microsoft Word 中编辑文本的过程可以描述如下：

(1) 在 Word 里输入"Hello，World!"。

(2) 设置字体为"宋体"。

(3) 设置字号为"小四号"。

(4) 设置颜色为"蓝色"。

(5) 将文本"加粗"。

(6) 将文本"居中"。

2. 选择结构

选择结构也称为分支结构，包括简单选择和多分支选择，根据给定的条件判断选择哪一条分支，执行相应的程序块。如图 6.6 所示，如果条件成立执行 A 模块，否则执行 B 模块，当然也允许两个分支中有一个分支没有实际操作的情况，即没有执行语句。

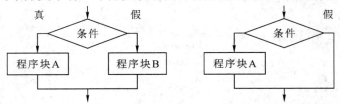

图 6.6 选择结构

日常生活中，选择结构随处可见，比如根据天气情况决定是否春游，根据身体状况决定是否进行体育锻炼，根据技术准备情况决定火箭发射时间，根据工程进度决定商品出厂时间与方式等。

再如判断闰年：如果某年能被 4 整除而不能被 100 整除，或者能被 400 整除，那么该年就是闰年，否则就是平年。这是二路分支的选择结构。

按照学生的考试分数，给出成绩等级(优秀、良好、中等、及格和不及格)。这是多路分支的选择结构。

3. 循环结构

循环结构表示程序反复执行某个或某些操作，直到某条件为假(或为真)时才终止循环。给定的条件称为循环条件，反复执行的程序段称为循环体。因此，构造循环结构，最重要的是要确定这两个问题：在什么情况下进行循环？哪些操作需要被重复性的执行？即循环的条件和循环体语句。

循环结构的基本形式有两种：当型循环和直到型循环。

1) 当型循环

当型循环是指先判断后执行的循环结构。根据给定的条件，当满足条件时执行循环体，并且在循环终端处流程自动返回到循环入口；如果条件不满足，则退出循环体直接到达流程出口处。因为是"当条件满足时执行循环"，所以称为当型循环，如图 6.7 所示。

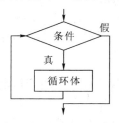

图 6.7　当型循环结构

2) 直到型循环

直到型循环表示从结构入口处直接执行循环体，在循环终端处判断条件，如果条件满足，返回入口处继续执行循环体，直到条件为假时再退出循环到达流程出口处，是先执行后判断。因为是"直到条件为假时终止"，所以称为直到型循环，如图 6.8 所示。

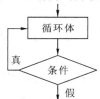

图 6.8　直到型循环结构

生活中循环往复的事情很常见。比如，日复一日、周而复始、年复一年、春夏秋冬，课表周期从周一到周日，下周再重新开始，花儿谢了再开，6.2.2 节中的从 1 加到 100 的累加求和问题，这些都是涉及循环结构的问题。

由以上三种基本结构构成的程序，称为结构化程序。在一个结构化程序中，每一个程序块都只有一个入口、一个出口，所有语句都要在满足某个条件下被执行到，不能出现永远执行不到的语句，也不能无限制地进行循环(死循环)。已经被证明，任何满足这些条件的程序都可以用以上三种基本结构来表示。

6.5.4　程序的运行过程

由于计算机只能识别由 0 和 1 组成的机器语言，因此用高级语言编写的程序，计算机不能直接执行，需要通过语言处理程序的翻译，转化成计算机可以直接执行的程序。程序从输入到执行的完整过程需要经过编辑、编译、链接、执行这四个步骤。

1. 编辑

编辑源程序的作用是建立和修改源程序。大多数高级语言自身都带有编辑器，也就是说源程序代码可以通过专门的编辑软件编辑，如 Windows 下的记事本，也可以使用语言自带的编辑器编辑。编辑的对象是源程序，源程序是通过编辑器建立的 ASCII 码文件，文件的扩展名随高级语言而定。例如，建立的 C 语言源程序文件扩展名为 .c，建立的 C++语言源程序文件扩展名为 .cpp，建立的 Python 语言源程序文件扩展名为 .py，这些源程序都是可读写的 ASCII 码文件。

2. 编译

所谓编译就是翻译，是把用高级语言编写好的源程序翻译为用 0 和 1 表示的二进制目标代码(目标程序)。编译以后产生的二进制目标代码一般扩展名为 .obj，是不可读写的二进制代码文件，它不能直接运行，还需要进行链接操作。

3. 链接

编译产生的目标二进制代码是对每一个模块直接翻译产生的，还需要将各个模块与系统模块相连接，才可以产生后缀为 .exe 的可执行文件。可执行文件也是不可读写的二进制代码文件，但可以脱离编译系统直接在计算机上反复运行。

4. 执行

运行可执行的 .exe 文件就可以得到所需要的结果。

目前，大部分高级语言，都有一整套相应的集成系统，帮助用户自动化地完成上述工作。

本 章 小 结

本章主要介绍了计算机求解问题与计算机程序相关的基本知识。

首先从基于计算机的问题解决方法(基于计算机软件的问题求解方法、基于计算机程序的问题求解方法、基于计算机系统的工程问题求解方法)和计算机求解问题的基本过程(分析问题、建立模型、设计算法、编写程序和调试测试)出发，介绍了算法及算法的基本特征(有穷性、确定性、可行性、输入和输出)、算法的描述方法(自然语言表述、伪代码表达、流程图表达、程序代码表达)以及算法的评价方法(正确性、可读性、鲁棒性、高效率和低存储量)。

然后，以"程序=算法+数据结构"为核心介绍了程序与程序设计的基本概念，常用的程序设计方法(面向过程的程序设计、面向对象的程序设计)以及常用的程序设计语言。重点介绍了高级程序设计语言。

最后，介绍了程序的三种基本结构(顺序结构、选择结构和循环结构)和程序的运行过程(编辑、编译、链接、执行)。

思 考 题

1. 简述计算机求解问题的基本过程。
2. 什么是算法？算法的基本特征有哪些？
3. 常用的算法描述方法有哪些？

4. 如何衡量算法的优劣？

5. 简述什么是程序？什么是程序设计？

6. 程序设计一般分为哪几个阶段？简述程序设计与编程的区别。

7. 程序按照执行流程分为哪三种基本结构？

8. 主要的程序设计方法有哪两种？

9. 简述结构化程序设计的基本思想。

10. 简述面向对象程序设计的基本思想和特点。

11. 常用的程序设计语言有哪些？举例说明。

12. 简述程序的执行过程。

第7章

计算机网络技术

随着信息技术的飞速发展以及计算机的广泛应用，人们对各类信息数据的需求越来越多，要求也越来越高，为了更有效地传送和处理信息，计算机网络应运而生。

计算机网络是计算机技术和通信技术相结合的产物，是一门涉及多学科和技术领域的交叉学科。计算机网络改变了人们信息交流与通信的方式，现在，它已经成为人们获取信息、交换信息的重要途径，逐渐成为人类社会不可或缺的工具。目前，计算机网络正在对人类社会的日常生活和发展产生着深远的影响。

本章主要介绍计算机网络的基础知识、Internet 的基本概念和典型的信息服务以及计算机网络管理和信息安全基础。

7.1　计算机网络技术基础

现代社会，我们日常的工作、学习和生活都离不开计算机网络，网络无处不在，与人类社会息息相关。那么，到底什么是计算机网络呢？本节将介绍计算机网络的基本概念和基础知识。

网络的定义和发展

7.1.1　计算机网络的定义和功能

如图 7.1 所示，我们将不同地理位置的计算机通过通信设备和通信线路互连起来，就形成了一个物理上的计算机网络。在这个网络中，如果计算机 A 要发信息给计算机 B，该如何实现呢？

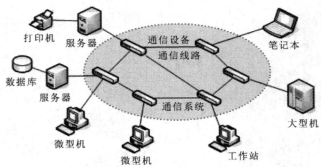

图 7.1　计算机网络结构示例图

　　计算机 A 和 B 之间进行通信必须要有传输数据的途径，也就是由传输介质(双绞线、电话线、同轴电缆或光纤，微波等)和通信设备(交换机和路由器)构成的通信子网。但是，网络上还有其他计算机，A 发送数据到 B 时，首先必须对网络中的每台计算机进行区别以便正确识别接收方(如根据每台计算机的 IP 地址进行区别)；其次，网络中从 A 到 B 有多条路径，该选择哪条路径进行信息的传输呢？再次，传输的过程中，如何保证信息的完整性和不出现差错呢？可见，仅仅是简单的物理互连并不能实现信息的通信，还需要考虑很多其他的问题，这些问题可以由不同的网络协议来解决。

　　计算机网络中除了计算机、通信设备、传输介质等硬件之外，还需要网络软件(如网络操作系统、协议等)的支持。后续章节我们将围绕这些问题具体展开讨论。

　　因此，计算机网络的定义为：一群具有独立功能的计算机通过传输介质和通信设备互连起来，在功能完善的网络软件(网络协议、网络操作系统等)的支持下，实现计算机之间的数据通信和资源共享。

　　由此可见，计算机网络的主要功能是数据通信、资源共享和分布式处理。

1. 数据通信

数据通信是计算机网络最基本的功能，是实现其他功能的基础。

　　计算机网络可以实现不同地理位置的计算机之间、计算机与终端之间快速、可靠地传输数据信息。如用户可以通过网络发送电子邮件、即时聊天、发布新闻、网上购物等等。

2. 资源共享

资源共享是计算机网络最主要的功能。

网络上可以共享的资源包括硬件、软件和数据资源。

常见的硬件资源共享有打印机共享、磁盘共享。

软件资源共享是指可以使用其他计算机上的软件。如将相应软件调入自己的计算机上执行。也可以将数据传输到对方主机，运行程序，并返回结果。

各类大型的数据库访问就是常见的数据资源共享。如考生通过网络查询考试成绩，就是对成绩数据库进行访问。

3. 分布式处理

分布式处理包括负荷均衡和分布处理。所谓负荷均衡，是指网络中的负荷被均匀地分配给各个计算机，当其中某台计算机负担过重时，或该计算机正在处理某项工作时，可以将新的任务交由空闲的计算机来完成，使得网络中的负荷被均匀地分配，提高了网络处理的实时性。

　　对于要执行的复杂大型任务，可以经过分解后交由不同的计算机执行，由网络统一协调多台计算机的工作，使得多台计算机联合，能够协同工作、并行处理，构成了高性能的计算机体系。这样把复杂的任务分布到多台计算机上处理，既降低了软件设计上的复杂性，也可以大大提高工作效率和降低成本。

7.1.2　计算机网络的特点

通过上面的分析可以看出，计算机网络作为一个系统，具备以下特点：

(1) 可靠性。在计算机网络中，当一台计算机出现故障时，可立即由网络系统中的另一台计算机来代替其完成所承担的任务。同样地，如果网络中的一条链路出了故障，可选择其他的通信链路进行连接。

(2) 高效性。计算机网络的信息传递迅速，系统实时性强。网络系统中的计算机之间建立通信后，远距离用户之间能够实现即时、快速、高效、直接地信息交互。

(3) 独立性。计算机网络系统中的计算机都是独立的个体，计算机之间的关系既互相联系，又互相独立。

(4) 扩充性。用户可以随时方便、灵活地在计算机网络中接入新的计算机，从而达到扩充网络系统功能的目的。

(5) 廉价性。网络互联，使得微机用户也能够分享到大型机的功能特性，充分体现了网络系统的"群体"优势，节省投资和降低成本。

(6) 分布性。计算机网络能将分布在不同地理位置的计算机进行互连，可将大型、复杂的综合性问题实行分布式处理。

(7) 易操作性。对用户而言，掌握网络应用技术简单、快捷，容易上手，并且网络的实用性很强。

7.1.3　计算机网络的组成

计算机网络体现了信息传输与分配同信息处理之间的有机联系，从用户的角度出发，计算机网络可以看成是一个透明的数据传输机构，用户访问网络中的资源时，可以不必考虑网络的存在以及网络内部具体的工作方式。因此，为了研究计算机网络方便，可以按照网络的逻辑功能将网络划分为通信子网和资源子网，如图 7.2 所示。

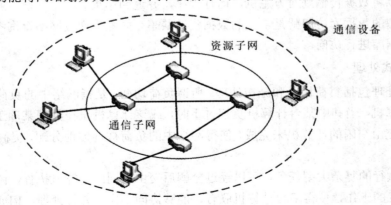

图 7.2　通信子网和资源子网

通信子网处于网络系统的内层，主要由通信设备与通信线路(传输介质)组成，是计算机网络的骨架层，主要负责数据传输、转发等通信处理任务。

资源子网处于网络系统的外围，由主机、终端、终端控制器、联网外设、各种软件资源与信息资源组成。主要负责数据的处理和提供资源共享。主机系统是资源子网的重要组成部分，通过高速通信线路与通信子网相连，普通用户终端可以通过主机系统连接入网。

7.1.4　计算机网络的发展历程

计算机网络是计算机技术和通信技术结合的产物，并伴随着二者的发展日新月异，其发展速度异常迅猛，对信息时代的人类社会发展产生着重要而深远的影响。回顾计算机网络的发展历程，主要经历了以下四个发展阶段：

1. 计算机网络的雏形——面向终端的第一代计算机网络

20 世纪 50 年代初，美国在其本土北部和加拿大境内，建立了一个半自动地面防空系统(SAGE)，简称赛其系统。它将远距离的雷达和测控仪器(终端设备)所探测到的作战信息通过数据通信设备传送到北美防空司令部信息处理中心的大型电子计算机上，大型计算机接收到这些信息并经过加工处理后，再通过通信线路传送回各自的终端设备，以备作战的需要。

在 SAGE 系统中，计算机技术与通信技术得到了初步的结合，形成以单个主机为中心，支持多个用户通过不同的终端共享主机资源的网络形式，如图 7.3 所示，这种把终端与计算机通过通信线路连接起来的形式，可以看成是计算机网络的雏形，但是和日后发展成熟的计算机网络还存在较大的区别，因为终端不具备独立的数据处理能力，不能为中心主机提供服务，终端设备与中心计算机之间无法实现资源共享，其网络功能是以数据通信为主。

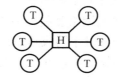

T—终端设备；H—主计算机

图 7.3　面向终端的计算机网络

2. 以资源共享为主的第二代计算机网络

20 世纪 60 年代中期，随着计算机体系结构与协议的研究日趋完善，可以将分散在不同地点的计算机通过通信设备互联，这些计算机之间不仅可以实现通信，还可以实现资源共享，使得网络系统发生了本质的变化，实现了以资源共享为主的基于多处理中心的计算机网络，如图 7.4 所示。

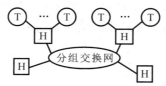

T—终端设备；H—主计算机

图 7.4　以资源共享为主的计算机网络

1969 年，美国国防部高级研究计划署的 ARPAnet 成功地将不同物理位置的计算机互联，实现了数据通信和资源共享两大网络功能。最初，ARPAnet 只连接了美国国防部的 4 台主机，到 1983 年，已经可以将 100 台以上不同体系结构的计算机连接到 ARPAnet 上。ARPAnet 在网络的定义、概念、结构、设计与实现等方面奠定了计算机网络的基础，它被誉为世界上第一个真正意义上的计算机网络，标志着计算机网络时代的兴起。

ARPAnet 以分组交换技术为中心，如图 7.4 所示，采用存储转发的工作方式，提出了报文分组交换的数据交换方法，这种分组交换技术对计算机网络的结构和网络设计产生了重要的影响。并且早在 ARPAnet 就提出了资源子网和通信子网两级结构的概念，通信子网负责通信任务、资源子网负责数据处理提供资源和服务，当今的计算机网络沿用了这种网络逻辑结构。

因此，ARPAnet 被认为是计算机网络发展史上的里程碑，为计算机网络的发展和兴起奠定了坚实的基础。

3. 开放的国际标准化的第三代计算机网络

随着 ARPA net 的成功，许多机构都在设计和推出自己的网络。但是，不同的网络具有不同的体系结构。如 IBM 公司的 SNA(Systems Network Architecture)和 DEC 公司的 DNA(Digital Network Architecture)。随着网络技术的发展以及网络之间互联的需求，迫切需要解决的问题就是计算机网络互联标准化，这就要求各个网络具有统一的体系结构。

因此，国际标准化组织(ISO)的计算机与信息处理标准化技术委员会成立了一个专门的机构来研究和制定网络通信标准，于 1985 年正式颁布了"开放系统互联参考模型"国际标准 ISO 7498，即著名的 OSI(Open System Interconnection Reference Model)参考模型，使得网络的发展遵循统一的规则，网络体系结构实现了标准化，从此计算机网络的发展走上了标准化的轨道，也为全世界范围内的网络互联提供了支持。

20 世纪 80 年代以后，随着局域网技术的成熟和计算机网络技术、通信技术的飞速发展，出现了 TCP/IP 协议支持的全球互联网，并广泛被采用。所以，当前的网络体系结构中，OSI 参考模型和 TCP/IP 参考模型占据主导地位。实际中，TCP/IP 模型为 Internet 所使用的工业标准。

4. 以 Internet 为核心的第四代高速计算机网络

20 世纪 90 年代，覆盖了全球范围的计算机网络，Internet(因特网)的建立将各种类型的网络全面互联，为人类社会的发展提供了丰富、重要的信息资源，当今世界已经步入网络时代，网络的发展逐渐趋向于高速化、宽带化和智能化。

信息高速公路计划的实施，以数字化大容量光纤通信网实现了不同机构的计算机互联并大大拓展了 Internet 的功能和应用。目前，以更快速、更可靠为中心的"下一代的 Internet"已经成为网络新技术的研究热点，计算机网络正朝着更高速、更安全、更加智能化的方向快速发展。

7.1.5　计算机网络的分类

计算机网络是由传输介质将通信设备和计算机连接起来组成

网络的分类和拓扑结构

的共享资源系统。网络中的硬件设备可以看成是网络的节点，具体包括计算机、打印机或任何能够接收其他节点数据的设备。计算机网络的分类标准很多，根据不同的分类标准，可以将计算机网络分为不同的类型。

1. 根据网络覆盖的范围分类

计算机网络最常用的分类方法是按计算机网络覆盖的范围，分为局域网、城域网和广域网。由于网络覆盖的地理范围不同，采用的传输技术也就不同。

1) 局域网

局域网(Local Area Network，LAN)：覆盖地理范围在几米到十几千米内的计算机及外围设备通过传输介质连接起来的网络。如，一个房间、一座大楼、校园网也可以看成是局域网。

局域网的主要特点是：

(1) 传输距离有限。

(2) 局域网中连接的计算机数目有限。

(3) 传输速率较高、时延和误码率(误码率 = 传输中的误码/所传输的总码数 × 100%)较低。

(4) 局域网的结构简单、协议简单、容易实现，网络为一个单位所拥有。

局域网是计算机网络的重要组成部分。经过 30 多年的发展，出现了多种局域网，目前最常用的局域网是以太网(Ethernet)和无线局域网(WLAN)。

2) 城域网

城域网(Metropolitan Area Network，MAN)：覆盖范围在一个城市内。与局域网相比，城域网的扩展距离更长，连接的计算机数量更多，在地理范围上相当于局域网的延伸。在技术上，城域网和局域网有许多相似之处，但城域网的传输介质主要采用光缆。

在一个城市，城域网络可以是连接着多个 LAN 的网络，如连接了政府机构、学校、医院、银行等机构局域网的城域网。城域网的一个重要用途是作为骨干网，通过它可将位于一个城市内不同地点的主机、数据库和局域网连接起来。

3) 广域网

广域网(Wide Area Network，WAN)：也称远程网，覆盖范围从几十千米到几千千米，它能横跨多个城市或国家并能提供远距离通信，目的是将分布在不同地区的局域网、城域网，或计算机系统互连起来，实现资源共享。广域网的通信设备和通信线路一般由电信部门专门提供。

和局域网相比，广域网的主要特点是：覆盖范围大，传输速率低，误码率较高。

随着光纤技术在广域网中的普遍使用，现在的广域网，速度和可靠性都大大得到了提高。

局域网能解决距离较近的计算机之间的通信问题，而当计算机之间的距离较远时，局域网就无法完成计算机之间的通信任务了，这就需要广域网了。广域网是由交换机相连组成的，交换机之间实现的是点到点的连接，并实现信息的存储转发，如图 7.5 所示。

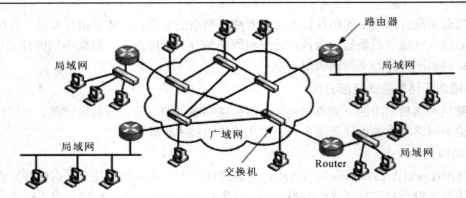

图 7.5 局域网与广域网连接

4) Internet

覆盖了全球范围的计算机网络就是 Internet，又称为"因特网"。其地理划分可以归属于广域网，从规模上来讲是世界上最大的互联网，包含了全球计算机的互联，是和我们息息相关、每天都要打交道的网络。我们平常经常提到的"上网"，就是指 Internet。

5) internet 与 Internet

在计算机网络术语中，internet 与 Internet 是完全不同的两个概念，要严格区分：

(1) internet 指互联网，是一个通用名词，泛指多个计算机网络互连而组成的网络。

(2) Internet 指因特网，是一个专用名词，特指覆盖全球范围的计算机网络，采用 TCP/IP 协议集作为通信的规则。

2. 根据通信的方式分类

根据通信方式，计算机网络可分为点到点网络和广播式网络。

1) 点到点网络

点到点的网络由许多互相连接的节点构成，在每对机器之间都有一条专用的通信信道，当一台计算机发送数据分组后，它会根据目的地址，经过一系列的中间设备的转发，到达目的节点，这种传输技术称为点到点传输技术，采用这种技术的网络称为点到点网络。由于使用专用的通信连接，所以不存在信道竞争问题。大型网络主干核心互联常用到点对点传输方式。

2) 广播式网络

在广播式网络中只有一个单一的通信信道供所有主机共享，即多个计算机连接到一条通信线路上的不同分支点上，任意一个节点所发出的报文分组都会被其他所有节点接收。发送的分组中有一个地址域，指明了该分组的目标接受者和源地址。广播式传输适用于覆盖范围较小或保密度要求不高的网络。

7.1.6 网络的拓扑结构

计算机网络的拓扑结构是指网络中计算机、集线器或交换机等设备之间的连接方式，即网络中各站点或节点(网络中的硬件设备)相互连接的方法与形式。这里主要介绍局域网的拓扑结构。局域网的拓扑结构一般比较规则，通常有总线型结构、环型结构、星型结构、树型结构和网状结构。在实际构造网络时，许多网络都采用这些基本拓扑结构的组合。

网络拓扑设计是建设计算机通信网络的第一步，也是实现各种网络协议的基础，它对整个网络的可靠性、时延、吞吐量与费用等方面都有重大影响。

1. 总线型结构

总线型结构是将所有计算机通过相应硬件接口(接线器)直接接入同一根传输总线上，如图 7.6 所示。

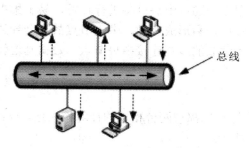

总线

图 7.6　总线型结构

在总线型结构中，计算机之间按广播方式进行通信。任何一台计算机发送的信号都沿总线传播，并且每台计算机都能接收到总线上传播的信息，但每次只允许一台计算机发送信息，否则各计算机之间就会互相干扰，导致所有计算机都无法正常发送和接收信息。

总线型结构的主要特点如下：

(1) 结构简单，容易布线，安装费用低。

(2) 节点数量容易扩充和删除。

(3) 单个节点故障不会影响整个网络的正常通信；但总线发生故障时，网络瘫痪。

(4) 各节点共享总线带宽，随着节点的增多，传输速度会下降。

(5) 安全性较差，一个节点发送的数据，其他节点都能接收到。

(6) 由于总线上两个节点的距离不确定，网络上的时延不确定，因此不适用于实时通信。

总线拓扑结构的优点较多，在早期的以太网中得到了广泛的使用。但是其最大缺点就是总线任务重，网络质量依赖于总线，总线故障会引起全网瘫痪。

2. 星型结构

在星型结构中，各台计算机通过单独的传输介质(双绞线或同轴电缆)连接到中央节点(集线器或交换机)，如图 7.7 所示。

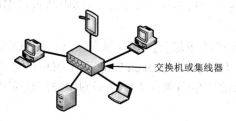

交换机或集线器

图 7.7　星型结构

在星型结构中，计算机之间不能直接通信，某台计算机发送的数据必须通过中央节点进行转发。因此，中央节点必须有较强的功能和较高的可靠性。但是，单个计算机故障不会影响其他计算机之间的通信。目前星型结构在以太网中得到了非常广泛地应用，已成为以太网中最常见的拓扑结构之一。

星型结构的主要特点如下：

(1) 结构简单，组网容易，节点扩展非常方便，只需要从中央节点接一条传输线即可。

(2) 容易检测和隔离故障，一个节点出现故障不会影响其他节点的连接，可任意拆除故障节点。

(3) 计算机发送的数据必须通过中央设备进行转发，易于集中控制。

(4) 中央节点的负担较重，易形成瓶颈，中央节点故障会导致整个网络受到影响。

(5) 每个节点都有一条独立的线路连接中央节点，数据延迟较小，误码率较低。

(6) 连线费用较大。

3. 环型结构

在环型结构中，每台计算机都与两台相邻的计算机相连，网络中所有的计算机构成了一个闭合的环，如图 7.8 所示。

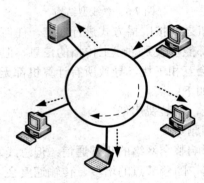

图 7.8　环型结构

数据在环中沿着一个固定的方向绕环逐台传输。所以，在环型结构中，一旦某台计算机故障，会导致整个网络瘫痪。

环型结构的主要特点如下：

(1) 传输速率高、距离远。

(2) 电缆长度短、抗故障性能好。

(3) 各节点作用相同，易实现分布式控制。

(4) 由于信息在环中逐台穿过各个计算机，当环中节点过多时，网络的延迟增大；环路是封闭的，不便于扩充。

(5) 环中任何一台计算机故障都会影响到整个网络，所以难以进行故障诊断。

最典型的环型网络就是令牌环网(Token Ring)和 FDDI(Fiber Distributed Data Interface，光纤分布式数据接口)。目前环型结构在光纤主干网中被广泛应用。

4. 树型结构

树型结构是由星型结构演变而来的，是一种多级的星型结构。在该结构中，计算机按层次连接，如图 7.9 所示。

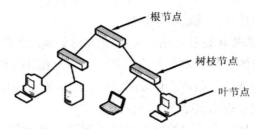

图 7.9　树型结构

树型结构中有一个根节点，根节点和树枝节点通常使用集线器或交换机，叶子节点就是计算机。叶子节点发送的信息，先传送到根节点，再由根节点传送到接收节点。任何两台计算机通信都不能形成回路，每条通信线路都必须支持双向传输。

树型结构的主要特点如下：

(1) 布线结构灵活、实现容易，扩充性强。

(2) 层次分明，管理方便。

(3) 故障检测和隔离相对容易。

(4) 网络依赖根节点，根节点故障会导致全网故障。

(5) 同一层次的节点之间通信线路过长，导致数据传输时延较大。

(6) 树型结构的网络资源共享能力差、可靠性较低。

5．网状结构

网状结构是指计算机和其他硬件设备通过传输线路连接起来，并且每一台至少与其他两台相连，网络中无中心设备，如图 7.10 所示。

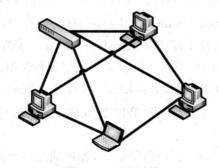

图 7.10　网状结构

网状结构的主要特点如下：

(1) 任意两个节点间存在着两条或两条以上的通路，当一条路径发生故障时还可以通过另一条路径把信息送至目标节点，网络可靠性高。

(2) 网络结构复杂、成本高、网络协议复杂，实现起来费用较高，不易管理和维护。

网状结构不常用于局域网，它是点与点连接，多用于广域网中。

7.1.7　网络协议与网络的体系结构

1．网络协议

人与人之间对话，需要遵守一套预先规定好的交流规范才可以

网络协议和体系结构

实现。那么，计算机之间如何实现通信呢？

假设计算机 A 和计算机 B 进行通信，A 给 B 发送信息，B 收到信息后，该如何理解这个信息？并且根据信息的内容 B 要做什么？该如何做？在计算机网络通信过程中，为了保证计算机之间能够准确地进行通信，必须制定一套通信规则，对通信过程中相关的事项进行各项约定和规定，这套规则就是网络协议。

网络协议是一套明确规定了信息的格式以及如何发送和接收信息的规则，它是计算机网络最基本的机制。一个网络协议需要包含以下三个要素：

(1) 语法：规定了通信数据和控制信息的结构与格式。

(2) 语义：说明具体事件应发出何种控制信息，完成何种动作以及做出何种应答。

(3) 时序：对事件实现顺序的详细说明，即通信双方应答的次序。

简单来说，语义表示要做什么，语法表示要怎么做，时序表示做的顺序。

协议就是在网络上的各台计算机之间交流的语言，不同的计算机之间必须使用相同的网络协议才能进行通信。就像现实中的交通规则一样，在不同的场景中，需要遵守相应的交规，网络通信中，存在大量的协议，不同的协议支持实现不同的功能，如常见的 IP 协议、TCP 协议、HTTP 协议等。

(1) IP 协议(Internet Protocol，网际协议)：其功能是将信息发送到指定的接收机。

(2) TCP 协议(Transmission Control Protocol，传输控制协议)：用来管理被传送信息的完整性。

(3) 应用程序协议：这是一类协议，可以将网络传输信息转换成用户能识别方式，常见的有 HPPT(Hypertext Transfer Protocol，超文本传输协议)、SMTP(Simple Network manage Protocol，简单邮件传输协议)、FTP(File Transfer Protocol，文件传输协议)。

有些协议必须要放到一起构成一个集合，才能起某种作用，这就是协议集(协议簇)的概念。常见的协议集有 TCP/IP 协议、IPX/SPX 协议等。Internet 上最基本的协议集就是 TCP/IP 协议，是业界内的工业标准。TCP/IP 协议包含了 100 多个不同功能的协议，最主要的是 TCP/IP 协议。

总的来说，协议只是用来确定计算机通信时各种规定的外部特点，不对内部的具体实现做要求。就如同日常生活中的一些规定，如生活中我们要加强体育锻炼，但是具体做什么运动，怎么实行一般不会做具体描述。同样，计算机网络的软硬件厂商在生产网络产品的时候，必须按照协议规定的规则进行生产，但具体选择什么电子元件或使用何种语言不做约束。

大多数网络都采用分层的体系结构，如图 7.11 所示，每一层都建立在它的下层之上，向它的上一层提供一定的服务，而把如何实现这一服务的细节对上一层加以屏蔽。一台设备上的第 n 层与另一台设备上的第 n 层进行通信的规则就是第 n 层协议。在网络的各层中存在着许多协议，接收方和发送方同层的协议必须一致，否则一方将无法识别另一方发出的信息。网络协议使得网络上的各种设备能够实现通信。

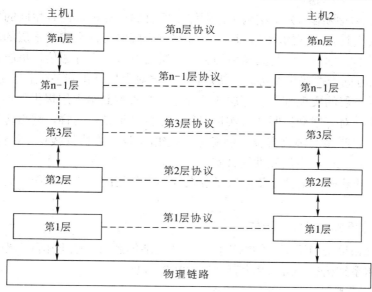

图 7.11　计算机网络的分层结构

2. 网络的体系结构

计算机网络是一个非常复杂的通信系统，要实现计算机之间的通信，需要解决很多的问题。为了减少设计上的错误，提高协议实现的有效性和高效性，计算机网络的体系结构就采用了上述的分层思想，即分解复杂的通信过程，使得通信的各个层次能够各司其事、各负其责。每个层次的任务相对单一，易于实现。也就是说，通过分而治之的方法解决复杂的大问题。

分层的思想也体现在实际的邮政信件收寄过程中，如图 7.12 所示。西安的用户甲要邮寄给北京的用户乙一封信。这个通信服务的过程可以分为三个层次来实现：用户、邮局和铁路运输机构。用户负责信件的收寄，邮局负责信件的处理，铁路运输机构负责信件的运输。用户甲只要负责把信件投递到西安的邮局即可，邮局会通过铁路运输机构将信件运输到北京，交付到北京的邮局，北京邮局最终会将信件投递给用户乙。表面上看，每一层的通信都像是水平进行的，但实际上，信件是经历了垂直的不同的层次最终实现了邮寄的过程。在此过程中，用户不需要知道邮局处理信件的细节，也不需要知道信件是通过哪班列车运输的。用户只要享用邮局(用户的下一层次)提供的服务即可。

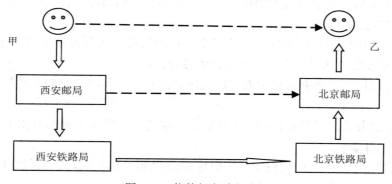

图 7.12　信件邮寄过程分解图

同样，在计算机网络的分层结构中，网络中所有的计算机都具有相同的层次数，不同计算机的同等层次具有相同的功能。每一层上都有相应的协议来完成本层的功能。每一层都建立在前一层的基础上，仅与其相邻的上、下层通过接口进行通信，每层使用下层为之提供的服务，同时向上层提供服务。也就是说，下层对上层提供服务，上层是下层的用户。上层不需要知道下层的实现细节，下层的改变也不会影响到给上层提供的服务。

不同计算机的对等层会按照协议实现对等层之间的通信。这样，网络协议就被按层次分解成若干相互有联系的协议集合，也就是协议集(协议簇或协议栈)。网络协议可以用硬件或软件来实现，也可以用软硬件混合实现。

总的来说，计算机网络的各个层次以及在各层上使用的全部协议统称为计算机网络的体系结构。

3. 常见的计算机网络体系结构

计算机网络如果采用了不同的网络协议，其网络体系结构就不相同。当前占主导地位的计算机网络体系结构有 OSI 参考模型和 TCP/IP 模型。

1) OSI 参考模型

OSI(Open System Interconnection)参考模型，即开放式系统互联参考模型，是由国际标准化组织(ISO)于 1985 年制定的，是不同类型计算机及计算机网络互联的国际标准。OSI 模型按顺序分为 7 层，该模型的目的是使各种硬件在相同的层次上相互通信，如图 7.13 所示。其中，每一层都要使用该层上运行的协议来执行特定的任务。

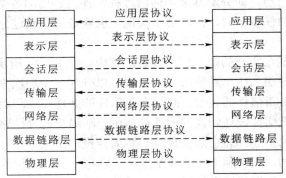

图 7.13　OSI 参考模型

OSI 参考模型从下到上依次为物理层、数据链路层、网络层、传输层、会话层、表示层和应用层。它们的功能如下：

(1) 物理层利用传输介质为数据链路层提供物理连接，实现比特流的"透明"传输。"透明"就是对数据链路层来说，看不到物理层的特性。

(2) 数据链路层把一条有可能出差错的实际链路转变成从网络层向下看是一条不出差错的链路。

(3) 网络层选择合适的路由(路径)，使从上一层传输层所传下来的分组能够按照目标 IP 地址找到目的计算机。

(4) 传输层提供端到端(应用程序到应用程序)的数据交换机制,给会话层等高三层提供可靠的传输服务。

(5) 会话层解决面向用户的功能(如通信方式的选择、用户间对话的建立、拆除)，提供会话管理服务和对话服务。

(6) 表示层提供格式化的数据表示和转换服务。

(7) 应用层提供网络与用户应用软件之间的接口服务，该层是最高层，直接为最终用户提供服务。

第一层到第三层属于 OSI 参考模型的低三层，负责创建网络通信连接的链路，属于通信子网的范畴；第五层到第七层为 OSI 参考模型的高三层，具体负责端到端的数据通信，属于资源子网的范畴。传输层起着承上启下的作用。

在 OSI 参考模型中，如图 7.14 所示，当发送方计算机发送数据时，数据首先通过发送方的应用层接口进入应用层。在应用层，用户发送的数据被加上该层的控制信息 H7，形成应用层协议数据单元(Protocol Data Unit，PDU)，被递交到下一层表示层。表示层把应用层递交的数据包看成是一个整体，在这一层进行封装，即加上表示层的控制信息 H6，然后再递交给会话层。依次类推，会话层、传输层、网络层、数据链路层也都要分别给上层递交下来的数据加上本层的控制信息……这就是对要发送数据的封装过程。封装好的数据到达物理层会进行无条件的比特流传输，送至接收方计算机。在传输的过程中，发送的比特流经过通信介质和通信设备的转发，到达接收方计算机。接收方计算机收到数据后，自下而上递交数据，数据递交到每一层，都要剥去该层的控制信息，将剩余的数据提交给上一层。这种自下而上地递交数据的过程就是不断拆封的过程。

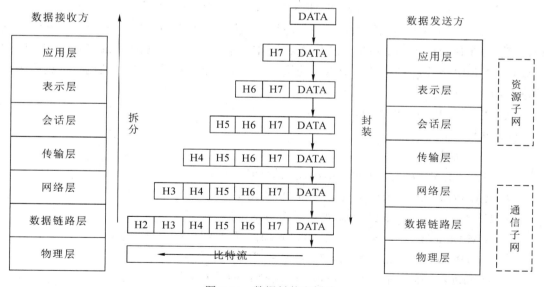

图 7.14　数据封装和拆分

发送方计算机上的数据要经过复杂的过程才能到达接收方的目的计算机，但是这些复杂的过程对用户来说是完全透明的，以至于好像是发送方的某层直接把数据交给了目的计算机的同层(在图 7.14 中，看似是发送方和接收方之间在同层之间水平的直接通信)，即虚拟通信。

2) TCP/IP 体系结构

TCP/IP 体系结构和 OSI 参考模型都是用来解决计算机之间通信问题的,只是在通信的过程中,各自划分的层次不同。由于 OSI 参考模型层次过多,实现起来比较复杂,所以未在实际中被应用。实际中,Interent 使用的是 TCP/IP 体系结构。

TCP/IP 体系结构是一个四层的模型,从下到上依次为网络接口层、传输层、网际层和应用层。应用层对应 OSI 参考模型的上三层(应用层、表示层和会话层),传输层对应 OSI 参考模型的传输层,网际层对应 OSI 参考模型的网络层,网络接口层对应 OSI 参考模型的下二层(数据链路层和物理层),如图 7.15 所示。

TCP/IP 体系结构的目的是实现网络与网络的互联。

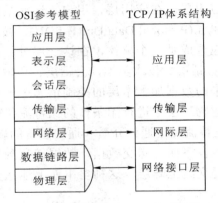

图 7.15   OSI 参考模型与 TCP/IP 体系结构对应关系

TCP/IP 体系结构包含了上百个各种功能的协议,称为 TCP/IP 协议集(协议簇或协议栈),其中 TCP(Transmission Control Protocol,传输控制协议)和 IP(Internet Protocol,网际协议)是 TCP/IP 体系结构中两个最重要的协议,因此,Interent 网络体系结构就以这两个协议进行命名。

TCP/IP 协议集中常用的协议如下:

(1) IP 协议。

(2) TCP 协议。

(3) ARP(Address Resolution Protocol):地址解析协议。

(4) RARP(Reverse Address Resolution Protocol):逆地址解析协议。

(5) UDP(User Datagram Protocol):用户数据报协议。

(6) ICMP(Internet Control Message Protocol):互联网控制信息协议。

(7) SMTP(Simple Mail Transfer Protocol):简单邮件传输协议。

(8) SNMP(Simple Network manage Protocol):简单网络管理协议。

(9) FTP(File Transfer Protocol):文件传输协议。

(10) HTTP(Hypertext Transfer Protocol):超文本传输协议。

上述不同协议和 TCP/IP 模型各层的对应关系如图 7.16 所示。目前使用的大部分网络操作系统都包含了 IP 协议和 TCP 协议。

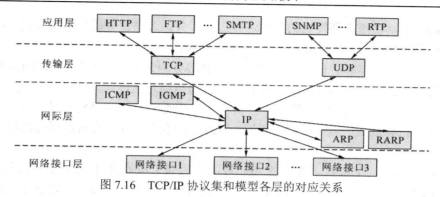

图 7.16　TCP/IP 协议集和模型各层的对应关系

7.2　计算机网络系统

计算机网络系统包括硬件和软件两大部分。硬件主要负责数据处理和数据转发，包括计算机、网络连接设备、通信设备和传输介质等。软件负责控制数据通信和进行网络应用，包括协议和网络软件。

网络系统组成

7.2.1　计算机网络的硬件

1. 网络中的计算机

具有独立功能的计算机系统是计算机网络的主体模块，负责数据信息的收集、处理、存储和资源共享。一般分为服务器和客户机。

(1) 服务器负责提供共享资源，是局域网的核心。

(2) 客户机是网络中连接了服务器的计算机，可以使用服务器提供的资源。

2. 网络连接设备

1) 网卡(NIC)

网卡(Network Interface Card，NIC)也称网络适配器或网络接口卡，是计算机与局域网相互连接的接口，用来实现计算机在计算机网络上的通信。网卡有板载网卡(集成在主板上)与独立网卡(是一个电路板，插在主板的 PCI 或 PCI-E 插槽中)。图 7.17 所示为有 PCI 接口的独立网卡。

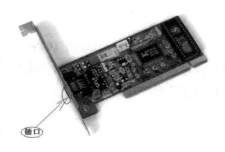

图 7.17　有 PCI 接口的独立网卡

网卡的主要功能是把要发送的数据进行封装，并通过通信介质将数据发送到网络上。同时，将网络上传输过来的数据拆封后交付给网际层。

网卡上配有处理器和存储器(包括 RAM 和 ROM)。网卡和局域网之间的通信通过双绞线以串行传输方式进行。而网卡和计算机之间的通信则是通过计算机主板上的 I/O 总线以并行传输方式进行。因此，网卡的一个重要功能就是要进行串行/并行转换。由于网络上的数据率和计算机总线上的数据率并不相同，因此在网卡中必须装有对数据进行缓存的存储芯片。

每块网卡都有一个世界上唯一的 ID 号用于明确主机的身份，即物理地址，也叫作MAC(Media Access Control)地址。MAC 地址被烧录于网卡的 ROM 中，就像是我们每个人的遗传基因密码 DNA 一样，绝对不会重复。MAC 地址用于标识同一个局域网或同一个广域网中的主机，实现在同一个网络中不同计算机之间的通信。

MAC 地址的长度为 48 位(6 个字节)，每个字节由 2 个 16 进制数字表示，并且每个字节之间用"-"隔开。如 08-00-20-0A-8C-6D 就是一个 MAC 地址，其中前 3 个字节 08-00-20 称为 OUI，是由 IEEE 组织分配给网卡生产厂商的，每个厂商拥有一个或多个 OUI，彼此不同。后 3 个字节则是由网卡生产厂商分配给自己生产的每一个网卡，互不重复。

2) 调制解调器(Modem)

调制解调器是 Modulator(调制器)与 Demodulator(解调器)的简称，故称之为调制解调器，根据 Modem 的谐音，常被称为"猫"。

调制解调器负责完成信号的调制或解调。调制是把数字信号转换成模拟信号，解调是把模拟信号转换成数字信号，以便相应的信号能在相应的传输介质上传输。如果计算机需要借助电话线连接到 Internet 上，就需要使用 Modem 充当翻译。因为计算机发送和接收的都是数字信号，而电话线传输的是模拟信号。

调制解调器包括外置式 Modem 和内置式 Modem。

外置式 Modem 放置于机箱外，通过串行通讯口与主机连接。这种 Modem 方便灵巧、易于安装，闪烁的指示灯便于监视 Modem 的工作状况。外置式 Modem 需要使用额外的电源与电缆。常见的外置式 Modem 如图 7.18 所示。

图 7.18　外置式调制解调器 Modem

内置式 Modem 在安装时需要拆开机箱，并且要对终端和 COM 口进行设置，安装较为烦琐。这种 Modem 要占用主板上的扩展槽，但无须额外的电源与电缆，且价格比外置式 Modem 要便宜一些。

3. 通信设备

1) 物理层通信设备

(1) 中继器(转发器或放大器)。中继器(Repeater，RP)是局域网中用来延长网络距离的网络互联设备，工作在 OSI 的物理层，具有信号的复制、放大、再生的功能，用于扩展局域网网段的长度(仅用于连接相同的局域网网段)。图 7.19 所示为中继器及其使用示意图。

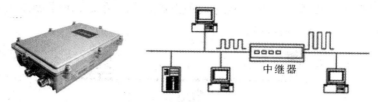

图 7.19　中继器及其使用示意图

信号在线路上传输的时候由于存在损耗，信号功率会逐渐衰减，衰减到一定程度时将造成信号失真，因此会导致接收错误。中继器就是为解决这一问题而出现的。它完成物理线路的连接，对衰减的信号进行放大，保持与原数据相同。

中继器的主要优点如下：

① 扩大了通信距离。

② 增加了节点的最大数目。

③ 各个网段可使用不同的通信速率。

④ 提高了可靠性。当网络出现故障时，一般只影响个别网段。

⑤ 安装简单、使用方便、价格相对低廉。

严格地说，中继器仅仅是扩展局域网的互联设备。

(2) 集线器(Hub)。集线器也就是常说的 Hub，Hub 即中心的意思。集线器的主要功能是对接收到的信号进行再生整形放大，以扩大网络的传输距离，同时把所有节点集中在以它为中心的节点上。和中继器一样，它工作在 OSI 模型的物理层。

实质上，集线器也是一个中继器，有时也被称为多端口中继器，端口有 8 口、16 口和 24 口等，每个端口都能发送信号和接收信号。集线器以广播方式对信号进行转发，当集线器的某个端口接收到信号时，它就对信号进行放大整形，并向所有其他端口转发。若两个端口同时有信号输入，多个信号会互相干扰，所有的端口都接收不到正确信号。集线器及集线器连接示意图如图 7.20 所示。

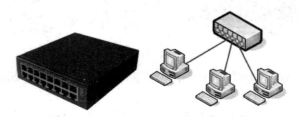

图 7.20　集线器及集线器连接示意图

集线器与网卡、网线等传输介质一样，属于局域网中的基础设备。

2) 数据链路层通信设备

(1) 网桥(Bridge)。网桥也称桥接器，是连接两个局域网的存储转发设备，如图 7.21 所示。网桥的转发是依据数据帧(数据帧是数据链路层上数据传输的单位)中的源 MAC 地址和目的 MAC 地址来判断一个帧是否应转发和转发到哪个端口。网桥从端口接收局域网上传输的数据帧，每当收到一个帧时，并不是向所有的端口转发此帧，而是先暂存在其缓存中并处理，检查此帧的源 MAC 地址和目的 MAC 地址，判断此帧的目的主机和发送主机是不是同一个网段，如果是，网桥就不转发此帧，如果不是，网桥就将该帧转发到连接目的网段的端口，发往目的局域网。

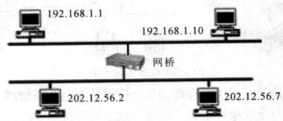

图 7.21　网桥及网桥互联局域网示意图

网桥会从一个网段接收一帧数据，根据该数据帧中的目的端的地址来判断是否将该帧转发给其他网段，也可以叫作智能转发器。

总的来说，网桥用于连接距离相距较远的局域网，或是用于一个负载量比较大的物理网络中的隔离业务，保证任意网段具有较高的传输速率。

(2) 交换机(Switch)。交换机是一种可以进行信号转发的网络设备。交换机可以为接入它的任意两个网络节点提供独享的电信号通路。最常见的交换机是以太网交换机。

与网桥一样，交换机根据数据帧中的 MAC 地址做出相应转发，实际上是一个多端口的网桥，网桥有 2～4 个端口，而交换机通常有十几个端口。交换机由于使用了专用的交换机芯片，因此其转发性能远远超过了网桥，转发速率高，延迟小。

交换机的主要功能包括物理编址、网络拓扑结构、错误校验、帧序列以及流控。和集线器、网桥相比，交换机还具备了一些新的功能，如对 VLAN(虚拟局域网)的支持，甚至有的还具有防火墙的功能。图 7.22 所示为交换机及用交换机组网示意图。

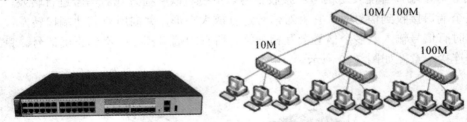

图 7.22　交换机及用交换机组网示意图

目前，局域网中常用的通信设备就是集线器和交换机，而交换机最为常用。相比较于集线器，交换机有以下优势：

① 集线器只是对数据的传输起到同步、放大和整形的作用，对于数据传输中的短帧、碎片等无法进行有效的处理，不能保证数据传输的完整性和正确性；而交换机不但可以对数据的传输做到同步、放大和整形，而且可以过滤短帧、碎片等。

② 集线器采用的是广播模式，容易产生广播风暴，当网络较大时，网络性能会受到很大影响；交换机可以避免这种现象，当交换机工作时，只有发出请求的端口与目的端口之间可以相互响应，不影响其他端口，因此交换机能够隔离冲突域并有效地抑制广播风暴的产生。

③ 集线器的所有端口共享一条带宽，在同一时刻只能有两个端口传送数据，其他端口需要等待；而交换机的每个端口都有独占的带宽，当两个端口工作时并不会影响到其他端口。

可见，当网络中计算机数量很多时，交换机的优势比集线器明显得多。

3) 网络层通信设备

路由器是工作在网络层上的一种通信设备，当连接在不同子网上的主机需要通信时，路由器可以将数据包(分组)通过 Internet 沿着一条路径从源主机传送到目的主机。在这条路径上，可以存在一个或多个路由器，分组所经过的路由器必须知道如何将分组传送到目的地，又需要经过哪些路由器。所以，路由器的主要工作就是为经过该路由器的分组寻找一条最佳路径，并能够有效地将分组传输到目的主机，也就是完成路由选择(Routing)和分组转发。

为了完成这两个任务，每个路由器中都保存着一张路由表，路由表中保存了与传输路径相关的一些信息，包括目的网络地址、下一跳路由器地址或端口号、目的网络的距离等。表中每条路由项都指明了分组到某个子网或某台主机应该通过路由器的哪个物理端口发送，即传输路径上需要经过的下一个路由器(间接交付)，或者不再经过其他路由器，传输到直接相连的网络中的目的主机(直接交付)。路由表可以是网络管理员设置好的，也可以由路由器自动调整。

路由器可以对不同网络之间的数据包进行存储、分组转发，是网络与网络之间的互联设备，即路由器将局域网与局域网，或局域网和广域网互连起来。因此，路由器是互联网的主要结点设备，构成了互联网的骨架。路由器通过路由决定数据的转发。转发策略称为路由选择，这也是路由器名称的由来。

作为不同网络之间互相连接的枢纽，路由器系统构成了基于 TCP/IP 的国际互联网络 Internet 的主体脉络。它的处理速度是网络通信的主要瓶颈之一，它的可靠性则直接影响着网络互连的质量。因此，在园区网、地区网、乃至整个 Internet 研究领域中，路由器技术始终处于核心地位，其发展历程和方向，成为整个 Internet 研究的一个缩影。图 7.23 所示为路由器及路由器联网示意图。

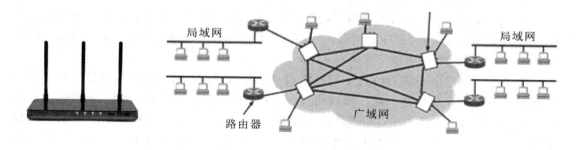

图 7.23　路由器及路由器联网示意图

集线器、交换机和路由器三者之间的区别如下：

(1) 工作层次不同。集线器工作在物理层，交换机工作在数据链路层，路由器工作在网络层。

(2) 数据转发所依据的对象不同。集线器是把收到的数据向所有端口转发；交换机是利用 MAC 地址来确定数据转发到哪个网段；路由器则是利用 IP 地址中的网络号来确定数据转发到哪一个网络。

(3) 互联的对象不同。集线器和交换机连接同一网络中的设备，路由器则是连接不同的网络。

目前，市场上的很多集线器都加入了交换机的功能，具备了一定数据交换能力。大部分的交换机也混杂了路由器的功能。

4) 其他通信设备

网关又称网间连接器、协议转换器。在网络层以上实现网络互连，是复杂的网络互连设备。

在实际的网络应用中并不都是使用同一个协议(TCP/IP 协议)，许多系统都有自己专用的网络协议，当使用了不同协议的系统之间需要通信时，就需要进行协议转换，网关就是解决这类问题的设备。

网关既可以用于广域网互连，也可以用于局域网互联。可以使用在不同的通信协议、数据格式或语言，甚至体系结构完全不同的两种系统之间。

4. 传输介质

传输介质分为有线介质和无线介质，有线介质有双绞线、同轴电缆、光纤；无线介质有无线电波、红外线等。

1) 有线介质

(1) 双绞线(Twisted Pair)。双绞线是由两根具有绝缘保护层的铜导线组成，这两条相互绝缘的导线按照一定的规格互相扭绞(一般以逆时针缠绕)在一起，每一根导线在传输中辐射出来的电波会被另一根线上发出的电波抵消，有效降低信号干扰的程度。也就是说，采用这种方式，不仅可以抵御一部分来自外界的电磁波干扰，也可以降低多对绞线之间的相互干扰，如图 7.24(a)所示。

在实际使用时，一般多对双绞线捆在一起，外面包一个绝缘电缆套管。典型的双绞线有 4 对的，也有更多对的双绞线放在同一个电缆套管里。

双绞线按照屏蔽层的有无分为屏蔽双绞线(Shielded Twisted Pair，STP)与非屏蔽双绞 (Unshielded Twisted Pair，UTP)，屏蔽双绞线在双绞线与外层绝缘封套之间有一个金属屏蔽层，能有效防止外界的电磁干扰。

典型的双绞线由不同颜色的 4 对线组成，橙和白橙是一对，绿和白绿是一对，蓝和白蓝是一对，棕和白棕是一对，每对线按一定扭绞距离扭绞在一起。为了能够连接计算机和交换机等设备，必须在双绞线两端安装 RJ-45 接头(俗称 RJ-45 水晶头)，如图 7.24(b)所示。目前，常用的双绞线有 EIA/TIA 568A 和 EIA/TIA 568B 两个标准，规定的排线顺序如下：

① EIA/TIA 568A 排线顺序：白绿、绿、白橙、蓝、白蓝、橙、白棕、棕。

② EIA/TIA 568B 排线顺序：白橙、橙、白绿、蓝、白蓝、绿、白棕、棕。

线序排列如图 7.24(c)所示。

(a) 双绞线

(b) RJ-45 接头(网络水晶头)

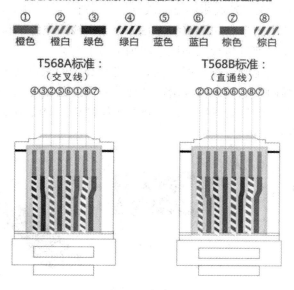

(c) 线序排列图

图 7.24　双绞线

双绞线价格便宜，易于安装和使用，但在传输距离和传输速率等方面受到一定的限制，由于性价比高，目前在局域网内被广泛使用。

(2) 同轴电缆(Coaxial Cable)。同轴电缆可用于模拟信号和数字信号的传输，适用于各种各样的应用，其中最重要的有电视传播、长途电话传输、计算机系统之间的短距离连接以及局域网等。同轴电缆最典型的应用就是将电视信号传播到千家万户，即有线电视。

同轴电缆，顾名思义，是指有两个同心导体，而导体和屏蔽层又共用同一轴心的电缆。同轴电缆由里到外分为 4 层：中心铜线(铜芯)、塑料层绝缘层、网状导电层(金属网)和电线外皮(外层)，如图 7.25 所示。中心铜线和网状导电层形成电流回路，同轴电缆的名称就是因为中心铜线和网状导电层共用同一轴心而得名。

图 7.25　同轴电缆

常用的同轴电缆有两类：50 Ω 和 75 Ω 的同轴电缆。75 Ω 同轴电缆常用于 CATV 网，故称为 CATV 电缆，传输带宽可达 1 GHz。总线型以太网中使用 50Ω 同轴电缆，最大传输距离为 185 m。

同轴电缆比双绞线的屏蔽性更好，在更高速度上可以传输得更远；具有更高的带宽和极好的噪声抑制特性。缺点是体积大，不能承受缠结和压力，成本高。现在，同轴电缆基本上已被双绞线和光纤所取代。

(3) 光纤和光缆。光纤(Optical Fiber)是光导纤维的简写。光纤的传输原理是利用光在石英玻璃或塑料等纤维中的全反射进行的，传输的是光信号。光纤的直径非常小，通常为 50～100 μm，比头发丝还要细。相比较于金属导线，光纤的重量轻、线径细。

双绞线和同轴电缆传输的都是电信号，用光纤传输电信号时，在发送端先要将其转换成光信号，在接收端又要通过光检测器还原成电信号。光纤通信最主要的优点是频带极宽，通信容量大，光纤可利用的带宽约为 50 000 GHz，比铜线或电缆的传输带宽大得多；衰减小，光纤每公里衰减比目前容量最大的通信同轴电缆的每公里衰减要低一个数量级以上；抗干扰性能好，光纤不受电磁干扰，保密性好。光纤最大的缺点就是单向传输。

通常，光纤与光缆两个名词会被混淆。光纤在使用前必须由几层保护结构包覆，如图 7.26 所示，包覆后的缆线被称为光缆。光纤外层的保护套和绝缘层可防止周围环境对光纤的伤害，如水、火、电击等。

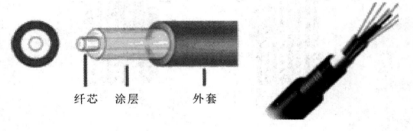

纤芯　　涂层　　　外套

图 7.26　光缆

2) 无线介质

在计算机网络中，无线传输可以突破有线网的限制，在自由空间利用电磁波发送和接收信号进行通信，实现无线传输。地球上的大气层为无线传输提供了物理通道，也就是常说的无线传输介质。

在电磁波频谱中，不同频率的电磁波可以分为无线电波、微波、红外线、可见光、紫外线、X 射线和 γ 射线。目前，可以作为无线传输介质的有：无线电波、微波、红外线和可见光。它们分别对应无线电波通信、微波通信、红外线通讯。

(1) 无线电波通信。无线电波在空间传播，使无线通信信道具有开放性，特别适用于布线不方便的区域，但易于被截获(窃听)。基于无线电波的无线通信网，其网络构成具有较好的灵活性，适用于网络拓扑和网络节点多变的网络，如野战移动网等。然而，无线电波通信的最大缺点就是易受外界电磁场干扰。

随着现代无线通信技术的快速发展，无线电通信已经成为可靠、高效的通信手段，被广泛应用于民用通信和军事通信中。在移动通信领域，无线通线已经成为唯一的不可替代的通信手段。

(2) 微波通信。微波可以沿直线传播，因此可以集中于一点。微波可以防止他人窃取信号和减少其他信号的干扰，但是发射天线和接收天线必须精确对准。由于微波沿直线传播，所以如果微波塔相距太远，地表建筑及障碍物就会挡住去路。因此，隔一段距离就需要一个中继站，微波塔越高，传的距离越远。

微波线路的成本比同轴电缆和光缆低，但误码率高，安全性不高，只要拥有合适无线接收设备的人就可以窃取别人的通信数据。此外，大气对微波信号的吸收与散射影响较大。

(3) 红外线通信。红外线通信广泛用于短距离通信，但是红外线不能穿透坚实的物体，正是由于这个原因，一间房屋里的红外系统不会对其他房间里的系统产生串扰，所以红外系统防窃听的安全性要比无线电系统好。

无线局域网(Wireless Local Area Network，WLAN)通常采用无线电波和红外线作为传输介质。

7.2.2　计算机网络的软件

网络软件是实现网络功能的重要软件环境，包括 TCP/IP 协议、网络操作系统和应用软件。

TCP/IP 协议是 Internet 上最基本的协议，是 Internet 的核心技术。其本质是一个协议集/簇，也是业界内的工业标准，不同局域网之间的通信，必须使用 TCP/IP 协议。

网络操作系统是网络的心脏和灵魂，是向网络计算机提供服务的具有网络功能的操作系统，除了具有网络的支持功能，提供高效可靠的网络通信能力，还能管理整个网络的资源并提供多种网络服务。

网络操作系统的工作模式包括以下三种：

(1) 集中模式。这种操作系统是由分时操作系统加上网络功能演变而来的。系统的基本单元是由一台主机与若干台与主机相连的终端构成，信息的处理和控制是集中式的。UNIX 就是这类系统的典型。

(2) 对等模式。网络中的所有计算机都具有同等地位，没有主次之分。任何一个节点机所拥有的资源都作为网络资源，可被其他节点机上的用户共享。

采用这种模式的站点都是对等的，既可以作为客户访问其他站点，又可以作为服务器向其他站点提供服务。这种模式具有分布处理和分布控制的功能。

(3) 客户机/服务器(Client/Server)模式。客户机/服务器模式，简称 C/S 模式，是一种主从结构，也是最流行的网络工作模式。物理上多台被认为是客户机(入网的普通计算机)的计算机连接在一起，与一台(或多台)服务器相连，构成一个网络。服务器为整个网络提供共享资源和服务。如存储文件、软件应用、公用程序和打印服务等。

C/S 服务通过两个进程分工合作完成：第一个进程，一个主动请求、一个被动响应；第二个进程，一个启动通信、一个等待通信。这里"客户机"和"服务器"指的是运行程序，它们一般运行在不同的主机中，但也可以位于同一台主机中。每一次通信都是由客户机进程发起，服务器进程处于等待状态，以保证及时响应客户机的服务请求。

对等工作模式和 C/S 工作模式的特点对比如图 7.27 所示。

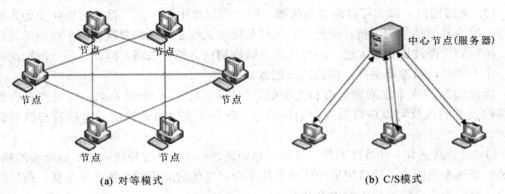

(a) 对等模式　　　　　　　　　　(b) C/S模式

图 7.27　对等模式和 C/S 模式比较

网络中的计算机处于何种地位取决于该计算机所使用的操作系统类型，被用作服务器的计算机需要运行操作系统的服务器版本，而作为客户机的计算机则要运行客户端操作系统。

目前，局域网中主要存在以下几类网络操作系统：

1. Windows 类

微软的 Windows 系统不仅在个人操作系统中占有绝对优势，在网络操作系统中也颇有优势。Windows 类操作系统因其可移植性、可扩充性、可靠性高和兼容性好等优点，在局域网配置中是最常见的。

微软的网络操作系统主要包括 Windows NT 4.0 Serve、Windows 2000 Server/Advance Server 以及 Windows 2003 Server/Advance Server 等。

由于 Windows 类网络操作系统对服务器的硬件要求较高，且稳定性能不是很高，所以此类操作系统一般用在中低档服务器中，高端服务器通常采用 UNIX、Linux 或 Solaris 等非 Windows 操作系统。

2. NetWare 类

NetWare 是 NOVELL 公司推出的网络操作系统，是一种高性能、多任务、多用户的网络操作系统。其设计思想成熟，实用性高，其所提出的开放系统概念是局域网操作系统的工业标准。

目前，NetWare 操作系统已经远不如早年那么风光，市场占有率也越来越低。

3. UNIX

UNIX 是分时多用户操作系统，其历史悠久，稳定性和安全性较高，具有良好的网络管理功能。但由于它是以命令方式进行操作的，不易掌握，所以 UNIX 基本不用于小型局域网中，而一般用于大型网站或大型企事业局域网中。

4. Linux

Linux 系统的最大特点就是源码开放，可以免费得到许多应用程序，并且其安全性和稳定性良好。目前也有中文版本的 Linux，在国内得到了用户的充分肯定。Linux 与 UNIX 有许多相似之处。目前此类操作系统主要应用于中、高档服务器中。

7.3 Internet 基础知识

计算机网络从最初的单机通信系统发展至今，已经日益高速化、智能化、移动化和综合化。网络的功能也从最初的数据通信和资源共享，发展到今天的基于云环境和物联网的无所不在的信息与服务应用。网络已经成为信息时代最重要、最关键的组成部分。Internet 作为全球互联网，已经深入到每个人的日常生活，本节将介绍 Internet 的发展和基础知识。

7.3.1 Internet 概述

1. Internet 的发展

Internet 是全球最大的基于 TCP/IP 的互联网络，由全世界范围内的局域网和广域网互联而成，也称为国际互联网或因特网，如图 7.28 所示。从最早的 1969 年的 ARPA 网发展到今天成熟的 Internet，互联网经历了以下三个阶段。

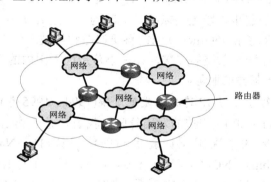

图 7.28 Internet 全球互联网

1) Internet 形成阶段

1969 年，美国国防部高级研究计划署将 4 台计算机互联，组成了 4 个节点的试验性网络，即 ARPAnet。ARPAnet 在技术上的最大贡献就是 TCP/IP 协议集的开发与利用，为后续 Internet 的发展奠定了坚实的基础。

2) Internet 发展阶段

1986 年，美国国家科学基金会(National Science Foundation，United States)建立了六大超级计算机中心，为了使全国的科学家、工程师能够共享这些超级计算机，NSF 建立了基于 TCP/IP 协议集的计算机网络 NSFnet，目的是将超级计算机中心互联，并以此作为基础实现与其他网络的连接，这一举措成功使 NSFnet 于 1990 年 6 月彻底取代了 ARPAnet 而成为 Internet 的主干网。NSFnet 对于 Internet 的最大贡献就是让 Internet 面向全社会开放，走向普通用户，而非之前只供政府部门和计算机研究人员使用。

3) Internet 商业化阶段

20 世纪 90 年代初，商业机构进驻 Internet，很快便发现它在通信、资料检索、客服服务等方面的巨大商业潜力，于是世界各地的企业纷纷涌入 Internet。随之出现了大量的 ISP 和 ICP，丰富了 Internet 的服务和内容，使其迅速普及和发展。

从 ARPA net 的出现到 OSI 模型的确立，再到网络的全球化互联，Internet 的发展可谓十分迅猛，这主要源于它是一个开放的互联网络，任何计算机或网络都可以接入 Internet，Internet 已经形成了全球性的互联计算机网的大集合，它依赖于所有互联的单个网络之间的协调工作。从使用者角度看，因特网是一个可以被访问和利用的信息资源的集合。

由于互联网用户的急剧增加及应用范围的不断扩大，1992 年一个以制定互联网相关标准及推广应用为目的的国际互联网协会(ISOC)应运而生。ISOC 是一个非政府、非营利性的行业性国际组织，它标志着互联网开始真正向商用化过渡。Internet 由国际互联网协会(ISOC)协调管理。Internet 的维护费用由各网络分别承担自己的运行维护费，而网间的互联费用则由各入网单位分担。

2. Internet 在中国

Internet 在我国的发展起步相对较晚，但起点较高，所以发展非常快。回顾我国 Internet 的发展，可以分为三个阶段。

1) 实现电子邮件服务的起步阶段(1986—1993 年)

实现电子邮件服务的起步阶段主要以拨号上网为主，主要使用互联网电子邮件服务，国内的一些科研部门开展了和 Internet 联网的科研课题和科技合作工作，通过拨号 X.25 实现了和 Internet 电子邮件转发系统的连接，并在小范围内为国内的一些重点院校，研究所提供了国际 Internet 电子邮件的服务。

2) 实现和 Internet 基于 TCP/IP 连接的发展阶段(1994—1995 年)

在实现和 Internet 的 TCP/IP 连接的发展阶段，我国开通了 Internet 的全功能服务，覆盖北大、清华和中科院的中国国家计算机与网络设施(The National Computing and Networking Facility of China，NCFC)工程于 1994 年 4 月开通了与 Internet 的连接，同时还设置了我国最高域名 CN 服务器，使得中国真正加入了 Internet。NCFC 网络中心的域名服务器作为了我国最高层的域名服务器，是我国 Internet 发展史上的一个里程碑。

3) 商业化发展阶段(1995 年至今)

我国于 1994 年正式加入 Internet 后，国内的网络建设得到了大规模发展，1995 年 5 月，中国电信开始筹建 CNINANET(中国公用计算机互联网)的全国主干网。1996 年 1 月，CNINANET 主干网建成并正式开通，国内第一个商业化的计算机互联网开始提供服务。1996 年 9 月 6 日， CNINAGBN(中国金桥信息网)连入美国的 256 kb/s 专线正式开通，CNINAGBN 宣布开始提供 Internet 服务，主要提供专线集团用户的接入和个人用户的单点上网服务。

到目前为止，我国已经建立起具有相当规模和技术水平的接入 Internet 的九大骨干互联网，形成了我国的 Internet 主干网。其中，以下四种主干网是最典型的代表：

(1) 中国公用计算机互联网 CNINANET。

(2) 中国教育科研网 CERNET。

(3) 中国科技网 CSTNET。

(4) 中国金桥信息网 CNINAGBN。

3. Internet 工作方式

Internet 可以为用户提供多种类型的服务，如电子邮件、文件传输、WWW 信息服务、远程登录等，这些服务大都采用客户机/服务器的 C/S 工作模式。此外，Internet 上也有其他工作方式。

1) 客户机/服务器(C/S)模式

如前所述，基于 C/S 模式的网络由几台服务器和大量客户机组成，服务器性能高，是局域网的核心，可以为客户机提供服务，客户机享用相应的服务。用户通过客户端软件和服务器进行通信。

2) 浏览器/服务器(B/S)模式

B/S 模式是对 C/S 模式的改进，在此模式下，客户端不需要安装专用的客户端软件，用户只需要安装 WWW 浏览器，就可以通过浏览器与服务器进行通信。该模式使用简单方便、界面统一，也是一种常用的服务模式。

3) P2P 模式

在 P2P 模式下，网络中每个节点的地位都是平等的，网络不依赖于服务器，每台主机可以既作为客户机又作为服务器使用。网络中的每个节点都可以共享其所拥有的部分资源，其他对等节点可以直接访问，目前多用于文件下载、视频分享等领域。

7.3.2 接入 Internet

1. Internet 接入技术

Internet 接入技术就是指骨干网络到用户终端之间所有的设备架构，被称为最后 1 英里。实际中，就是最后的几米及其设置。

接入 Internet

接入技术包括有线接入和无线接入，具体有：

(1) 电话拨号(早期使用的主要方法)。

(2) ADSL。

(3) 局域网 LAN 接入。

(4) 无线局域网 WLAN 接入。

(5) 3G/4G 无线上网。

(6) CM(有线电视网络调制解调器)接入。

现在，最常用的方法就是 ADSL、LAN、WLAN 接入。不管采用哪种方法，计算机要接入 Internet 都必须要满足 3 个条件：

(1) 计算机通过传输介质和通信设备与 Internet 连接起来。

(2) 计算机上安装并设置 TCP/IP 等协议。

(3) 获取 Internet 上能够通信的 IP 地址。

2. ISP

Internet 服务提供商(Internet Service Provider, ISP)是提供 Internet 连接的公司，世界各地都有 Internet 服务提供商，用户通过 Internet 服务提供商接入因特网，ISP 的作用首先是为用户提供如下服务：

(1) 接入服务：帮助用户接入 Internet。

(2) 导航服务：帮助用户在 Internet 上找到所需要的信息。

(3) 信息服务：建立数据服务系统，收集、加工和存储信息，进行定期维护和更新，并通过网络向用户提供信息内容服务。比如电子邮件服务，信息发布代理服务和广告服务等，如图 7.29 所示。

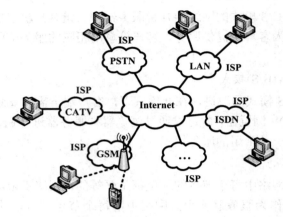

图 7.29　接入 Internet 示意图

图 7.29 中，不同的 ISP 的英文网络名称解释如下：

① PSTN：Public Switched Telephone Network，公共交换电话网络。

② CATV：Cable Television，有线电视网络。

③ GSM：Global System for Mobile Communications，移动通信网络。

④ ISDN：Integrated Services Digital Network，综合业务数字网。

目前，企业级用户多以局域网方式接入到 Internet，个人用户一般采用电话线或电视电缆接入到 ISP，然后再由 ISP 的路由器接入 Internet。

3. 接入 Internet 的方式

1) 公用交换电话网(PSTN)接入

借助公共交换电话网接入的方式有 2 种：调制解调器拨号接入和 ADSL 接入。

(1) 调制解调器拨号接入。这种方式属于窄带接入方式，即通过电话线，利用当地 ISP 提供的接入号码，拨号接入互联网，速率不超过 56 kb/s。其特点是使用方便，只需要电话线、普通 Modem 和 PC 机就可以完成接入。

调制解调器拨号接入时，传输数据时占用的是语音频段(信道)，所以上网的同时不能打电话。

(2) ADSL 接入。ADSL(Asymmetric Digital Subscriber Line，非对称数字用户环路)接入是一种能够通过普通电话线提供宽带数据业务的技术，也是目前非常有发展前景的一种入网技术。

所谓非对称，是指用户线的上行速率与下行速率不同，上行速率低、下行速率高，ADSL 在一对铜线上支持上行速率为 640 kb/s～1 Mb/s，下行速率为 1～8 Mb/s，有效传输距离在 3～5 km 范围以内，特别适合传输多媒体信息业务，如视频点播(VOD)、多媒体信息检索和其他交互式业务。

　　用户使用 ADSL 接入 Internet 时，同样需要先拨号建立连接，获取一个动态的 IP 地址。ADSL 使用的拨号协议是 PPPOE(Point-to-Point Protocol Over Ethernet)协议，此协议可以使以太网中的计算机通过一个集线器或交换机连接到远端的接入设备上，能够实现对每个接入用户的控制和计费。ADSL 接入示意图如图 7.30 所示。

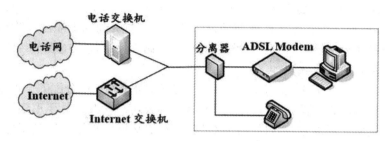

图 7.30　ADSL 接入示意图

ADSL 接入需要的硬件配置如下：

① 插有网卡的计算机。

② 网线(双绞线)。

③ ADLS Modem 和信号分离器(由 ISP 提供)。

其中，信号分离器用来分离信号，如果是电话信号就转到电话上，如果不是就转到 ADSL 猫上，然后将模拟信号转成数字信号。

　　硬件配置完成后，还需要进行系统设置，设置新的网络连接。

　　ADSL 接入的最大优势就是下载速率高，独享带宽，上网和打电话可以同时进行，两者互不干扰。

　　2) 有线电视(CATV)接入

　　有线电视接入是一种利用有线电视网接入 Internet 的技术，它通过线缆调制解调器(Cable Modem)连接有线电视网，进而连接到 Internet，接入示意图如图 7.31 所示。

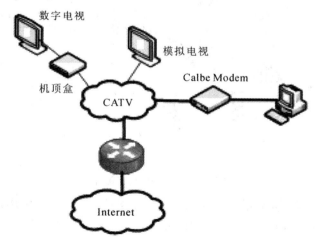

图 7.31　有线电视接入示意图

有线电视接入方式可分为对称型接入和非对称型接入两种。对称型接入的数据上行速率和下行速率相同,都为 512 kb/s～2 Mb/s;非对称型接入的数据上行速率为 512 kb/s～10 Mb/s,下行速率为 2～40 Mb/s。

有线电视接入主要有两个优点:

(1) 带宽上限高。有线电视接入使用的是带宽为 860 MHz 的同轴电缆,因而理论上它能达到的带宽比 ADSL 要高很多。

(2) 上网、模拟节目和数字点播兼顾,三者互不干扰。同轴电缆在传输信号的过程中,整个电路被分成 3 个信道,分别用于数据上行、数据下行、模拟电视节目。

有线电视接入的主要缺点如下:

(1) 带宽是整个社区用户共享,一旦用户数增多,每个用户所分配的平均带宽就会降低。

(2) 大部分 CATV 不具有双向能力,因而运营公司需要改造甚至重建其原有的 CATV 系统,即新建采用光纤同轴混合网络(HFC 网)的 CATV 网,采用光纤到服务区,而在进入用户的“最后 1 英里”采用同轴电缆。

3) 局域网接入

先将多台计算机组成一个局域网,局域网再接入 Internet。局域网接入 Internet 有 2 种接入方式:共享接入和路由接入。

(1) 共享接入。共享接入是通过局域网的服务器与 Internet 连接,服务器上安装 2 个网卡,一个连接 Internet,该网卡对应的是公网 IP 地址,即 Internet 上的 IP 地址,另一个连接局域网,对应的是局域网内部使用的保留 IP 地址,即局域网内的所有计算机使用的是保留 IP 地址,如图 7.32 所示。网内的计算机与 Internet 进行通信时,需要把保留 IP 地址转换成公网 IP 地址,因此,需要在服务器上运行专用的代理或网络地址转换(Network Address Translation,NAT)软件,局域网上的计算机通过服务器的代理共享服务器的公网 IP 地址访问 Internet。

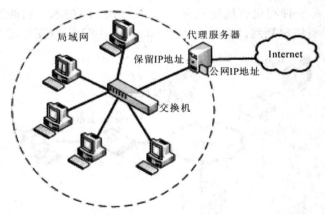

图 7.32　共享接入示意图

共享接入的优点是:需要的网络设备比较少,费用较低。局域网用户可以使用 Internet 上丰富的信息资源,而局域网外的用户却不能随意访问局域网内部,这样可以保证内部资料的安全。

共享接入的缺点是:由于局域网上所有的计算机共享同一线路,当上网的主机数量较多时，访问 Internet 的速度就会显著下降。

(2) 路由接入。路由接入是通过路由器将局域网接入 Internet。路由器的一端连接在局域网上，另一端与 Internet 相连。由此，将整个局域网加入到 Internet 中成为一个开放式局域网，如图 7.33 所示。这种接入方式需要为局域网中的每一台计算机都分配一个 IP 地址，涉及的技术问题比较复杂，所以管理和维护的费用较高。

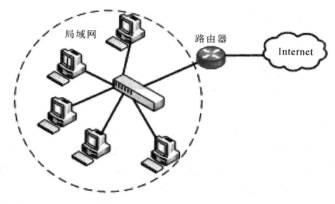

图 7.33　路由器接入示意图

4) 无线接入

目前，个人计算机可以通过以下 3 种主要途径无线接入 Internet：

(1) GPRS(General Packet Radio Service，通用信息包交换无线服务)。GPRS 接入是通过 GSM 手机网络来实现的无线上网方式。GPRS 是一种叠加在 GSM 系统上的无线分组技术，提供端到端的、广域的无线 IP 连接。GPRS 与 GSM 共享无线资源，移动话音业务与移动分组数据业务共存。相对原来 GSM 的拨号方式的电路交换数据传送方式，GPRS 具有实时在线、按量计费、快捷登录、高速传输、自如切换等优点。总的来说，GPRS 是 GSM 网络向第三代移动通信系统过渡的一项 2.5 代通信技术，在许多方面都具有显著的优势。

GPRS 接入具有覆盖面广、使用便捷的优点。缺点是速度慢且不够稳定，适合网络速度要求不高，但随时随地都有上网要求的用户。用户如果用手机本身上网，只需开通 GPRS 服务即可。如果通过计算机上网，则需要一块 GPRS 无线上网卡(即 PCMCIA 或 USB 接口的 GPRS Modem)。开通 GPRS 业务后的手机也可当作 GPRS 无线 Modem 使用，传输速度为 40 kb/s。

(2) CDMA(Code Division Multiple Access，码分多址访问)。CDMA 的基本思想是靠不同的地址码来区分的地址。针对每个配有不同的地址码，用户所发射的载波既受基带数字信号调制，又受地址码调制，接收时，只有确知其配给地址码的接收机，才能解调出相应的基带信号，而其他接收机因地址码不同，无法解调出信号。

CDMA 接入是利用 CDMA 手机网络实现无线上网的联网方式。和 GPRS 接入相似，与计算机连接上网同样需要 CDMA 无线上网卡。CDMA 无线上网最高速率可达 153.6 kb/s，传输速率依赖无线环境程度不大，在速度和稳定性方面，CDMA 无线优于 GPRS。

(3) WLAN(Wireless Local Area Networks，无线局域网络)。无线局域网是有线局域网的一种延伸，是无线缆限制的网络连接，但 WLAN 只能在一个有无线接入点的区域实现，例如在学校的图书馆、机场、商务酒店等人流量较大的公共场所内，由电信公司或单位统一部署了无线接入点(Access Point，AP)，每台计算机通过无线连接到无线接入点，无线接入点经路由器与 Internet 相连，如图 7.34 所示。

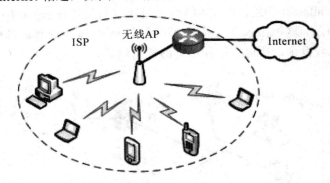

图 7.34　无线局域网接入示意图

配备了无线网卡的计算机就可以在 WLAN 覆盖范围之内加入 WLAN，通过无线方式接入 Internet，无线接入点同时能接入的计算机数量有限，一般为 30～100 台。

WLAN 起步于 1997 年，发展到今天，已经相当的成熟和普及。

1997 年，第一个无线局域网标准 IEEE 802.11 正式颁布实施，为无线局域网技术提供了统一标准，但传输速率只有 1～2 Mb/s。

1999 年，无线局域网标准 IEEE 802.11b 正式颁布，其传输速率为 11 Mb/s。

2001 年，改进的 IEEE 802.11a 标准正式颁布，传输速率可达 54 Mb/s。

2003 年 3 月，随着 Intel 带有 WLAN 无线网卡芯片模块的迅驰处理器的推出，WLAN 才真正蓬勃发展起来。尽管当时的无线网络环境还非常不成熟，但是由于 Intel 的捆绑销售，加上迅驰芯片的高性能、低功耗等显著优点，使得许多无线网络服务商看到了商机，各国的无线网络服务商开始在公共场所提供访问热点，方便移动商务人士无线上网。

2003 年 6 月，一种兼容原来的 IEEE 802.11b 标准，同时可提供 54 Mb/s 接入速率的新标准——IEEE 802.11g 在 IEEE 委员会的努力下正式发布。

目前，使用最多的是 802.11n(第四代)和 802.11ac(第五代)标准，它们既可以工作在 2.4 GHz 频段也可以工作在 5 GHz 频段上，传输速率可达 600 Mb/s。但严格来说只有支持 802.11ac 的才是真正 5G。

7.3.3　网络地址

目前，Internet 中使用的地址有 IP 地址和域名地址两种。

1. IP 地址

IP 地址是 IP 协议提供的一种地址格式,它为 Internet 上的每一个网络和每一台主机分配一个网络地址，以此来屏蔽物理地址(MAC 地址)的差异。一个数据包在网络中传输时，用 IP 地址标识其源地址和目的地址。IP 地址是运行 TCP/IP 协议的唯一标识。

IP 地址

简单来说，IP 地址是一个逻辑地址，其目的是屏蔽物理网络实现细节，使得 Internet 从逻辑上看起来是一个整体的网络。

1) IP 地址的结构

IP 地址采用分层结构，指的是通过分层的编码结构，如西安邮电大学学生的学号采用 3 层的分层结构，04201001，其中 04 表示计算机学院，20 表示年级，1001 为学生号码。通过这种分层结构，很容易识别出学生的具体信息。

IP 的分层结构，由网络号(也叫网络地址)和主机号(也叫主机地址)两部分组成，网络号标识主机所在的网络，主机号用于标识网络内的具体主机，如图 7.35 所示。IP 地址的结构可以在 Internet 上方便的寻址，即先按网络号找到网络，再按主机号找到主机。

网络号	主机号

图 7.35　IP 地址结构

网络号由 Internet IP 地址管理机构分配，目的是保证网络地址的全球唯一性，主机号由各个网络的管理员统一分配。因此，网络号的唯一性与网络内主机号的唯一性确保了 IP 地址的全球唯一性。

目前，Internet 上的网络地址使用的是 TCP/IP 协议 IPv4(IP 第四版)的 IP 地址，其规定 IP 地址占 32 bit，在主机或路由器中存放的 IP 地址是 32 bit 的二进制代码。为了提高可读性，将 32 bit 分为 4B，每个字节用 0～255 的十进制整数表示，整数之间用点号分隔，即点分十进制，IP 地址格式为×××.×××.×××.×××，如 202.117.128.6。

随着 Internet 用户数的迅猛增长，IPv4 的地址很快就会用完，下一代网际协议 IPv6 中规定 IP 地址长为 128 bit，地址空间大于 3.48×10^{38}，所以 IPv6 的地址是不可能用完的。IPv6 的地址把 128 bit 中的每两个字节用十六进制数字表示，之间用冒号分隔，即冒号十六进制。例如：68E6:8C64:FFFF:B329:FFFF:1180:960A:DC65。

2) IP 地址的分类

为了灵活使用 IP 地址，以适应不同规模的网络，IPv4 地址的设计者将 IPv4 地址空间划分为 A、B、C、D、E 共 5 个不同的地址类别，如图 7.36 所示，其中可分配给用户使用的是前三类地址，D 类地址为多播地址，E 类地址尚未使用，保留给将来的特殊用途。

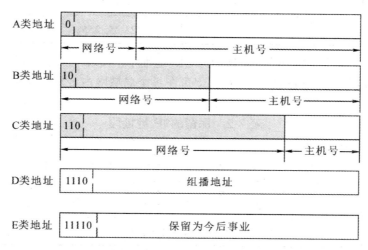

图 7.36　IPv4 地址类型格式

网络号或主机号为全 0 或全 1 的有特殊用途,不能作为普通 IP 地址使用。

A 类地址的网络号占一个字节,第一位已经固定为 0,只有 7 位可供使用,网络号全 0 的 IP 地址是保留地址,意思是"本网络",网络号为 127(01111111,即 7 位网络号全为 1)保留作为本地软件回环测试本主机之用。因此 A 类地址的网络数是 126(2^7-2),第一个字节的有效十进制数范围是 1~126。A 类地址的主机号占 3 个字节,主机号全 0 的 IP 地址表示主机所在网络的地址(例如,一个主机的 IP 地址为 6.2.1.8,则该主机所在网络的地址为 6.0.0.0),而全 1 表示该网络上的所有主机,所以每一个 A 类网络中能包含的最大主机数是 $2^{24}-2$。

B 类地址的网络号有 2 个字节,但前面两位(10)已经固定,只剩下 14 位可用,B 类地址的网络号不可能出现全 0 或全 1 的情况,因此 B 类地址的网络数为 2^{14},第一个字节的有效十进制数范围是 128~191(10000000B~10111111B)。B 类地址的主机号占 2 个字节,主机号全 0 和全 1 的做特殊用途,所以 B 类地址的每一个网络中能包含的最大主机数是 $2^{16}-2$,即 65 534。

C 类地址的网络号是 3 个字节,最前面的 3 位已经固定为 110,还剩下 21 位可使用,C 类地址的网络号也不可能出现全 0 或全 1 的情况,因此 C 类地址的网络数为 2^{21},第一个字节的有效范围在 192~223(11000000B~11011111B)之间。C 类地址的主机号有 1 个字节,主机号全 0 和全 1 的也不使用,所以 C 类地址的每一个网络中能包含的最大主机数是 2^8-2,即 254。

这样就可得出表 7.1 所示的 IP 地址的使用范围。

表 7.1　IP 地址的使用范围

网络类别	最大网络数	第一个可用的网络号	最后一个可用的网络号	每个网络中最大主机数
A 类网	126(2^7-2)	1	126	16 777 214($2^{24}-2$)
B 类网	16 384(2^{14})	128.0	191.255	65 534($2^{16}-2$)
C 类网	2 097 152(2^{21})	192.0.0	223.255.255	254(2^8-2)

由于地址资源紧张。因而在 A、B、C 类 IP 地址中,按表 7.2 所示保留部分地址范围。保留的 IP 地址段不能在 Internet 上使用,但可在各个局域网内重复地使用,它们也被称为私网地址。

表 7.2　保留的 IP 地址段

网络类别	地　址　段	网络数
A 类网	10.0.0.0~10.255.255.255	1
B 类网	172.16.0.0~172.31.255.255	16
C 类网	192.168.0.0~192.168.255.255	256

局域网内使用保留地址的主机与 Internet 中的主机进行通信时,出口路由器上设置的

网络地址转换器(Network Address Translation，NAT)自动将内部地址转换为合法的 Internet 上的 IP 地址。

3) 下一代 IP 协议 IPv6

IPv6，即 Internet Protocol Version 6(IP 第 6 版)，是互联网工程任务组(IETF)设计的用于替代 IPv4 的下一代 IP 协议。由于 IPv4 最大的问题在于网络地址资源不足，严重制约了互联网的应用和发展。IPv6 的使用不仅能解决网络地址资源数量的问题，而且也解决了多种接入设备连入互联网的障碍。

IPv6 的地址长度为 128 位，采用十六进制表示，即冒分十六进制表示法。格式为×：×：×：×：×：×：×：×，其中每个×表示地址中的 16 位，用十六进制数表示，如 ABCD:EF01:2345:6789:ABCD:EF01:2345:6789。

IPv6 的地址是 IPv4 地址长度的 4 倍，理论上的地址数量可达 2^{128}，形象地说，IPv6 可以保证地球上每平方米都能分配一个 IP 地址，可以彻底解决 IPv4 网络地址资源的问题。除此外，它还支持组播方式，并允许协议进行扩充。作为 IPv4 的唯一取代者，IPv6 已经得到世界的一致认可，国内外各大通信设备厂商都在 IPv6 的应用与研究方面投入了大量的资源，并开发了相应的软硬件。

2．子网掩码

随着 Internet 的飞速发展，IPv4 标准中的 IP 地址出现了不够用的情况。其中一个原因就是按类别分配地址造成了浪费。例如，A 类网络有 126 个，每个 A 类网络可以有 16 777 214 台主机，它们处于同一广播域(范围)。而实际中，在同一广播域中有这么多台主机是不可能的，网络会因为广播通信而饱和，所以一个 A 类网络中连接的主机数远远小于 16 777 214 台，这样就浪费了大部分的地址，导致其他单位的主机也无法使用这些被浪费的地址。

为了解决这个问题，可以在一个单位中，将一个大的物理网络划分成若干个子网，划分子网是一个单位内部的事情，本单位以外的网络看不见这个网络是由多少个子网组成，因为这个单位对外仍然表现为一个大网络。划分子网后，就出现了子网掩码的概念，具体的操作是对 IP 地址中的主机号各位进行逻辑细分，借用若干位作为子网号，由此划分出子网，并通过子网掩码进行识别(这里所说的子网和通信子网是完全不同的概念)。

这样，原来两级的 IP 地址变成三级的 IP 地址(网络号、子网号和主机号)。凡是从其他网络发送给本单位某个主机的 IP 数据报，仍然是根据 IP 数据报的目的网络号找到连接在本单位网络上的路由器。此路由器在收到 IP 数据报后，再按目的网络号和子网号找到目的子网，将 IP 数据报交付给目的主机。

子网掩码(Subnet mask)又叫网络掩码或地址掩码，它是一种用来指明一个 IP 地址的哪些位标识的是主机所在的子网以及哪些位标识的是主机。子网掩码不能单独存在，它必须结合 IP 地址一起使用。

子网掩码和 IP 地址一样长，都是 32 bit，并且是由一串 1 和跟随的一串 0 组成，子网掩码中的 1 表示在 IP 地址中网络号和子网号的对应位，而子网掩码中的 0 表示在 IP 地址中主机号的对应位，如图 7.37 所示，对于连接在一个子网上的所有主机和路由器，其子网掩码都是相同的。

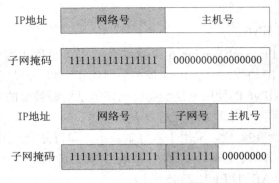

图 7.37　IP 地址和相应的子网掩码

　　假如一台主机 A 要发送一个数据报。首先，A 应将数据报的目的地址和自己的子网掩码进行逐位相与运算，若得出的结果等于该主机的网络地址，则说明目的主机和 A 处于同一子网中，可以直接把数据报交付，否则，则必须将数据报交给本子网上的一个路由器进行转发。

　　例如，主机 A 的 IP 地址是 192.168.0.1，主机 B 的 IP 地址是 192.168.0.254，它们的子网掩码都是 255.255.255.0，判断它们是否在同一子网上的具体计算过程可见表 7.3。运算后，得到的网络地址都为 192.168.0.0，所以这两台主机处于同一个子网中，能够直接进行通信。

表 7.3　IP 地址和子网掩码按位相与运算示例

	主机 A	主机 B
IP 地址	11000000 10101000 00000000 00000000	11000000 10101000 00000000 11111110
子网掩码	11111111 11111111 11111111 00000000	11111111 11111111 11111111 00000000
与运算结果	11000000 10101000 00000000 00000000	11000000 10101000 00000000 00000000
十进制网络号	192. 168. 0. 0	192. 168. 0. 0

　　子网掩码的构成规则是对应 IP 地址的网络号全为 1，主机号全为 0。则 A、B、C 3 类网络都有其默认的标准子网掩码。具体如下：

(1) A 类 IP 地址的默认子网掩码是 255.0.0.0。

(2) B 类 IP 地址的默认子网掩码是 255.255.0.0。

(3) C 类 IP 地址的默认子网掩码是 255.255.255.0。

3. 域名系统

　　网络上，计算机之间通信时使用的是 IP 地址。所以，访问 Internet 上的主机时也必须使用 IP 地址。IP 地址是一个 32 位的二进制数，对于用户来说，难懂、难记、不易识别。为了方便用户记忆使用，可以给 Internet 中的主机取一个有意义的、容易记忆的名字，即域名(主机名)。以此来代替不易记忆的 IP 地址。

　　例如 IP 地址为 202.117.128.6 的主机，对应的域名为 mail.xupt.edu.cn。域名的命名规则、管理以及域名与 IP 地址的对应转换构成了域名系统(Domain Name System，DNS)。

　　域表示的是一个范围，一个域内可以容纳多台主机。每一台接入 Internet 并且具有域名的主机都必须属于某个域，通过该域的域名服务器可以查询和访问到这台主机。

　　在域中，所有主机由域名来标识，域名由字符组成，用于替代数字化的 IP 地址。需要强调的是，一个 IP 地址可以对应多个域名，但一个域名只可以对应一个 IP 地址。IP 地址和域名是一对多的关系。

　　当 Internet 的规模不断扩大，域和域中所拥有的主机数量也越来越多，管理一个巨大而经常变化的域名集合非常复杂，因此就提出了分级的基于域的命名机制，得到了分级结构的域名空间。

　　域名系统主要由域名空间的划分、域名管理和域名解析(域名地址和 IP 地址转换)3 部分组成。

　　1) 域名空间结构

　　Internet 中域名空间也是按层次结构划分的，使整个域名空间成为一个倒立的树形结构，如图 7.38 所示。树根在最上面、没有名字，树根下面的结点就是最高一级的顶级域结点，顶级域结点下面是二级域节点，依次类推，最下面的叶子结点就是单台主机。一台主机的名字就是该树形结构从树叶到树根路径上各个节点名字的一个序列，如 www.xupt.edu.cn。每一级的域名都由英文字母和数字组成，域名系统不规定一个域名需要包含多少个下级域名，各级域名由上一级的域名管理机构管理，而最高的顶级域名则由 Internet 的有关机构管理。

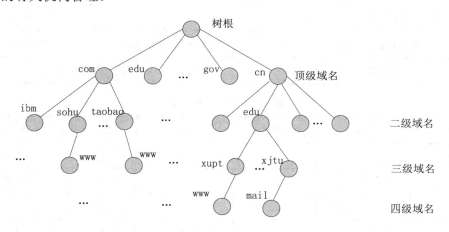

图 7.38　域名空间结构

　　采用分级结构的域名空间后，每个域名就采用从结点往上回溯到根的路径命名。一个完整的名字就是将结点所在层到最高层的域名按级别排列组织在一起，级别从左到右依次增高，体现出隶属关系。

　　2) 域名格式

　　域名格式类似于点分十进制的 IP 地址的写法，用点号将各级子域名隔开，从左向右级别依次递增，域名格式为"…三级域名.二级域名.顶级域名"。域名只是个逻辑概念，并不反映计算机所在的物理位置。域名的命名遵循的是组织界限，而非物理网络。位于同一个物理网络的主机可以有不同的域，而位于同一个域的主机也可以属于不同的物理网络。

典型的域名命名结构为: 主机名.单位名.机构名.国家名。例如, 域名地址为 www.email.xupt.edu.cn。其中:

(1) www 表示 web 服务器。

(2) email 表示电子邮件服务器。

(3) xupt 表示西安邮电大学。

(4) edu 表示教育科研网。

(5) cn 表示中国。

从右往左(从后向前)看, 一级一级, 域的范围逐渐缩小, 最终定位主机的位置是西安邮电大学的电子邮件服务器。

域名对大小写不敏感, 成员名最多允许有 63 个字符, 全名不能超过 255 个字符。若一个新的子域被创建或登记, 它还可以创建自己的子域, 无须征得上一级域的同意。

3) 顶级域名

顶级域名分为类型名和区域名两大类。类型名有 14 个, 如表 7.4 所示。区域名用两个字母表示世界各国和地区, 如表 7.5 所示。

表 7.4　类　型　名

域	意义	域	意义	域	意义
com	商业类	edu	教育类	gov	政府部门
int	国际机构	mil	军事类	net	网络机构
org	非营利组织	info	信息服务	stor	销售单位
firm	公司企业	web	与 www 有关的服务		

表 7.5　区　域　名

域	含义		域	含义	域	含义
cn		大陆	se	瑞典	sg	新加坡
hk	中国	香港	jp	日本	uk	英国
tw		台湾	au	澳大利亚	nl	荷兰
us	美国		br	巴西	ca	加拿大
de	德国		es	西班牙	fr	法国
in	印度		kr	韩国	lu	卢森堡
my	马来西亚		nz	新西兰	pt	葡萄牙

在域名中, 除了美国的国家域名代码 us 可默认外, 其他国家或地区的主机若要按区域名申请登记域名, 则顶级域名必须采用该国家或地区的域名代码, 再申请二级域名。按类型名登记域名的主机, 其地址通常源自美国(俗称国际域名)。

例如, www.xupt.edu.cn 表示一个在中国登记的域名, 而 www.sohu.com 表示在美国登记注册的一个域名, 但主机在中国。

　　每一个在 Internet 上使用的域名都必须经过注册后才可以使用，域名注册会保证其在 Internet 上使用的唯一性，国际域名由国际互联网络信息中心(Internet Network Information Center，InterNIC)统一管理。各国的域名自行管理，我国的域名由中国互联网络信息中心(China Internet Network Information Center，CNNIC)统一管理。

　　4) 中国互联网络的域名体系

　　在国家顶级域名下注册的二级域名都由该国家自行确定。我国将二级域名划分为类别域名和行政区域名两大类。其中类别域名 6 个，如表 7.6 所示，行政区域名 34 个，例如 bj 表示北京市，sh 表示上海市，js 表示江苏省等等。在我国，在二级域名 edu 下申请注册三级域名的，由中国教育和科研计算机网网络中心负责。在二级域名 edu 之外的其他二级域名下申请注册三级域名的，应向中国互联网网络中心 CNNIC 申请。

表 7.6　中国二级域名——类别名

域	意义	域	意义	域	意义
ac	科研机构	edu	教育机构	net	网络机构
com	工商金融	gov	政府部门	org	非营利性组织

　　5) 域名解析

　　为了书写和记忆方便，用户经常使用的是域名而非 IP 地址，但是计算机之间通信时使用的是 IP 地址，所以要把域名转化成 IP 地址，这个转换过程就是域名解析。域名解析由域名服务器完成，相应地 Internet 中的每台主机都有地址转换请求程序，负责域名与 IP 地址的转换请求。

　　Internet 中的域名服务器也是按照域名的层次来安排的，每一个子域都设有域名服务器，域名服务器包含该子域的全体域名和 IP 地址的对应信息。每一个域名服务器不但能够进行一些域名解析，而且必须具有连向其他域名服务器的信息。当自己不能进行域名解析时，能够知道到什么地方去找其他域名服务器。

7.4　Internet 服务

Internet 的基本服务

　　Internet 的发展日新月异，其发展迅速的重要原因之一就是它可以提供丰富且便捷的 Internet 服务，包括 WWW 信息服务、文件传输服务、电子邮件服务等，这些服务与我们日常的生活、学习、工作都息息相关。它们构成了 Internet 各种应用的基础。

7.4.1　WWW(World Wide Web)浏览

1. WWW

　　World Wide Web 简称 WWW 或 Web，也称万维网。万维网是目前应用最为广泛的 Internet 基本服务之一。它不是某种具体的计算机网络，而是一个通过网络访问的互链超文件(Interlinked Hypertext Document)系统，是 Internet 的一种具体应用。简而言之，WWW 是一种信息服务方式。

从网络体系结构的角度看，WWW 是在应用层使用超文本传输协议(HypertText Transfer Protocol，HTTP)的远程访问系统，采用客户机/服务器(Client/Server，C/S)的工作模式，提供统一的接口来访问各种不同类型的信息，包括文字、图形、音频、视频等。所有的客户端和 Web 服务器统一使用 TCP/IP 协议，使得客户端和服务器的逻辑连接变成简单的点对点连接，用户只需要提出查询要求就可自动完成查询操作。对用户来说，WWW 提供的信息浏览的操作简单便捷，实用性非常强。

2．浏览器、网页、网站

1) 浏览器

WWW 客户端程序在 Internet 上被称为浏览器(Browser)，是用来检索、展示以及传递 Web 信息资源的应用程序。

2) 网页

浏览器中显示的画面叫作网页，也称为 Web 页。网页实际上是一个文件，它存放在 Internet 中的某一台服务器上。网页文件的存放地址就是俗称的网址，也就是后续将介绍的 URL 地址。

3) 网站

网站或 Web 站点是多个相关网页的集合。网站中的主页就是站点的首页，从主页出发，可以链接到该网站的其他页面，也可以链接到其他网站。主页的文件名一般为 index.html、index.jsp、index.asp 或 default.html 等。

如果将 WWW 看作 Internet 上的一个大型图书馆，网站就是图书馆中的一本本书，网页就是书中的页，主页就是每本书的封面。

3．超链接(Hyperlink)、超文本

1) 超链接

超链接是指从文本、图形或图像映射到其他网页或网页本身特定位置的指针。用户可以借助超级链接，通过浏览器浏览互相关联的信息。

2) 超文本

超文本指的是除了包含文本、图像、声音或视频等信息外，还包含超链接的文本。在一个超文本里可以有多个超链接，超链接可以指向任何形式的文件。

Web 网页采用超文本的格式。在 WWW 上，超链接是网页之间和 Web 站点的主要导航方法，它使文本按三维空间的模式进行组织，信息不仅可按线性方式进行搜索，而且可按交叉方式进行访问。超文本中的某些文字或图形可作为超链接源，当鼠标指向超链接时，指针的形状会变成手指形状，单击这些文字或图形，就可以链接到其他相关的网页上。

4．统一资源定位器(Uniform Resource Locator，URL)

分布在整个 Internet 中的文件有很多，怎样标识每一个文件呢？

万维网使用 URL 来标识万维网上的各种文件，每一个文件在 Internet 范围内都有唯一的 URL 标识。URL 是 WWW 服务程序上用于指定信息位置的表示方法，用于完整地描述网页上资源的位置和具体的访问方式。简而言之，URL 就是 Web 页面地址，即网址。

URL 由 4 部分组成：URL 的访问方式、存放资源的主机域名、端口号、文件路径。例如，http://www.most.gov.cn:80/xinxi/index.htm，各组成部分的具体介绍如下：

1) http

http 表示客户端和服务器执行 HTTP 协议，将 Web 服务器上的文件传输给用户的浏览器。类似的协议有 https、ftp。

2) www.most.gov.cn

www.most.gov.cn 是主机域名，表示访问的文件资源所在的计算机域名。

3) 80

80 表示的是端口号，是 Web 服务器的默认端口。其他端口也是允许的，比如 Web 服务器还可以是 8080。当端口是 80 时，可以省略不写。端口是区分应用层不同服务程序的一个数字标识。在 Internet 中的一台主机可以提供很多服务，比如 Web 服务、FTP 服务、SMTP 服务等，那么这些应用层的服务程序与传输层进行通信时，就要用端口号标识。

需要说明的是，IP 地址是标识网络中不同主机的地址，而端口号就是同一台主机上标识不同进程的地址，"IP 地址+端口号"标识网络中不同的进程。

4) /xinxi/index.htm

/xinxi/index.htm 是文件路径，表示文件在 Web 服务器中的位置和文件名。如果 URL 中未明确给出文件名，则以 index.html 或者 default.html 为默认的文件名，表示将定位于 Web 站点的主页。

5. 超文本传输协议(HTTP)

WWW 服务采用的是 C/S(客户机/服务器)的工作模式，浏览器(即客户端)与服务器之间的通信必须遵守统一的规则，即 HTTP——超文本传输协议。HTTP 是一个专门为 Web 服务器和 Web 浏览器之间交换数据而设计的网络协议。

HTTP 是 TCP/IP 的应用层协议，它规定了浏览器怎样向服务器提出访问网页的请求，以及服务器如何将网页文档传输给浏览器。

HTTP 通过使用传输层的 TCP 协议提供的服务，在每一个 Web 服务器上运行服务程序，不断地监听 TCP 的端口 80，以便发现是否有客户端向它发出建立连接的请求，接到客户端请求后，服务器返回所请求的页面作为响应。例如，用户在浏览器的地址栏输入 http://www.sohu.com/index.html，浏览器和服务器需要完成以下工作：

(1) 浏览器分析指向文件的 URL。

(2) 浏览器向 DNS 域名服务器请求解析的 www.sohu.com 的 IP 地址。

(3) DNS 服务器解析出服务器的 IP 地址。

(4) 浏览器和服务器建立 TCP 连接。

(5) 浏览器发出取文件 index.html 的命令。

(6) www.sohu.com 给出响应，将文件 index.html 传给浏览器。

(7) 浏览器把 index.htm 文件以所描述的形式显示出来。

总的来说，通过 HTTP 协议就可以在 WWW 服务器和客户端的浏览器之间实现可靠的各种超媒体文件(网页文件)的传输。

6. 超文本标记语言(HTML)

HTML(Hypertext Markup Language)是用来制作网页的超文本标记语言。其功能是定义超文本文件的结构和风格，包括标题、图形定位、表格格式和文本格式，告诉浏览器怎样显示网页中的文字和各类信息以及如何进行链接等操作。

HTML 使得用户可以通过浏览器界面访问各种不同格式的文档，消除了不同计算机之间信息交流的障碍。

HTML 文件是一个文本文件，包含了一些 HTML 元素、标签等。HTML 通过在文本文件中加入一系列标签(HTML tag)来告诉浏览器该如何显示网页文件。HTML 标签是由尖括号括起的关键词，比如<html>。HTML 标签通常是成对出现的，比如和标签对中的第一个标签是开始标签，第二个标签是结束标签。

总的来说，HTML 文件就是一个网页，包含了 HTML 标签和纯文本。

HTML 语言是一种标记语言，不需要编译，直接由浏览器执行。HTML 对大小写不敏感，HTML 与 html 是一样的。

Web 浏览器的作用是读取 HTML 文档，并以网页的形式显示出来。浏览器不会显示 HTML 标签，而使用标签来解释页面的内容。

下面是一个 HTML 文件。

```
<html>
<body>
<h1>My First Title</h1>
<p>My first web page.</p>
</body>
</html>
```

其中:

(1) <html> 与 </html> 之间的文本描述网页。

(2) <body> 与 </body> 之间的文本是可见的页面内容。

(3) <h1> 与 </h1> 之间的文本被显示为标题。

(4) <p> 与 </p> 之间的文本被显示为段落。

这个文件用浏览器打开后显示形式如图 7.39 所示。

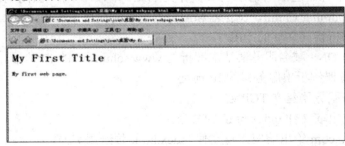

图 7.39　简单网页的显示

XHTML(The Extensible HyperText Markup Language,可扩展超文本标识语言)与 HTML 4.01 几乎是相同的,XHTML 也可以说就是 HTML 的一个升级版本,但是 XHTML 比 HTML 更注重语义。

7. 信息浏览

1) 网页浏览

在 WWW 上需要使用浏览器来浏览网页。目前，最常用的浏览器有 Microsoft Internet Explorer(IE)、360 安全浏览器、遨游(Maxthon)以及 Mozilla FireFox 等。使用浏览器浏览信息时，只要在浏览器的地址栏输入相应的 URL(网址)即可。

浏览网页时，可以用不同方式保存整个网页，或保存其中部分文本、图形。保存当前网页时，选择"文件"→"另存为"命令，打开"保存网页"对话框，指定目标文件的存放位置、文件名和保存类型即可。其中，保存类型有以下几种：

(1) 网页，全部：保存整个网页，包括页面结构、图片、文本和超链接信息等，页面中的嵌入文件被保存在一个和网页文件同名的文件夹内。

(2) Web 档案，单一文件：把整个网页的图片和文字封装在一个 .htm 文件中。

(3) 网页，仅 HTML：仅保存当前页的提示信息，如标题、所用文字编码、页面框架等信息，而不保存当前页的文本、图片和其他可视信息。

(4) 文本文件：只保存当前页中的文本。

如果要保存网页中的图像或动画，可用鼠标右键单击要保存的对象，在弹出的快捷菜单中选择相应的命令。

用户可以通过对浏览器进行各项设置来提高浏览信息的效率，如删除临时文件、历史记录、Cookies 以及清理插件等，还可以对浏览器进行安全设置以保证浏览时的安全性。比如，对于 IE 浏览器，可以在其"工具"菜单的"Internet 选项"中对 IE 的相关信息进行具体设置。

2) 信息检索

WWW 中的信息检索系统是根据一定的策略，运用特定的计算机程序从 Internet 上搜集信息，并对信息进行组织和处理后，为用户提供检索服务，将检索到的相关信息展示给用户的一种系统。该系统提供的服务方式包括目录服务和关键字检索两种。

搜索引擎就是根据用户需求，运用一定算法和特定策略从 Internet 上检索出指定信息反馈给用户的一门检索技术。

搜索引擎包括全文索引、目录索引、元搜索引擎、垂直搜索引擎、集合式搜索引擎、门户搜索引擎与免费链接列表等。其中，百度和谷歌是最典型的搜索引擎的代表。表 7.7 列出了常用的搜索引擎。

表 7.7　常见的搜索引擎

搜索引擎名称	URL 地址	说　明
Google	http://www.google.com	全球最大的搜索引擎
必应 bing	http://cn.bing.com/	微软的中文搜索
百度	http://www.baidu.com	全球最大的中文搜索引擎
雅虎	http://www.yahoo.com	

　　搜索引擎并不真正搜索 Internet，它搜索的是预先整理好的网页索引数据库。当用户查找某个关键词的时候，所有在页面内容中包含了该关键词的网页将作为搜索结果被搜出来。在经过复杂的算法进行排序后，这些结果将按照与搜索关键词的相关度高低依次排序，呈现给用户的是到达这些网页的链接。

　　各搜索引擎的能力和偏好不同，排序算法也各不相同，所以搜索到的网页各不相同。使用不同搜索引擎的重要原因，就是因为它们能分别搜索到不同的网页。而 Internet 上有大量的网页是搜索引擎无法抓取索引的，也是无法用搜索引擎搜索到的。

8. 文献检索

　　文献检索(Information Retrieval)是指将信息按一定的方式组织和存储起来并根据用户的需要找出有关信息的过程。

　　文献数据库就是在计算机存储设备上按一定方式储存的文献数据的集合，是检索系统的信息源，也是用户检索的对象。Internet 中建立了很多文献数据库，存放已经数字化的近期文献信息和动态信息，这些信息多以 PDF 格式存储，可以按照文献的发表时间、作者、主题或关键词从数据库中查找到，如图 7.40 所示。

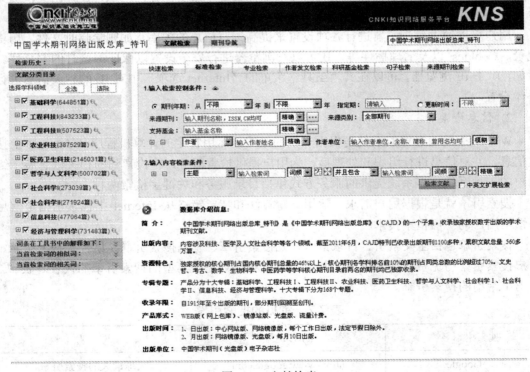

图 7.40　文献检索

　　国内著名的全文数据库有 CNKI 中国期刊全文数据库、超星数字图书馆、APABI 电子图书。国外著名的全文数据库有 Springer Link、ProQuest 系统、Elsevier Science、IEEE/IET 系统和 EBSCOhost 系统等。

7.4.2　FTP 文件传输

文件传输(FTP)通常叫作文件下载(Download)和上传(Upload)，是用户最常使用的基本操作。下载是指把远程主机上的文件复制到用户的计算机(本机)上。上传是指把文件从本机上复制到远程主机上。

Internet 是一个非常复杂的计算机环境，有 PC，有工作站，有大型机，这些计算机可能运行着不同的操作系统，有的运行 Unix，有的运行 DOS、Windows 或 macOS 等，而各种操作系统的文件格式各不相同，要在这些硬件和操作系统各异的环境之间进行文件传输，就需要建立一个统一的文件传输协议，这就是 FTP(File Transfer Protocol)。

FTP 协议是 Internet 上最早使用的协议之一，是一个双向的文件传输协议，工作在应用层。用户可以通过它把自己的 PC 与世界各地所有运行 FTP 协议的服务器相连，访问服务器上的大量程序和信息。FTP 的主要作用就是让用户连接上一个远程计算机(这些计算机上运行着 FTP 服务器程序)，查看远程计算机有哪些文件，然后把文件从远程计算机上拷到本地计算机，或把本地计算机的文件送到远程计算机上。

FTP 采用客户端/服务器(C/S)模式。用户通过一个支持 FTP 的客户机程序，连接到远程主机的 FTP 服务器程序，向服务器程序发出请求命令，服务器程序响应客户机发出的请求，并将执行结果返回到客户机。

比如，用户发出一条请求命令，要求服务器向用户传送某一个文件的一份拷贝，服务器就会响应这条命令，将指定文件通过 FTP 协议送至用户的机器上。FTP 文件传输过程示意图如图 7.41 所示。

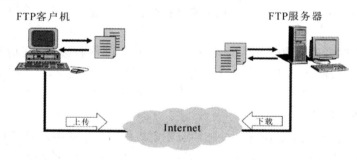

图 7.41　FTP 文件传输过程示意图

使用 FTP 时必须首先登录，在远程主机上获得相应的权限以后，才可上传或下载文件。登录时需要验证用户的账号和口令，确认后连接才得以建立。有些 FTP 服务器允许匿名登录。出于安全的考虑，FTP 服务器管理员通常只允许用户在 FTP 服务器上下载文件，而不允许用户上传文件。

浏览器中一般都嵌入了 FTP 客户端部分，用户可以在浏览器的地址栏输入"ftp://<服务器地址>"，然后通过用户名和密码进行登录，如图 7.42 所示。登录成功后，客户机的浏览器上就会出现远程主机的文件列表和文件信息，接下来就可以像操控本地文件一样对这些远程文件进行操控了。

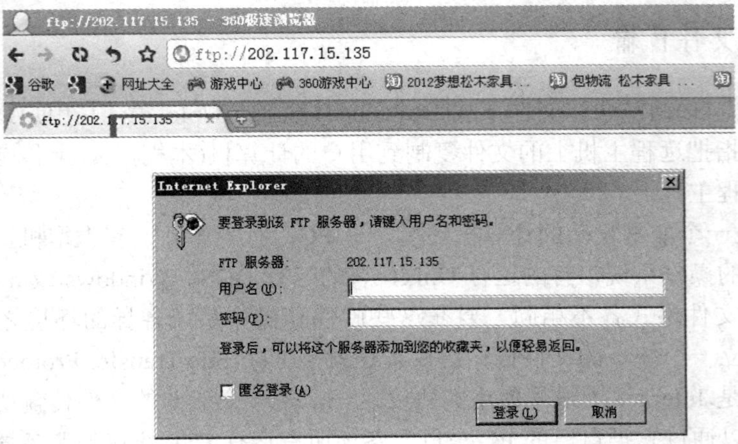

图 7.42　FTP 登录

7.4.3　电子邮件

1. 电子邮件系统概述

电子邮件 E-mail(Electronic mail)是利用计算机网络的通信功能实现信件传输的一种技术，是 Internet 上使用最广泛的应用之一。与传统的通信方式相比，电子邮件使用起来方便、快捷、可靠且价格低廉，实现了信件的收、发、读、写全部电子化，除了可以收发文本外，还可以收发声音、影像等。

一个电子邮件系统主要包括 3 个基本构件：邮件服务器、电子邮件协议和邮件客户端程序。

Internet 上有许多处理电子邮件的计算机，称为电子邮件服务器，其功能就像实际中的邮筒一样。电子邮件服务器中包含了众多用户的电子邮箱。电子邮箱实质上是提供邮件服务的机构在服务器的硬盘上为用户开辟的一个专用存储空间。

1) 电子邮件地址

电子邮件地址的格式为：邮箱名@邮箱所在主机的域名。其中，"@"读 at，表示"在"的意思；"邮箱名"又称用户名，用于标识同一台邮件服务器上的不同邮箱，用户名在邮箱所在服务器上必须唯一。由于一个主机的域名在 Internet 上是唯一的，而每一个邮箱名在该主机中也是唯一的，因此在整个 Internet 中每个人的电子邮件地址也是唯一的。这对保证电子邮件能够在整个 Internet 范围内准确交付是十分重要的。

例如，jisuanji@qq.com，其中：

(1) jisuanji 表示用户的邮箱名。

(2) qq.com 表示该邮箱所在的主机域名。

在 Internet 上，jisuanji@qq.com 这个邮箱地址是唯一的。发送电子邮件时，邮件服务器只使用电子邮件地址中的"邮箱所在主机的域名"，即目的邮件服务器域名。只有当邮件被发送到目的主机后，目的主机的邮件服务器程序才根据收件人的用户名，将邮件发送并存放在收件人的邮箱中。

　　2) 电子邮件撰写

　　电子邮件有固定的格式，由 3 部分组成。

　　(1) 信头。邮件信头由多项内容构成，其中一部分由邮件软件自动生成，例如发件人的地址、邮件发送的日期和时间；另一部分由发件人输入产生，例如收件人的地址、邮件主题等。在邮件的信头上最重要的就是收件人的地址。

　　(2) 正文。

　　(3) 附件。电子邮件可以以附件的形式上传图片、压缩包文件等多种类型的文件随正文一起发送。

　　为了让用户能使用任意的编码书写邮件正文，邮件系统都使用多用途因特网邮件扩充协议，即 MIME(Multipurpose Internet Mail Extensions)协议，它在邮件头部和正文中都增加了一些说明信息，说明邮件正文使用的类型和编码。邮件接收方则根据这些说明来解释正文的内容。MIME 还允许发送方将正文的信息分成几个部分，每个部分可以指定不同的编码方法。这样，用户就可以在同一信件正文中既发送普通文本又附带图像文件。

　　3) 邮件客户端程序

　　邮件客户端程序也叫用户代理，是用户和电子邮件系统交互的接口，它提供给用户一个友好的窗口界面进行邮件的收发。所以，使用电子邮件的用户需要安装这样一个电子邮件客户端程序，例如 Outlook Express、Foxmail。目前，电子邮件系统几乎可以运行在任意硬件与软件平台上。各种电子邮件系统所提供的功能基本相同，都可以完成以下操作：

　　(1) 建立与发送电子邮件。

　　(2) 接收、阅读与管理电子邮件。

　　(3) 账号、邮箱与通信簿管理。

2. 电子邮件系统的工作原理

　　电子邮件系统的工作过程遵循客户机/服务器(C/S)模式，包括邮件服务器端与邮件客户端。邮件服务器分为接收邮件服务器和发送邮件服务器，它们各自都是一个服务程序。用户发送和接收邮件需要使用安装在用户客户机上的邮件客户端程序。

　　邮件客户端程序在向电子邮件服务器传送邮件时使用的协议为 SMTP 协议(Simple Mail Transfer Protocol)，又称简单邮件传输协议。该协议工作在两种情况下：一是电子邮件从客户机传送到邮件服务器；二是电子邮件从某一个邮件服务器传送到另一个邮件服务器。

　　邮件客户端程序在从电子邮件服务器的邮箱中读取邮件时可使用下列协议中的任一种：

　　(1) POP3 协议：Post Office Protocol 3、邮局协议的第 3 个版本。

　　(2) IMAP 协议：Internet Mail Access Protocol、交互邮件访问协议。

　　IMAP 协议与 POP3 协议的主要区别是用户不用把所有的邮件全部下载，可以通过客户端直接对服务器上的邮件进行操作。

　　具体邮件发送的过程示意图如图 7.43 所示。发送方发出的邮件，通过 SMTP 协议，在 Internet 上经过一系列发送邮件服务器的转发，最终到达接收邮件服务器的电子邮箱内，当接收方的计算机连接到自己邮件所在的接收邮件服务器时，就可以从中获取邮件。此时 POP3 协议的作用是保存邮件在接收邮件服务器中，直到用户打开邮箱阅读。

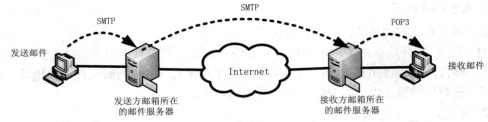

图 7.43　邮件发送过程示意图

7.5　网　络　管　理

目前，全球正处于网络化发展的信息时代，人类社会越来越依赖和倚重计算机网络。随着信息技术和网络技术的飞速发展，人们在享受网络所带来的巨大便利和信息所带来的巨大利益时，也面临着严峻的考验。为了保证计算机网络能够正常运行并保持良好的状态，网络管理和网络安全维护刻不容缓、迫在眉睫。网络管理可以保证计算机网络的正常运行；网络安全保证了网络系统的软硬件资源和数据信息不受干扰和侵害。本节简单介绍网络管理方面的基本概念，下节将介绍网络安全相关技术。

7.5.1　网络管理的基本概念

计算机网络稳定有效地运行和工作离不开网络管理。随着网络规模的不断扩大，网络管理已经由最初的使用简单工具程序或命令完成网管任务，发展成为一门专业的网络管理技术。事实上，网络管理技术是伴随着计算机、网络和通信技术的发展而发展的，二者相辅相成。

1. 网络管理(Network Management)

网络管理是指对网络中的各种软、硬件设施进行综合与协调，以便充分利用这些资源，保证网络面向用户提供可靠的通信服务。具体工作是要监测、控制和记录网络资源的性能和使用情况，使网络能够有效运行，为用户提供一定质量水平的网络服务。

2. 网络管理系统(Network Management System)

网络管理系统是一种通过结合软件和硬件用来对网络状态进行调整的系统，以保障网络系统能够正常、高效地运行，使网络系统中的资源得到更好地利用，是在网络管理平台的基础上实现各种网络管理功能的集合。

7.5.2　网络管理的功能

国际标准化组织定义了网络管理的 5 大功能：故障管理、计费管理、配置管理、性能管理和安全管理。任何一个网络管理系统都要实现这 5 个功能的具体内容。

1. 故障管理(Fault Management)

故障管理是网络管理中最基本的功能之一，也称失效管理。主要针对硬件设备或报警信息进行监控、报告和存储以及故障诊断。故障是指导致系统无法正常运行的差错。用户都希望有一个可靠的计算机网络，当网络中某个组成部件失效时，网络管理系统必须迅速查找到故障并及时排除。系统中通常会对监管的对象设定阈值，并定时查询其状态，判断是否出现故障。网络故障管理除了要进行故障检测、还需要隔离和纠正。

2. 计费管理(Accounting Management)

计费管理用来记录网络资源的使用情况，控制和监测网络操作的费用和代价。它对一些公共商业网络尤为重要。可以估算出用户使用网络资源需要的费用以及已经使用的资源情况。

3. 配置管理(Configuration Management)

配置管理用来初始化并配置网络，使其能顺利向用户提供网络服务。主要用于定义、识别、初始化、监控网络中的被监管对象，改变其操作性能，报告其状态的变化。配置管理的目的是实现某个特定功能或使网络性能达到最优。

4. 性能管理(Performance Management)

性能管理主要用来收集、统计网络在运行过程中的主要性能参数，如吞吐量、线路利用率和用户响应时间等。其目的是评估系统资源的运行状况及通信效率等系统性能。其功能包括监视和分析被管网络及其所提供服务的性能机制。性能分析的结果可能会触发某个诊断测试过程或重新配置网络以维持网络的性能。

5. 安全管理(Security Management)

安全性一直是网络的薄弱环节之一，而用户对网络安全的要求又相当高，因此网络安全管理非常重要。安全管理用来保证网络资源不被非法使用，一般要设置有关权限来确保网络管理系统本身不被未经授权者访问以及保证网络管理信息的机密性和完整性。

网络安全管理包括对授权机制、访问控制、加密和加密关键字的管理，除此以外，还要维护和检查安全日志。

7.5.3　简单网络管理协议

简单网络管理协议(Simple Network Management Protocol，SNMP)是最早提出的网络管理协议之一，属于 TCP/IP 协议集的应用层协议。

SNMP 协议的前身是 1987 年发布的简单网关监控协议(SGMP)。其功能是发现、查询和监视网络中其他设备的状态信息。具体的功能是可以对网络状态进行监视、设定网络参数、进行网络流量统计和故障发现等。

SNMP 协议是由一系列协议和规则组成的，它提供了一种从网络设备中收集管理信息的方法，还为网络设备指定了向网络管理工作站报告故障和错误的途径。SNMP 协议采用 C/S(客户机/服务器)模式进行通信，其原理简单，简洁清晰，可以使系统的负载降至最低限度。

基于 TCP/IP 的 SNMP 网络管理框架是工业上的现行标准，由 3 个主要部分组成，分别是管理信息结构 SMI(Structure of Management Information)、管理信息库 MIB(Management Information Base)和 SNMP 协议。

7.6　网　络　安　全

网络安全和病毒

　　随着计算机网络的普及和飞速发展，网络安全问题日益严峻，维护计算机系统和网络系统安全意义重大，现有的众多信息安全技术及网络安全防御系统都能够为计算机网络的正常使用保驾护航。本节将介绍几种常用的信息安全技术。

7.6.1　网络安全基础

1. 网络信息安全

　　网络信息安全是指计算机网络系统的硬件、软件及其系统中的数据受到保护，不会遭到偶然或者恶意地破坏、更改、泄漏，系统能够连续、可靠、正常地运行，网络服务不中断。

　　网络信息安全是一门涉及计算机科学、网络技术、通信技术、密码技术、信息安全技术、应用数学、数论、信息论等多种学科的综合性学科。网络信息安全主要包括以下两个方面：

　　1) 信息本身的安全

　　信息本身的安全主要是指保障个人数据或企业信息在存储、传输过程中的保密性、完整性、合法性和不可抵赖性，防止信息的泄露和破坏，防止信息资源的非授权访问。

　　2) 信息系统或网络系统的安全

　　信息系统或网络系统的安全主要是指保障合法用户正常使用网络资源，避免病毒、拒绝服务、远程控制和非授权访问等安全威胁，及时发现安全漏洞，制止攻击行为等。

　　网络安全不仅包括信息资源的安全性，也包括网络硬件资源的安全，比如传输介质、通信设备、主机等。要实现数据快速有效、安全地交换，可靠的物理网络是必不可少的。

2. 网络安全的特点

　　网络系统安全主要包括数据的可用性、机密性、完整性以及系统的可靠性和通信双方的不可否认性。

　　1) 可用性

　　可用性是指得到授权的实体在需要时可以得到所需要的网络资源和服务。

　　2) 机密性

　　机密性是指网络中的信息不被非授权实体(包括用户和进程)等获取与使用。

　　3) 完整性

　　完整性是指网络信息的真实可信性，即网络中的信息不会受到偶然或者蓄意地删除、修改、伪造、插入等破坏，保证授权用户得到的信息是真实的。

　　4) 可靠性

　　可靠性是指系统在规定的条件下和规定的时间内，完成规定功能的概率。可靠性是信息安全最基本的要求之一。

5) 不可否认性

不可否认性是指通信双方在信息交互过程中，确信参与者本身，以及参与者所提供的信息的真实同一性，即所有参与者都不可能否认或抵赖本人的真实身份，以及提供信息的原样性和完成的操作与承诺。

7.6.2　计算机病毒及其防治

随着计算机网络的普及和计算机应用的推广，以及国内外软件的大量流行，计算机病毒的滋扰也越来越频繁，对计算机系统和计算机网络系统的正常运行造成了沉重的负担和严重的威胁，计算机病毒现已被公认为是数据安全的头号大敌。所以，了解基本的计算机病毒知识并掌握常见的计算机病毒防治技术以及常规的病毒清除方法对计算机使用者来说是非常必要且重要的。

1. 计算机病毒(Computer Virus)

《中华人民共和国计算机信息系统安全保护条例》中对计算机病毒进行了明确的定义：计算机病毒是指编制或者在计算机程序中插入的破坏计算机功能或者破坏数据，影响计算机使用并且能够自我复制的一组计算机指令或者程序代码。

由此看来，计算机病毒本质上是一个计算机程序、一段可执行的指令代码。

2. 计算机病毒的特性

依据计算机病毒的定义，结合病毒的产生、来源、表现形式和破坏行为进行分析，可以抽象出病毒的 5 个特性：

1) 程序性

根据计算机病毒的定义，计算机病毒实际上是一段具有特定功能、严谨而精巧的程序。程序是由人编写的，是人为的结果。这就决定了计算机病毒的表现形式以及破坏行为是兼具多样性和复杂性的。

那么，人既然能编写出计算机病毒程序，当然也就能够开发出反病毒程序。这样，就确定了计算机病毒的可防治性和可清除性。同时，计算机病毒既然是一段程序，那它就具备了其他计算机程序的所有特点。

程序性既是计算机病毒的基本特征，也是计算机病毒最基本的一种表现形式。

2) 传染性

传染性又称自我复制、自我繁殖、感染或再生，是计算机病毒的最本质属性，也是判断一个计算机程序是否为计算机病毒程序的首要依据。

计算机病毒程序进入计算机后，一旦被执行，就会对系统进行监视并寻找符合其传染条件的文件或存储介质。当找到并确定了目标，文件型病毒会采取附加或插入等方式将病毒程序自身链接到该目标文件(宿主程序)中，造成目标文件被感染。同时，这个被感染的目标文件又会成为新的传染源，当它被执行之后又会去传染另一个可被传染的新目标。计算机病毒的这种将自身复制到其他程序中的再生机制，使得计算机病毒能够在系统中迅速扩散，最大限度地感染"干净"的文件或存储介质。

3) 潜伏性

计算机病毒程序进入计算机之后，除了感染正常的文件和存储介质，一般并不会立即进行破坏作用，而会在系统中潜伏一段时间以便最大限度的进行传染。当其特定的触发条件被满足时，就会激活病毒的表现模块而展现出其破坏作用。

所以，计算机病毒在潜伏期时，用户意识不到，也就发现不了病毒的存在而去想办法清除它，使得病毒向外传染的机会越来越多，潜伏期越长传染的范围也越来越广泛，最终造成的破坏性就会更大。

4) 破坏性

计算机病毒的制作者编写病毒程序的原因一般有两种：一是为了展现自己与众不同的、精湛、高超的编程技能；二是为了破坏计算机系统或网络系统的正常运行，造成计算机系统的损失或网络系统的拥堵。这两种原因都决定了系统中病毒程序模块存在的必然性。区别在于前者编写的病毒程序一般不会对系统造成重大危害，仅仅是影响到计算机的工作效率、占用系统资源或弹出一个对话框给操作者开个小玩笑等轻量级的破坏。而后者则会对系统造成重大危害，其发作模块激活后的结果可能是格式化磁盘、更改系统文件、攻击硬件甚至阻塞网络等重量级的破坏。

只要是计算机病毒，就必然具有破坏机制，只是其破坏程度不同而已。计算机病毒的这种干扰性与破坏性决定了它的危害性以及危害程度。

5) 可触发性

任何计算机病毒都有触发条件，可以是一个条件实现触发，也可以是多个条件的组合条件实现触发。

触发条件分为两种，一种是触发病毒感染其他程序体。另一种是触发病毒运行自身的破坏模块进行破坏性工作。所以，触发的实质是一种或多种条件控制。当触发条件激活之时，就是病毒潜伏期的终止之时。

计算机病毒的触发条件通常会被设定为系统时间、日期、文件类型、特定的数据、病毒体自带的计数器或计算机内的某些特例操作等。

从 1987 年计算机病毒受到世界范围内的普遍重视后，我国也于 1989 年首次发现计算机病毒。目前，新型病毒正向着更具破坏性、更加隐秘、感染率更高、传播速度更快等方向发展。

3. 计算机病毒的分类

随着信息化及网络化的日益普及，计算机病毒的种类越来越多，且每天都有新的病毒出现。根据病毒不同的特征进行分类，就可以掌握各种类型病毒的工作原理，是防范、遏制病毒蔓延的前提。计算机病毒的分类方法通常有以下几种：

1) 按计算机病毒依附的媒体类型分类

(1) 引导型病毒。引导型病毒利用磁盘的启动原理工作，主要感染磁盘的引导区。在计算机系统被带毒磁盘启动时首先获得系统控制权，使得病毒常驻内存后再引导并对系统进行控制。病毒的全部或者一部分取代磁盘引导区中正常的引导记录，而将正常的引导记录隐藏在磁盘的其他区中。

引导型病毒程序被执行之后，将系统的控制权交给正常的引导区记录，使得带毒系统表面上看起来好像是在正常运作，实际上病毒已隐藏在系统中，监视系统的活动，伺机传染其他为了读、写、格式化等硬盘(或插入的软盘)的引导扇区；在一般情况下与操作系统型病毒类似，引导型病毒不会感染磁盘文件。

典型的引导型病毒有：小球病毒、大麻病毒、磁盘杀手病毒等。

(2) 文件型病毒。文件型病毒就是通过操作系统的文件系统实施感染的病毒，这类病毒可以感染 .com 文件、.exe 文件；也可以感染 .obj、.doc、.dot 等文件。

当用户调用染毒的可执行文件(.exe 和 .com)时，病毒首先被运行，然后病毒驻留内存，伺机传染其他文件或直接传染其他文件，其特点是病毒依附于正常的程序文件，成为该正常程序的一个外壳或部件。文件型病毒一般不能单独存在，必须要依附于一个宿主文件，即正常的程序文件。

典型的文件型病毒有 CIH 病毒、Shifter(移动者)病毒等。

(3) 混合型病毒。混合型病毒既具有引导型病毒的特点，又有文件型病毒的特点，即它是同时能够感染文件和磁盘引导扇区的混合型病毒。这类病毒通常都采用了复杂的算法，使用非常规的方法攻击计算机系统。

典型的混合型病毒有 Amoeba(变形虫)病毒、新世纪病毒等。

(4) 宏病毒。宏病毒是一种寄生于文档(或模板)宏中的计算机病毒，它的感染对象主要是 Office 组件或类似的应用软件。如果一旦打开感染宏病毒的文档，宏病毒就会被激活，进入计算机内存并驻留在 Normal 模板上。此后所有自动保存的文档都会感染上这种宏病毒，如果其他用户打开了感染宏病毒的文档，宏病毒就会传染到他的计算机上。宏病毒的传染途径很多，如电子邮件、磁盘、Web 下载、文件传输等。

典型的宏病毒有 Concept(概念)病毒、十三号台湾 NO.1 病毒等。

(5) 网络病毒。广义上认为，可以通过网络传播，同时破坏某些网络组件(服务器、客户机、交换机和路由器等通信设备)的病毒就是网络病毒。狭义上认为，局限于网络范围的病毒就是网络病毒，即网络病毒是充分利用网络协议及网络体系结构作为其传播途径或机制的，同时网络病毒的破坏也是针对网络的。其特点是感染速度极快，扩散面很广且不易彻底清除。

典型的网络病毒有蠕虫、木马、邮件型病毒等。

2) 按计算机病毒的破坏性分类

(1) 良性病毒。良性病毒一般对计算机系统内的程序和数据没有破坏作用或仅仅是轻量级的破坏且清除后系统可恢复正常工作。如占用 CPU 和内存资源，降低系统运行速度等。病毒发作时，通常表现为显示信息、奏乐、发出声响或出现干扰图形和文字等，且能够自我复制。例如小球病毒。

(2) 恶性病毒。恶性病毒对计算机系统具有较强的破坏性，病毒发作时，会破坏系统的程序或数据，删改系统文件，重新格式化硬盘，使用户无法打印，甚至中止系统运行等。由于这种病毒破坏性较强，有时即使清除病毒，系统也难以恢复。例如上面提到过的 CIH 病毒。

3) 按传播媒介分类

(1) 单机病毒。单机病毒的载体是磁盘、光盘等存储设备，常见的是病毒从移动盘传入硬盘感染系统，然后再传染其他移动盘。

(2) 网络病毒。网络病毒通过计算机网络作为传播媒介，这样其传播力和破坏力就更加大，防范和清除起来更加困难。网络病毒最常见的就是蠕虫和木马，它们是通过网络传播的，是与计算机病毒相仿的独立程序，严格意义上网络病毒不属于计算机病毒的范畴，而是计算机病毒的近亲。

① 蠕虫(Worm)。蠕虫是一种智能化、自动化，综合了网络攻击、密码学和计算机病毒技术，无须计算机使用者干预即可运行的独立程序，它通过不停获得网络中存在漏洞的计算机上的部分或全部控制权来进行传播。

通常，蠕虫不需要依附于其他程序，其最大特点是可在系统中快速自我复制(繁殖)，利用各种漏洞进行自动传播，无须人为干预。

蠕虫病毒的工作流程可以分为漏洞扫描、攻击、传染、现场处理四个阶段，首先蠕虫程序随机或在某种倾向性策略下选取某一段 IP 地址，接着对这一地址段的主机进行扫描，当扫描到有漏洞的计算机系统后，将蠕虫主体迁移到目标主机。然后，蠕虫程序进入被感染的系统，对目标主机进行现场处理。同时，蠕虫程序生成多个副本，重复上述流程。蠕虫的这种传播方式，是一种递归的方法，会按照指数增长的规律分布自己，进而控制越来越多的计算机。

典型的蠕虫病毒有尼姆达病毒、冲击波病毒、红色代码、熊猫烧香等。

② 特洛伊木马(Trojan Horse)。特洛伊木马，简称木马，是一种与计算机病毒相仿的妨害计算机安全的程序。它是借用古罗马战争中的特洛伊木马战术而得名的。

木马实际上是一种在远程计算机之间建立起连接，使远程计算机能通过网络控制本地计算机上的程序。它伪装成人们所知晓的合法而正常的程序面目出现，如计算机游戏、压缩工具、防病毒软件等，欺骗欲获得该合法程序的用户将之在计算机上运行，从而产生用户意想不到的破坏后果。本质上，木马就是一种冒名顶替、通过伪装实施破坏作用的计算机程序。木马的最终意图是窃取信息、实施远程监控。典型的木马病毒有冰河木马、广外女生木马等。

木马可以捆绑在合法程序中得到安装、启动木马的权限，甚至采用动态嵌入技术寄生在合法程序的进程中。一般情况下，木马程序由服务器端程序和客户端程序组成。其中服务器端程序安装在被控制对象的计算机上，而客户端程序是给控制者所使用的。通过 Internet 将服务器程序和客户端程序连接后，若用户的计算机运行了服务端程序，则控制者就可以使用客户端程序来控制远地用户的计算机，实现对远程计算机的控制，趁机窃取远程计算机中的信息，如应用软件的登录口令或密码等。

③ 蠕虫、木马与计算机病毒的区别。计算机病毒的本质特点是需要依附于正常的程序上才能工作。它能够自动寻找宿主对象，并依附其中，所以计算机病毒是一种具备传染、隐蔽、破坏、繁殖等能力的可执行程序。"传染性"是计算机病毒最本质的特征之一。

蠕虫、木马和病毒的区别在于前两者不具备狭义上计算机病毒的主动传染性，不能自行传播，蠕虫只是实现了自身的复制进而自动传播，木马采用的是冒名顶替的伪装技术。它们三者均具有破坏性。

4. 计算机病毒的防范

计算机网络的普及使资源共享更方便，但是也给病毒的传播提供了更有利的条件。在网络条件下，病毒的传染方式更多，传播速度更快，影响范围更广，危害也就更严重。所以，网络环境下的病毒防治尤为重要。

1) Internet 上病毒的传播方式

(1) 通过电子邮件传播。病毒经常会附在电子邮件的附件中，一般会起一个非常吸引人的文件名，诱惑人们去打开它，执行该文件后，计算机就会中毒。

(2) 通过网页传播。这种传播是使用 Script 语言编写的一些恶意代码，利用浏览器的漏洞来实现病毒植入。当用户登录含有网页病毒的网站时，病毒被悄悄激活后进行破坏活动。

(3) 利用 Web 服务器的漏洞传播。计算机之间的通信都是依靠 Web 服务器来进行。所以有些病毒就是会攻击 Web 服务器，试图找到和利用服务器的漏洞来感染系统。

(4) 利用文件共享传播。Windows 系统自身可以被设置成允许其他用户来读取系统中的文件，这样就会导致安全性的急剧降低。在系统的默认情况下，系统仅允许经过授权的用户读取系统的所有文件。如果攻击者被发现某系统允许其他人读写系统文件，该系统中就会被植入带有病毒的文件，并借由病毒文件传输完成新一轮的传播。

2) 计算机病毒的防范

计算机病毒的防范需要通过合理的防范手段和技术，及时发现计算机病毒并采取有效的手段阻止病毒的传播和破坏，并及时恢复受到影响的计算机系统和数据。防治计算机病毒的关键是做好预防工作，采取"预防为主，防治结合"的方针，并尽可能切断病毒的传播途径。争取做到尽早发现，尽早清除，这样既可以减少病毒继续传染的可能性，还可以将病毒的危害降低到最低限度。

网络环境下，计算机病毒病毒的防范就要构建多层次的防御结构，多层网络防御体系应该由工作站、服务器和防火墙组成，具有层次性、集成性和自动化的特点。具体的操作如下：

(1) 使用网络防毒软件。目前用于网络的防毒软件基本上都是运行在服务器上的，可以同时查杀服务器和工作站上的病毒。

(2) 在内部网络出口进行访问控制。

(3) 及时升级到最新系统平台，安装补丁堵住系统漏洞。

(4) 保证账号与密码的安全，注意安全权限的配置。

(5) 重要服务器做到专机专用，通过服务管理器或注册表禁用不需要的服务。

(6) 禁止内部网络成员进行未经许可的下载和安装。

(7) 定期进行数据备份。

同时，要健全网络系统安全制度，个人也要培养良好的病毒防范习惯：

(1) 安装实时监控的防毒和杀毒软件，定期更新或升级病毒库。

(2) 经常运行 Windows Update，安装操作系统的补丁程序。

(3) 安装防火墙。

(4) 不随便使用外来软件，对外来软件必须先检查、后使用。

(5) 不随便打开来历不明的电子邮件及附件。

(6) 不随便安装来历不明的插件程序。

(7) 不随便打开陌生人传来的页面链接。

(8) 对系统中的重要数据定期进行备份。

(9) 定期对磁盘进行检测，以便及时发现病毒、清除病毒。

3) 计算机病毒的检测

计算机病毒的检测技术是指通过一定的技术手段判定出计算机病毒的一种技术。计算机病毒检测通常采用人工检测和自动检测两种方法。

(1) 人工检测。人工检测是指通过一些软件工具如 DEBUG.COM、PCTOOLS.EXE 等进行病毒的检测。这种方法比较复杂，需要检测者有一定的软件分析经验，并对操作系统有较深入的了解，费时费力，但可以检测出未知病毒。

(2) 自动检测。自动检测是指通过一些查杀病毒软件来检测病毒。自动检测相对比较简单，一般用户都可以操作，但因检测工具总是滞后于病毒的发展，所以这种方法只能检测已知病毒。

那么，如何选择检测工具呢？

病毒检测工具的选择应根据自身情况而定，对于个人用户而言，病毒主要是通过磁盘交换、上网等操作行为进行感染，所以可以选择一些较为成熟的反病毒软件，例如 360 杀毒、瑞星杀毒软件、金山毒霸等。而企业用户一般是由一个局域网组成，网络内存在各种形式的服务器、打印机、交换机、网络连接器、电话、传真机等设备，信息量大、传递频繁，某些信息有较高的安全要求。因此，对反病毒能力要求较高，不仅要有单机的病毒检测查杀能力，还应具有网络病毒控制能力，所以应该选择一些网络型反病毒软件。

选用检测工具时还应尽可能地选择高版本、能升级的反病毒软件。版本之所以要升级，是因为新的病毒出现后，已有版本的病毒信息库中没有该病毒的信息，无法扫描检测，在这种情况下，版本就需要升级了。版本升级不是全盘否定已经建立起来的病毒信息库，也不是全部推翻已有的检测病毒的技术，而是对已有的病毒信息库加以扩充，加进新的病毒信息。根据新病毒的情况，必要时还需对病毒检测技术加以调整与改进，以适应新病毒出现后的新情况或病毒的发展趋势。

4) 计算机病毒的清除

一旦检测到计算机病毒就应该立即清除掉，清除计算机病毒通常采用人工处理和杀毒软件两种方式。

人工处理方式包括：

(1) 用正常的文件覆盖被病毒感染的文件。

(2) 删除被病毒感染的文件。

(3) 对被病毒感染的磁盘进行格式化操作。

而使用杀毒软件清除病毒是目前最常用的方法，常用的杀毒软件有 360 杀毒软件、金山毒霸和火绒安全软件等，如图 7.44 所示。但目前还没有一个"万能"的杀毒软件，各种杀毒软件都有其独特的功能，所能处理病毒的种类也不相同。因此，比较理想的清查病毒方法是综合应用多种正版杀毒软件，并且要及时更新杀毒软件版本，对某些病毒的变种不能清除时，应使用专门的杀毒软件(专杀工具)进行清除。

火绒安全软件　　360杀毒　　金山毒霸

图 7.44　常用的杀毒软件

7.6.3　网络攻防

网络攻防和网络
安全防范措施

随着网络技术的发展，出现了一类对计算机系统和网络系统进行攻击和破坏的人，就是黑客(hacker)。

1. 黑客

黑客(hacker)最早其实是个褒义词，是指那些对计算机有很深研究的人，他们有着专业的计算机知识，具备较高的编程水平，了解系统的漏洞和原因所在。目前许多软件的安全漏洞都是黑客发现的，这些漏洞被公布后，软件开发者就会对软件进行改进或发布补丁程序，因而黑客的工作在某种意义上是有创造性和有积极意义的。

而如今"黑客"一词已经被认为是贬义词了，现在的黑客更像是骇客(cracker)，他有着和黑客一样的技术，但以破坏计算机和网络系统或非法入侵系统窃取资料为目的。

目前，黑客特指利用系统安全漏洞对网络进行攻击破坏或窃取资料的人。

2. 黑客攻击的对象

1）系统固有的安全漏洞

任何软件系统都无可避免地会存在安全漏洞，这些漏洞主要来源于程序设计等方面的错误或疏忽，给入侵者提供了可乘之机。

2）维护措施不完善的系统

当发现漏洞时，管理人员虽然采取了对软件进行更新或升级等补救措施，但由于路由器及防火墙的过滤规则复杂等问题，系统可能又会出现新的漏洞。

3）缺乏良好安全体系的系统

一些系统没有建立有效的、多层次的防御体系，缺乏足够的检测能力，因此不能防御日新月异的攻击。

3. 黑客攻击的步骤

了解黑客攻击的方法和手段会更有利于计算机使用者避免受到黑客的攻击。黑客攻击分为以下三个步骤：

1）收集信息

收集要攻击目标系统的详细信息，包括目标系统的位置、路由、目标系统的结构及技术细节等。例如使用 SNMP 协议查看路由器的路由表，用 Ping 程序检测一个指定主机的位置并确定是否可以到达等。

2）探测分析系统的安全弱点和漏洞

入侵者根据收集到的目标网络的有关信息，对目标网络上的主机进行探测，来发现系统的漏洞。主要方法有：

(1) 攻击者通过分析软件商发布的"补丁"程序的接口，编写程序通过该接口入侵没有及时使用"补丁"程序的目标系统。

(2) 攻击者使用扫描器发现安全漏洞。扫描器是一种常用的网络分析工具，可以对整个网络或子网进行扫描，寻找系统的安全漏洞。

3) 实施攻击

(1) 攻击者潜入目标系统后，会尽量掩盖行迹，建立新的安全漏洞或留下后门。

(2) 在目标系统中安装探测器软件，如木马程序。即使攻击者退出后，探测器仍可以窥探目标系统的活动，收集攻击者感兴趣的信息，并将其传给攻击者。

(3) 攻击者进一步发现目标系统在网络中的信任等级，然后利用其所具有的权限，对整个系统展开攻击。

4. 黑客的攻击方式

1) 密码破解

黑客在进行密码破解时一般采用字典攻击、假登录程序和密码探测程序等来获取系统或用户的口令文件。

2) IP 嗅探(Sniffing)与欺骗(Spoofing)

嗅探又叫网络监听，通过改变网卡的操作模式让它接受流经该计算机的所有信息包，这样就可以截获其他计算机的数据报文或口令。

欺骗就是将网络上的某台计算机伪装成另一台不同的主机，目的是欺骗网络中的其他计算机误将冒名顶替者当作原始的计算机而向其发送数据或允许它修改数据。如 IP 欺骗、路由欺骗、DNS 欺骗、ARP 欺骗以及 Web 欺骗等。

3) 系统漏洞

黑客利用系统中存在的漏洞如"缓冲区溢出"来执行黑客程序。

4) 端口扫描

黑客了解系统中哪些端口对外开放，然后利用这些端口通信达到入侵的目的。

5. 防御黑客攻击的方法

1) 采用基本安全防护体系

(1) 用授权认证的方法防止黑客和非法使用者进入网络并访问信息资源，为特许用户提供符合身份的访问权限并有效地控制权限。

(2) 采用防火墙是对网络系统外部的访问者实施隔离的一种有效的技术措施。

(3) 对重要数据和文件进行加密传输。解决钥匙管理和分发、数据加密传输、密钥解读和数据存储加密等安全问题。

(4) 系统设置入网访问权限、网络共享资源访问权限、目录安全等级控制、防火墙安全控制等。

2) 实体安全防范

实体安全防范主要包括控制机房、网络服务器、主机和线路等的安全隐患，加强对于实体安全的检查和监护，更主要的是对系统进行整体的动态监控。

3) 内部安全防范

预防和制止内部信息资源或数据的泄露，保护用户信息资源的安全；防止和预防内部人员的越权访问；对网内所有级别的用户实时监测并监督；全天候动态检测和报警功能；提供详尽的访问审计功能。

4) 其他安全防护措施

进行端口保护；不随便从 Internet 上下载软件，不运行来历不明的软件，不随便打开陌生人发来的邮件及附件，不随意点击具有欺骗诱惑性的网页超链接；经常运行反黑客软件；及时安装系统补丁程序和更新系统软件。

7.6.4　防火墙

防火墙的本意是指古代人们在房屋之间修建的一道墙，这道墙可以防止火灾发生时蔓延到别的房屋。网络术语中所说的防火墙是指隔离在内部网络与外部网络之间的一道防御系统。

1. 防火墙的定义

防火墙是通过有机结合各类用于安全管理与筛选的软件和硬件设备，在内部网和外部网之间、专用网与公共网之间的界面上构造的一道保护屏障。

具体来说，防火墙在用户的计算机与 Internet 之间建立起一道安全屏障，把用户与外部网络隔离。用户可通过设定规则来决定哪些情况下防火墙应该隔断计算机与 Internet 的数据传输，哪些情况下允许两者之间的数据传输。图 7.45 所示为防火墙示意图。

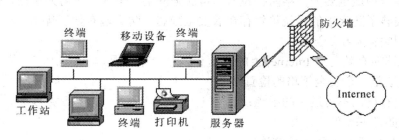

图 7.45　防火墙示意图

防火墙技术的功能主要在于及时发现并处理计算机网络运行时可能存在的安全风险等问题，其中处理措施包括隔离与保护，同时可对计算机网络安全中的各项操作进行记录与检测，以确保计算机网络运行的安全性，保障用户资料与信息的完整性，为用户提供更好、更安全的网络使用体验。

2. 防火墙的主要类型

1) 包过滤防火墙

包过滤防火墙是在网络层对数据包进行分析、选择和过滤。通过系统内设置的访问控制表，指定允许哪些类型的数据包可以流入或流出内部网络。一般可以直接集成在路由器上，在进行路由选择的同时完成数据包的选择与过滤。这类防火墙速度快、逻辑简单、成本低、易于安装和使用，但配置困难，容易出现漏洞。

2) 应用代理防火墙

应用代理防火墙是指防火墙内外计算机系统间应用层的连接由两个代理服务器的连接来实现，使得网络内部的计算机不直接与外部的计算机通信，同时网络外部计算机也只能访问到代理服务器，从而起到隔离防火墙内外计算机系统的作用。这类防火墙执行速度慢，操作系统容易遭到攻击。

3) 状态检测防火墙

状态检测防火墙是在网络层由一个检查引擎截获数据包并抽取出与应用层状态有关的信息，并以此作为依据决定对该数据包是接受还是拒绝。状态检测防火墙克服了包过滤防火墙和应用代理防火墙的局限性，能够根据协议、端口及 IP 数据包的源地址、目的地址的具体情况来决定数据包是否可以通过。

3. 防火墙的功能

防火墙用于防止外部网络对内部网络产生不可预测或潜在的破坏和侵扰，对内、外部网络之间的通信进行控制，限制两个网络之间的交互，为用户提供一个安全的网络环境。其基本功能有：

(1) 限制未授权用户进入内部网络，过滤掉不安全服务和非法用户。

(2) 具有防止入侵者接近内部网络的防御设施，对网络攻击进行检测和告警。

(3) 限制内部网络用户访问特殊站点。

(4) 记录通过防火墙的信息内容和活动，为监视 Internet 安全提供方便。

4. 防火墙的优缺点

防火墙是一种最重要的网络防护设备，是加强网络安全的一种有效手段，但防火墙不是万能的，安装了防火墙的系统仍然存在着安全隐患，防火墙有如下优点：

(1) 防火墙能强化安全策略。

(2) 防火墙能有效记录 Internet 上的活动。

(3) 防火墙是一个安全策略的检查站。

防火墙也有自己不可避免的缺点：

(1) 不能防范恶意的内部用户。

(2) 不能防范不通过防火墙的连接。

(3) 不能防范全部的威胁。

(4) 不能防范病毒。

7.6.5　入侵检测

1. 入侵

入侵是指任何试图破坏资源完整性、机密性和可用性的行为，还包括用户对系统资源的误用。

2. 入侵检测

入侵检测是一种主动保护自己免受黑客攻击的新型网络安全技术，是继防火墙、数据加密等传统安全保护措施后新一代的安全保障技术。它从计算机网络系统中的若干关键点收集，并分析这些信息，看看网络中是否有违反安全策略的行为和遭到袭击的迹象，并根据用户的定义对攻击做出相应的报警行为或保护措施，在不影响网络性能的情况下对网络进行监测，是一种主动的网络安全防御措施。

入侵检测通过监测网络可以实现对内部攻击、外部攻击以及错误操作的实时保护，有效地弥补防火墙的不足，为网络安全提供实时的入侵检测以及采取相应的防护手段。如记录证据用于跟踪和恢复、断开网络连接等。并且还可以结合其他网络安全产品，对网络安全进行全方位的保护，具有主动性和实时性的特点，是网络安全保护体系结构中的一个非常重要的组成部分。

3. 入侵检测系统

入侵检测系统(Intrusion Detection Systems，IDS)是指用于入侵检测的软件与硬件的组合。它具有发现入侵行为，同时根据入侵的特性采取相应动作的功能。入侵检测系统通过对系统或网络日志的分析，获得系统或网络目前的安全状况，发现可疑或非法的行为。被检测即被保护的系统就是目标系统。检测可以是实时的，也可以滞后于目标系统。检测系统一般采取一些预防性的措施，或是保留攻击现场的相关数据，以作为受到攻击的证据。一个合格的入侵检测系统能够大大简化管理员的工作，保证网络运行的安全。

入侵检测系统是防火墙的合理补充，帮助系统对付网络攻击。假如防火墙是一幢大楼的门锁，那么入侵检测系统就是这幢大楼里的监视系统。一旦小偷爬窗进入大楼，或内部人员有越界行为，只有实时监视系统才能发现情况并发出警告。一个典型的入侵检测系统部署方式示意图如图 7.46 所示。

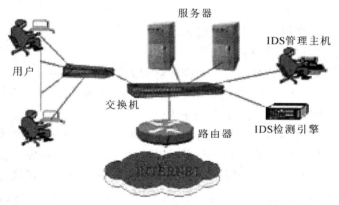

图 7.46 典型的入侵检测部署方式示意图

4. 入侵检测技术

入侵检测技术分为异常检测技术和误用检测技术。

1) 异常检测

异常检测是以建立用户正常行为模型，以是否显著偏离正常模型为依据进行检测的技术。但在实际中，入侵活动并不总是与异常活动相符合，而是存在下列几种可能性：入侵非异常、非入侵且异常、非入侵非异常、入侵且异常。另外，设置是否偏离正常模型的门槛值不当时，往往会导致检测系统的误报或漏检，漏检对于重要的安全系统来说是相当危险的。

2) 误用检测

误用检测要先建立攻击行为特征库，采用特征匹配的方法确定攻击事件。基于误用检测的入侵检测系统依赖于特征库，只能检测出已经包含在特征库中的攻击行为，对未知攻击无能为力。而异常检测可以检测到未知攻击。

7.6.6　数据加密

数据加密是一门历史悠久的、用于信息保密的技术，可以防止非授权用户使用信息，其核心是密码学。

1. 数据加密技术

数据加密技术是信息安全领域的核心技术，通常直接用于数据的传输和存储过程中，而且任何级别的安全防护技术都可以引入加密的概念。它能起到数据保密、身份验证、保持数据的完整性和抗否认性等作用。

数据加密技术的基本思想是通过变换信息的表示形式来伪装需要保护的敏感信息，使非授权用户不能看到被保护的信息内容。因此，数据加密实际上就是将被传输的数据转换成表面上杂乱无章的数据，合法的接收者通过逆变换就可以恢复成原来的数据，而非法窃取得到的数据则是毫无意义的乱码。

2. 相关概念

(1) 明文：没有加密的原始数据。

(2) 密文：加密以后的数据。

(3) 加密：把明文变换成密文的过程。

(4) 解密：把密文还原成明文的过程。

(5) 密钥：一般是一串数字，用于加密和解密的钥匙。

加密和解密都需要有密钥和相应的算法，密钥可以是单词、短语或一串数字。而加密和解密算法则是作为明文或密文以及对应密钥的一个数学函数。

例如，替换加密法是用新的字符按照一定的规律来替换原来的字符。假如用字符 b 替换 a，c 替换 b，依此类推，最后用 a 替换 z，那么明文"secret"对应的密文就是"tfdsfu"，这里的密钥就是数字 1，加密算法就是将每个字符的 ASCII 码值加 1 并做模 26 的求余运算。对于不知道密钥的人来说，"tfdsfu"就是一串无意义的字符，而合法的接收者只需将接收到的每个字符的 ASCII 码值相应减 1 并做模 26 的求余运算，就可以解密恢复为明文"secret"。

3. 加密技术

现代计算机技术和通信技术的发展，对加密技术提出更多的要求。对于现代密码学来说，基本原则是一切秘密应该包含于密钥之中，即在设计加密系统时，总是假设密码算法是公开的，真正需要保密的是密钥。密码算法的基本特点是在已知密钥条件下的计算应该简捷有效，而在不知道密钥条件下的解密计算是不可行的。

根据密码算法所使用加密密钥和解密密钥是否相同，可将密码体系分为对称密码体系和非对称密码体系。其中，非对称密码体系也称为公开密钥体系。对称密码体系在对信息进行明文/密文变换时，加密与解密使用相同的密钥。

1)　对称密钥密码体系

要求加密和解密方使用相同的密钥，对称加密示意图如图 7.47 所示。

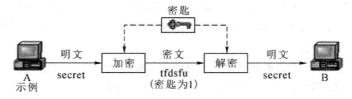

图 7.47　对称加密示意图

2)　非对称密钥密码体系

使用两个密钥，即公钥和私钥，其中公钥可以公开发布，但私钥必须保密。一般用公钥进行加密，用对应的私钥进行解密。非对称加密示意图如图 7.48 所示。

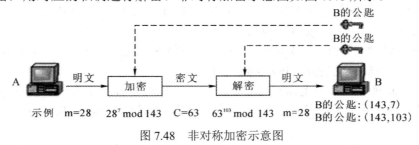

图 7.48　非对称加密示意图

4. 数据加密算法

数据加密算法(Data Encryption Algorithm，DEA)是一种对称加密算法。常见的公钥加密算法有：RSA、ElGamal、Rabin 等。使用最广泛的是 RSA 算法(由发明者 Rivest、Shmir 和 Adleman 姓氏首字母缩写而来)。

通常，自动取款机(Automated Teller Machine，ATM)都使用 DEA。

本 章 小 结

本章主要介绍了计算机网络的定义、分类、局域网的拓扑结构、网络协议和网络体系结构、网络系统的软硬件组成以及 Internet 的基本知识，常用的 Internet 服务，最后介绍了网络管理和网络安全相关技术。

计算机网络是由通信线路和通信设备把分散在不同地理位置上的计算机连接起来，在网络软件的支持下，实现数据通信和资源共享的功能。计算机网络按照覆盖的范围分为局域网、城域网和广域网。局域网主要的特点是覆盖范围小，传输速率高，误码率低。广域网的特点是覆盖范围大，随着光纤的使用，数据传输速率和可靠性也有所提高。网络的拓扑结构有总线型、星型、环型、树型以及网状型。

计算机网络体系结构是指计算机网络的各个层次和在各层上使用的全部协议。常用的网络体系结构有 OSI 参考模型和 TCP/IP 体系结构。OSI 参考模型分为 7 层，TCP/IP 体系结构分为 4 层。在 TCP/IP 体系结构中常用的协议有 TCP、IP、HTTP 以及 FTP 等。

计算机网络系统包含网络的硬件和软件系统，网络中常用的硬件有传输介质、网卡、

Modem 以及各种通信设备(集线器、交换机和路由器等)。网络的软件包括协议(TCP/IP 协议)、网络操作系统和网络应用软件。

Internet 是全球最大的基于 TCP/IP 协议的互联网络,由全世界范围内的局域网和广域网互联而成,也称为国际互联网或因特网。目前常用的 Internet 接入有 ADSL 接入、局域网接入以及 WLAN 接入。

在 Internet 上为每台计算机指定的唯一地址称为 IP 地址,IP 地址由网络号和主机号组成。入网的每台主机都要被分配一个 IP 地址,它是网络中计算机通信的地址,为了方便用户记忆和识别,可以使用 DNS 域名系统。物理地址是固化网卡上的地址,用于明确主机的身份。

Internet 信息服务的方式多种多样,最常见的如 WWW 信息浏览、文件传输和电子邮件。WWW 即万维网,是一种信息服务的方式,使用超文本传输协议 HTTP 实现网页文件的传输。网页文件的存放地址即统一资源定位符 URL,它由 4 部分组成:URL 的访问方式、存放资源的主机域名、端口号和文件路径。

电子邮件地址结构为邮箱名@邮箱所在主机的域名。发送邮件的协议为 SMTP 简单邮件传输协议,接收邮件的协议,POP3 邮局协议。

随着计算机网络技术的飞速发展和广泛应用,如何进行网络管理和保证网络系统的安全性和可靠性至关重要、不容忽视。本章最后介绍了网络管理以及网络信息安全的相关技术。

网络管理是指对网络中的各种软、硬件设施进行综合与协调,以便充分利用这些资源,保证网络面向用户提供可靠的通信服务。SNMP 协议是最早提出的网络管理协议之一,属于 TCP/IP 协议集的应用层协议。

网络信息安全是指计算机网络系统的硬件、软件及其系统中的数据受到保护,不会遭到偶然或者恶意地破坏、更改、泄漏,系统能连续、可靠、正常地运行,网络服务不中断。

计算机病毒是指编制或者在计算机程序中插入的破坏计算机功能或者破坏数据,影响计算机使用并且能够自我复制的一组计算机指令或者程序代码。目前计算机病毒的种类已达数万余种,而且每天都有大量的、新的病毒出现,因此计算机病毒的种类越来越多。防治计算机病毒的关键是做好预防工作。

黑客特指利用系统安全漏洞对网络进行攻击破坏或窃取资料的人。

防火墙是指隔离在内部网络与外部网络之间的一道防御系统。

在网络安全问题中,入侵检测作为一种积极主动的安全技术成为近年来的研究热点,入侵检测系统通过对收集到的数据进行分析来发现复杂的、隐匿的攻击行为。

思 考 题

1. 简述计算机网络的定义?
2. 计算机网络的功能有哪些?
3. 简述计算机网络的分类和拓扑结构。

4. 什么是网络协议？ 它主要由哪几部分组成？

5. 什么是计算机网络体系结构？常用的计算机网络体系结构有哪些？

6. 简述计算机网络体系结构与计算机网络协议之间的关系。

7. 简述计算机网络系统的组成。

8. 列举网络中常用的通信设备及其特点。

9. 简述 MAC 地址、IP 地址和 DNS 的区别。

10. 常用的 Internet 接入方式是什么？

11. IP 地址的格式是什么？

12. 为什么要对 IP 地址分类？IP 地址分为哪几类？

13. 简述网页、网站、万维网之间的关系。

14. 什么是 FTP？

15. 什么是电子邮件，列举邮件接收相关的协议。

16. 什么是网络管理？介绍一种网络管理协议。

17. 简述计算机病毒的定义、特性和分类，说明如何检测和清除计算机病毒？

18. 什么是黑客，简述黑客攻击的主要方法，如何预防黑客攻击？

19. 简述防火墙的定义、功能和特性。

20. 简述入侵检测技术的特点。

21. 数据加密有哪些方式？分析各自优缺点。

第8章

数据库技术

　　数据库技术是数据管理的技术，是现代信息科学与技术的重要组成部分，是计算机数据处理与信息管理系统的核心。数据库技术自20世纪60年代中期诞生以来，经历了近60年的发展，数据库技术的应用现已遍及金融、教育、商业、农业、交通运输和科学研究等各领域。目前，各种各样的计算机应用系统和信息系统绝大多数是以数据库为基础和核心的，因此，掌握数据库技术与应用是当今大学生信息素养的重要组成部分。

　　本章首先对数据库系统进行概述，其次介绍关系数据库的标准语言 SQL，然后在Microsoft Access 环境中，介绍数据库的建立和维护以及查询、窗体和报表的创建。

8.1　数据库系统概述

数据库系统概述

8.1.1　信息、数据和数据处理

1. 信息

　　信息是人脑对现实世界事物的存在方式、运动状态以及事物间联系的抽象反映。信息是客观存在的，人类有意识地对信息进行采集、加工和传递，从而形成了各种消息、数据和信号等。例如对于学生信息来说，某同学的学号是04193099，姓名是赵文天，性别是男，年龄是 19 岁，所在学院是计算机学院等，这些都是这个同学的具体信息，反映了该同学当前的存在状态。

2. 数据

　　数据是对客观事物特征所进行的一种抽象化、符号化的表示，是描述现实世界事物的符号记录，是用物理符号记录的可以鉴别的信息，是信息的具体表现形式。例如，上面提到的学生信息，可用一组数据"04193099，赵文天，男，19，计算机"表示。当给这些符号赋予特定的语义后，它们就转换为可传递的信息。数据和它的语义是不可分割的。例如对于数据：赵文天，19，可以赋予它相应的语义为学生赵文天年龄为 19 岁。如果不了解其语义，则无法对数据进行正确解释，例如前例还可以解释为赵文天选修的课程总数为19 门。

　　由于早期的计算机系统主要用于科学计算，因此计算机中处理的数据主要是整数、浮点数

等数学中的数字。但是，随着计算技术的发展，目前数据的概念已被大大拓宽，其表现形式不仅包括数字，还包括文字、图像、声音和视频等，它们都可以经数字化后存储在计算机中。

3. 信息与数据的联系

通过前面对信息、数据定义的讲解，可以看出信息与数据之间存在着固有联系：数据是信息的符号表示，而信息是对数据的语义解释。可以用一个关系式来简单表示信息与数据的关系：信息=数据+语义。由此可见，信息和数据有一定的区别，信息是观念性的，数据是物理性的。在有些场合，信息和数据难以区别，信息本身就是数据化了的，而数据本身就是一种信息，因而在很多场合中不对它们进行区分。信息处理与数据处理往往指同一个概念，计算机之间交换数据也可以说成是交换信息。

4. 数据处理

有了数据，那么接下来就要进行数据处理了。数据处理是将数据转换成信息的过程，包括对数据的收集、记载、分类、排序、存储、计算、传输、制表、递交等一系列活动。数据处理的目的之一是从大量的原始数据中抽取和推导出有价值的信息，作为决策的依据；二是借助计算机科学地保存和管理大量复杂的数据，以便人们能够方便地充分利用这些信息资源。在数据处理过程中，数据是原料，是输入；而信息是产出，是输出。数据处理的真正含义是为了产生有用的信息而处理数据。

8.1.2　数据库技术的产生与发展

数据处理的中心问题是数据管理，数据管理主要包括数据的分类、组织、编码、存储、检索和维护等。数据管理技术的发展，与计算机硬件技术和软件技术的发展有着密切的关系，数据管理技术大体经历了人工管理、文件系统管理和数据库管理三个阶段。数据库技术正是应数据管理任务的需要而产生、发展的。

1. 人工管理阶段(20 世纪 50 年代中期之前)

在计算机发展的初期，计算机主要用于科学数值计算，所用到的数据量并不大，而且数据类型也比较单一。硬件方面只有卡片、纸带、磁盘等存储设备，没有大容量的外存；软件方面也没有操作系统，程序的运行是由简单的管理程序来控制的。这个阶段，程序员将程序和数据编写在一起，每个程序都有属于自己的一组数据，程序间数据不共享，即便是几个程序使用相同的数据，运行时也必须重复输入，数据冗余度很大。此外，数据的存取方式、存储格式、输入输出方式等都需要程序员自行设计，程序员的负担很重。

在人工管理阶段，程序和数据之间是一一对应的关系，如图 8.1 所示。

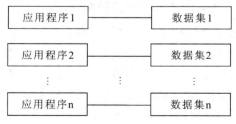

图 8.1　人工管理阶段应用程序与数据关系图

2. 文件系统管理阶段(20世纪50年代后期至60年代中期)

随着计算机技术的发展，硬件方面出现了磁鼓、磁盘等容量较大的直接存取设备，软件方面有了操作系统，这时候计算机的应用范围不断扩大，不仅用于科学计算，而且开始大量用于数据处理。数据需要长期保存在计算机系统内，以便对数据做反复和经常地处理，这样就促使数据管理进入文件管理阶段。在这个阶段，借助于操作系统中的文件系统，数据可以用统一的格式，以文件的形式长期保存在计算机的存储设备上；数据的各种转换以及存储位置的安排，完全由文件系统来统一管理，而无须程序员考虑，使得程序与数据具有一定的独立性，应用程序的维护比人工管理阶段要方便简单得多，程序员可以避免烦琐的物理细节处理。这种情况下，程序是通过文件系统这个"接口"与数据文件发生联系，所以一个应用程序可以使用多个数据文件，而不同的应用程序也可以使用同一个文件。程序与数据之间的关系如图8.2所示。

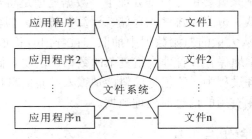

图8.2　文件系统阶段应用程序与数据间的关系图

文件系统对数据的管理虽然比人工管理阶段大大地前进了一步，但随着计算机应用的不断发展，管理的数据规模越来越大，文件系统存在的问题也越来越明显。

首先是数据的共享性差、冗余度比较大。因为数据是面向应用的，数据文件是针对具体的应用建立起来的，因此文件之间彼此孤立，不能反映数据之间的联系。即使所用数据有许多相同的部分，不同的应用也需要建立不同的文件。也就是说，数据不能共享，造成数据的大量重复。这不仅造成存储空间的浪费，而且使数据的修改变得十分困难，很可能造成数据不一致，从而影响数据的正确性。

其次是数据的独立性与安全性差。由于数据是面向应用的，使得程序和数据还是互相依赖的。也就是说，文件只为一个或几个应用程序所专用，要对现有的数据扩展一些新的应用是非常困难的。一旦数据的结构有修改，则应用程序也必须做相应的修改。相反，如果应用程序有变化，数据结构也必须跟着改变，因而使得数据的使用很不方便。此外，文件系统没有对数据进行统一控制的方法，使得应用程序的编制相当烦琐，而且缺乏对数据的正确性、安全性、保密性等有效的和统一的控制手段。

3. 数据库管理阶段(20世纪60年代后期至现在)

随着计算机的普及，计算机的应用面越来越广泛，产生的数据量也越来越多，对于数据共享的要求也越来越强烈。虽然为了提高数据管理效率，人们开始对文件系统的功能进行扩充，但并没从根本上解决问题。此时，计算机硬件技术和软件技术有了进一步的发展，外存有了更大容量的磁盘，且硬件价格不断下降；操作系统日趋成熟，且软件价格不断上升，使编制系统软件和应用程序的成本相对增加。因此，文件系统的数据管理方法已无法适应各种应用的需求，为了克服文件系统中数据管理的不足，满足将大量数据集中存储、统一控制以及数据为多个用户所共享的需求，数据库技术应运而生，出现了统一管理数据的专门软件系统，即数据库管理系统(DataBase Management System，DBMS)。与人工管理和文件系统管理相比，数据库系统阶段管理数据的特点有如下几个方面：

(1) 数据是结构化的、面向系统的。数据的冗余度小，节省了存储空间，而且也减少了对数据的存取时间，提高了访问效率，避免了数据的不一致性。同时提高了数据的可扩充性和数据应用的灵活性。

(2) 数据具有独立性。通过数据库管理系统 DBMS 提供的映像功能，使数据具有两层独立性：一是物理独立性，即存储结构与逻辑结构之间由 DBMS 提供映像，当存储结构改变时，逻辑结构可以不改变，因此应用程序不必修改；二是逻辑独立性，即数据的局部逻辑结构(它是总体逻辑结构的子集，由具体的应用所确定，并且根据具体的需要可以做一定改变)与总体逻辑结构之间也由 DBMS 提供映像，这样可以做到总体逻辑结构变化时，局部逻辑结构不变，因而根据局部逻辑结构所写的应用程序也可以不改变，这样，使应用程序的维护大大简化。

(3) 保证了数据的完整性、安全性和并发性。因为数据库中的数据是结构化的，数据量大，影响面也很大，保证数据的正确性、有效性、相容性的问题至关重要。同时，因为往往有多个用户一起使用数据库，因此，数据库还具有并发控制的功能，以避免并发程序之间互相干扰。

在数据库系统管理阶段，应用程序与数据之间的关系如图 8.3 所示。

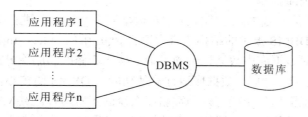

图 8.3　数据库系统管理阶段应用程序与数据间的关系图

8.1.3　数据库系统的组成

数据库系统(DataBase System，DBS)是指在计算机系统中引入数据库后的系统，也可以说成带有数据库并利用数据库技术进行数据管理的计算机系统。数据库系统主要由数据库、数据库管理系统、应用系统、数据库用户和硬件系统等几部分组成，如图 8.4 所示。从严格意义上来讲，数据库系统、数据库、数据库管理系统三者的含义是有区别的，但是很多场合往往不做严格区分，人们常将数据库系统简称为数据库。

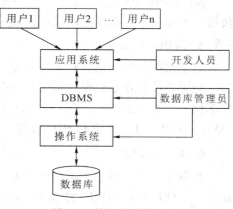

图 8.4　数据库系统组成

1. 数据库

数据库(DataBase，DB)是长期存储在计算机内的、有结构的、可共享的数据集合。数据库中的数据按照一定的数据模型描述、组织和存储，具有较小的冗余度，较高的数据独立性和可扩展性，并可被不同的用户共享。

数据库有如下两个特点：

(1) 集成性。将应用环境中的各种数据和数据间的联系全部按照一定的结构形式进行集中存储，或者把数据库看成包含有应用数据的一个或若干个本地存储文件。

(2) 共享性。数据库中的数据可同时被多个用户共享，即多个用户为了不同的应用目的，可同时存取数据库，甚至是同时存取数据库中的同一数据。

2. 数据库管理系统

数据库管理系统(DBMS)是位于用户应用与操作系统之间的一种操纵和管理数据库的大型系统软件，它是数据库系统的核心组成部分。它对数据库进行统一的管理和控制，包含建立、使用和维护数据库，并保证数据库的安全性和完整性。它可以支持多个应用程序和用户用不同的方法同时去建立，访问和修改数据库。DBMS 是把抽象逻辑数据处理转换成计算机中的具体物理数据处理的软件，它在数据处理上为用户带来很大的便利。DBMS 的基本功能一般包括以下四个方面：

(1) 数据定义功能。数据定义功能是指对数据库中数据对象进行定义，如表、视图和索引等。DBMS 提供的结构化查询语言 SQL 中的 Create、Drop 和 Alter 等语句分别用于建立、删除和修改数据库。

(2) 数据操纵功能。数据操纵功能是指对数据库中数据对象进行基本操作，如查询、插入、删除和修改。DBMS 提供的结构化查询语言 SQL 中的 Select、Insert、Update 和 Delete 等语句可分别实现对数据库中数据记录的查询、插入、修改和删除等操作。

(3) 数据库运行管理功能。数据库运行管理功能是 DBMS 的核心功能。DBMS 通过对数据库的控制以确保数据的正确有效和数据库系统的正常运行。DBMS 对数据库的控制主要表现为数据的完整性控制、数据的安全性控制、多用户对数据库的并发使用控制和数据库的恢复。

(4) 系统维护功能。系统维护功能包括数据库初始数据的输入、转换功能，数据库的转储、恢复功能，数据库的重组织功能，以及性能监视和分析功能等。

3. 应用系统

应用系统是指利用各种编程开发工具开发的、满足特定用户需求和应用环境的软件系统。应用系统根据运行模式可以分成两类：一类用于客户机/服务器模式(C/S 模式)中的客户端程序，如 VB、VC、C#等；另一类用于开发浏览器/服务器模式中的服务端程序，如 JAVA、ASP.NET、PHP 和 Python 等。

4. 数据库用户

数据库用户是指使用数据库的人，他们可以对数据库进行检索、存储、修改和维护等操作。从使用目的和权限的角度，可将用户分为三类：数据库管理员、应用程序开发人员和最终用户。

（1）数据库管理员：负责数据库的建立、管理和维护的专门人员或团队。

（2）应用程序开发人员：开发数据库应用程序的人员，负责为最终用户设计和编写数据库应用程序，并进行调试安装。

（3）最终用户：通过数据库应用程序来使用数据库的各类人员，他们不需了解数据库的技术细节，只需要用图形化界面的应用程序来访问、修改数据库即可。

5. 硬件系统

硬件系统是指存储和运行数据库系统的各类硬件，包括 CPU、内存、大容量硬盘、显示器、键盘鼠标和其他外部设备等。

8.1.4 数据模型

1. 数据模型的概念

由于计算机不能直接处理现实世界中的具体事物和事物间的联系，因此人们必须事先把这些具体事物及其联系转换成计算机能够处理的数据。数据模型就是人们用来抽象、表示和处理现实世界中数据的一种工具，它是用来描述数据、组织数据和对数据进行操作的一组概念和定义。数据模型描述的是现实世界数据的共性内容，是对现实世界的一种模拟。

为了把现实世界中的具体事物抽象、组织为某一 DBMS 支持的数据模型，在实际的数据处理过程中，人们首先将现实世界的事物及联系抽象成信息世界的概念模型，然后再转换成计算机世界的数据模型。概念模型不依赖于任何具体的计算机系统，也不是某一 DBMS 所支持的数据模型，而是一种概念级的模型；概念模型经过抽象，转换成计算机上某一 DBMS 支持的数据模型。在数据处理中，数据加工经历了现实世界、信息世界和计算机世界三个不同的世界，同时也经历了抽象与转换两次变化，这一过程如图 8.5 所示。

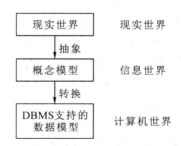

图 8.5　数据处理的抽象与转换过程

概念模型是现实世界到计算机世界的一个中间层次，是按用户的观点对数据和信息建模，是对现实世界的第一级抽象。概念模型属于信息世界中的模型，与具体的计算机系统和 DBMS 无关，概念模型需要转化为数据模型，才能在 DBMS 中实现。在信息世界里，常用的基本概念如下：

（1）实体：客观存在并可以相互区别的事物。实体可以是具体的人和物，如一个学生、一辆车、一栋大楼等；也可以是抽象的概念，如一门课、一场比赛等。

(2) 属性：实体所具有的某一特性。一个实体可以由若干个属性来共同刻画。如学生实体由学号、姓名、性别、年龄、院系等属性组成。

(3) 实体集：同型实体的集合。例如，全体学生就是一个实体集。

(4) 关键字：能唯一标识实体的属性或属性组。例如，学生的学号是学生实体的关键字，而姓名由于可能会重名，不能唯一指明一个学生，因此姓名不能当作关键字。

(5) 域：某一属性的取值范围。例如，月份的域为 1 到 12 这十二个整数，姓名的域为字符串集合，性别的域为男或女等。

(6) 联系：在现实世界中，事物内部以及事物之间是有联系的，这些联系在信息世界中反映为实体内部的联系和实体之间的联系。实体内部的联系通常是指组成实体的各属性之间的联系。实体间的联系通常是指不同实体集之间的联系。实体间的联系可分为三种类型：一对一联系(1∶1)，例如，班级与正班长、观众与座位；一对多联系(1∶n)，例如，班级与学生、公司与职员；多对多联系(m∶n)，例如，老师与学生、学生与课程。

数据模型是数据库系统的核心和基础，是按计算机的观点对数据建模，是对现实世界的第二级抽象，有严格的形式化定义，以便于计算机实现。目前的 DBMS 都是根据某一数据模型设计出来的，即数据库是按 DBMS 规定的数据模型组织和建立起来的，因此数据模型主要通过 DBMS 来实现。

2. 数据模型的分类

在几十年的数据库发展史中，出现了三种重要的数据模型：层次模型(Hierarchical Model)、网状模型(Network Model)和关系模型(Relational Model)。其中层次模型和网状模型统称为非关系模型，非关系模型数据库系统在 20 世纪 70 年代非常流行，到了 20 世纪 80 年代，逐渐被关系模型数据库系统所取代。

1) 层次模型

层次模型是数据库系统中最早出现的数据模型，层次数据库系统采用层次模型作为数据的组织方式，用层次(树型结构)表示数据类型以及数据间的联系是层次模型的主要特征。现实世界中，许多实体间的联系都表现出一种很自然的层次关系，例如家族关系和行政机构等。层次结构是一棵有向树，树的结点是记录类型，根结点只有一个，每个非根结点有且只有一个父结点。每个非叶子节点可以有 m 个子节点，表示上一层记录类型和下一层记录类型间的联系是 1∶m 的关系(m≥1)。层次模型的另一个最基本的特点是任何一个给定的记录值只有按其路径查看时，才能显出它的全部意义，没有什么子记录值能够脱离双亲记录值独立存在。采用层次式模型的典型数据库代表是 IBM 公司的 IMS 数据库管理系统，它是 1968 年 IBM 公司推出的第一个大型商用数据库管理系统，曾经得到广泛使用。

2) 网状模型

在现实世界中，事物之间的联系更多的是非层次关系的，而用层次模型表示非树形结构很不直观，网状模型则可以克服这一弊端。用网状结构表示数据类型及数据之间联系的数据模型称为网状模型。在网状模型中，一个结点可以和多个结点邻接，在两个结点之间可以有一种或多种联系。网状模型实现数据间 m∶n 的关系比较容易，记录数据之间的联系一般通过指针来实现，数据的联系十分密切。网状模型的数据结构在物理上易于实现且效率较高,但应用程序的编写较为复杂,程序员必须熟悉数据库的逻辑结构。网状数据库系统采用网状模型作为数据的组织方式,网状数据模型的典型代表是 DBTG 系统。DBTG 系统虽然不是具体的软件系统,但它提出的基本概念、方法和技术具有普遍意义,对网状数据库系统的研制和发展起到了重大的影响,之后不少的系统都采用 DBTG 模型或是其简化模型,最著名的是 Cullinet Software Inc. 的 IDMS。

3) 关系模型

关系模型是目前最常用的一种数据模型,关系数据库系统就是采用该模型作为数据的组织方式。1970 年 E. F. Codd 首次提出了数据库系统的关系模型,开创了数据库关系方法和关系数据理论的研究,为数据库技术奠定了理论基础。1981 年,Codd 因此获得 ACM 图灵奖。从 20 世纪 80 年代以来,新推出的 DBMS 几乎都支持关系模型,而老的非关系模型产品也大都加上了关系接口。当前,数据库领域中的研究工作也大都以关系方法为基础,对于关系模型将会在 8.1.5 节进行详细讲解。

3. 数据模型的组成

由于数据模型是对现实世界中事物及其联系的一种模拟和抽象表示,是一种形式化描述数据、数据间联系以及有关语义约束规则的方法,这些规则规定数据该如何组织以及允许进行何种操作,因此,数据模型通常由数据结构、数据操作和数据完整性约束这三个基本部分组成。

1) 数据结构

数据模型中的数据结构主要描述数据的内容、属性、性质以及数据与数据的关系等。数据结构是数据模型的基础,数据操作和完整性约束都是建立在数据结构的基础上,数据结构又分为语义结构和组织结构,描述的是数据库系统的静态特征,不同数据结构的数据操作和完整性约束也是不同的。前文提到的层次模型、网状模型、关系模型就是根据数据结构不同而加以区分的。

2) 数据操作

数据模型中数据操作主要描述在相应的数据结构上的操作方式和操作类型,描述的是数据库系统的动态特征,数据操作也和数据结构一样,分为更新和查询两类。其中更新是对数据结构和数据进行了变更,包含更改、添加和删除;查询不更改数据结构和原数据。

3) 数据完整性约束

数据模型中的数据完整性约束主要描述数据结构内数据之间的语法、词义联系、数据之间的制约和相互依存关系,以及数据动态变化的规则,以保证数据的正确性、有效性和相容性。它是完整性规则的集合,用以限定符合数据模型的数据库状态以及状态的变化。

8.1.5　关系模型

8.1.4 节讲到的三种重要数据模型中的层次模型和网状模型统称为非关系模型,而关系模型完全不同于非关系模型,它是建立在严格的数学概念的基础上的。与其他数据模型相比，关系模型的数据结构不是图或树，不需要使用指针链表，而是用直观的一组二维表来表示实体以及实体间的联系。目前广泛使用的 Microsoft Access、Microsoft SQL Server、MySQL 和 Oracle 都是基于关系模型的数据库管理系统。

1. 关系模型的数据结构及基本概念

关系模型的数据结构是一张规范的二维表，它由表名、表头和表体三部分构成。表名即二维表的名称，表头决定了二维表的结构(即表中列数及每列的列名、类型等)，表体即二维表中的数据。每个二维表又可称为一个关系，对应于一个实体集或实体集之间的一种联系。表 8.1～表 8.3 所示为选课数据库关系模型中的三个关系——学生关系、课程关系和选课关系，分别对应三张表——学生表、课程表和选课表。

表 8.1   学生表(student)

学号 sno	姓名 sname	性别 sex	年龄 age	学院 sch	专业 spec
04201	王力	男	19	计算机学院	软件工程
04202	赵丽	女	19	计算机学院	软件工程
03312	李盼盼	女	20	外语学院	商务英语
02303	张庆	男	21	自动化学院	自动控制

表 8.2   课程表(course)

课程号 cno	课程名 cname	学时 ct	学分 cc
1	数据库原理	48	2
2	C 语言程序设计	60	3
3	大数据理论	32	2
4	人工智能导论	48	2

表 8.3   选课表(sc)

学号 sno	课程号 cno	成绩 score
04201	2	90
04202	3	85
04201	4	87
03312	1	79

下面结合表 8.1～表 8.3，介绍关系模型所涉及的一些基本概念。

(1) 关系。一个关系对应一张由行和列组成的二维表，二维表的名称就是关系名，如表 8.1 所示的学生表。

(2) 元组。元组也称为记录，即二维表格中的一行，如学生表中的一条学生记录即为一个元组。

(3) 属性。属性也称为字段，二维表中的一列即为一个属性，给每一列起的名字即为属性名，也叫字段名。例如，学生表有 6 列，即有 6 个属性，属性名分别为"学号""姓名""性别""年龄""学院""专业"。

(4) 域。域是指属性的取值范围，如大学生年龄的域是 15～40，性别的域是{男，女}。

(5) 候选键和主键。如果一个属性或者若干属性的组合，可以唯一标识一个关系中的一条元组，则称该属性或属性组为候选键，也称为候选码。一个关系中可以有多个候选键。在最简单的情况下，候选键只包含一个属性。在极端情况下，候选键由关系中的全部属性组成。当一个关系中有多个候选键时，从中选择一个作为主键。一个关系中只能有一个主键。例如，"学号"是学生表的主键，("学号"，"课程号")是学生选课表的主键。

(6) 关系模式。关系模式是对关系的描述，一般表示为关系名(属性 1，属性 2，…，属性 n)，如学生表(学号，姓名，性别，年龄，学院，专业)。

(7) 关系实例。关系实例是关系模式的值，是关系的数据，相当于二维表中的数据。

2. 关系模型的数据操纵与完整性约束

关系模型的数据操纵主要包括查询、插入、删除和修改数据。这些操作必须满足关系的完整性约束条件，即满足实体完整性、参照完整性和用户定义的完整性。

3. 关系模型的优缺点

关系模型是建立在严格的数学概念的基础上，无论实体还是实体之间的联系都用关系来表示。对数据的查询结果也是关系(表)，因此概念单一，数据结构简单、清晰，便于初学者掌握。关系模型的存取路径对用户透明，从而具有更高的数据独立性，更好的安全保密性，也简化了程序员的工作和数据库建立开发工作。

由于存取路径对用户透明，关系模型的查询效率往往不如非关系数据模型。因此为了提高性能，必须对用户的查询请求进行优化，这增加了开发数据库管理系统的难度。

8.2 关系数据库语言 SQL

8.2.1 SQL 语言简介

SQL 是结构化查询语言(Structured Query Language)的英文缩写，虽然它被称为查询语言，但实际上是一种数据库数据处理和程序设计语言，用于存取、查询、更新和管理关系数据库数据。SQL 语言在 1974 年由 Boyce 和 Chamberlin 提出，并首先在 IBM 公司研制的关系数据库系统 System R 上实现。由于它具有功能丰富、使用方便灵活、语言简洁易学等突出优点，因此深受计算机工业界和计算机用户的欢迎。1987 年，国际标准化组织(ISO)颁布了 SQL 正式国际标准。标准的制定使得绝大多数数据库厂家都采用 SQL 语言作为其数据库语言。目前，像 Oracle、Sybase、SQL Server 和 Informix 等大型数据库管理系统，以及 Access、Visual FoxPro 等桌面级小型数据库管理系统都支持使用 SQL 进行数据查询与管理。

SQL 之所以能够成为标准并被业界和用户所接受，是因为它具有简单、易学、综合的鲜明特点，主要体现在以下几个方面。

(1) 语言功能的一体化。SQL 集数据查询、数据定义、数据操纵、数据控制功能于一体。SQL 的数据查询语言主要用于检索数据库记录，基本结构是由 Select 子句 + From 子句 + Where 子句组成的查询语句块。SQL 的数据定义语言主要用于建立、修改和删除数据库中的表、视图、索引等各种对象，语句有 Create、Alter 和 Drop。SQL 的数据操纵语言主要用于更改数据库中的数据，包含的操作有插入、更新和删除，对应的语句为 Insert、Update 和 Delete。SQL 的数据控制语言主要用于授予和回收用户访问数据库各类对象的权限，语句有 Grant 和 Revoke。SQL 语言具有数据查询、定义、操纵和控制功能，而关系模型中唯一的结构类型就是关系表，这种数据结构的单一性使得 SQL 对数据库数据的增、删、改、查等一次操作即可完成，这些都为数据库应用程序的开发提供了良好的编程环境。

(2) 高度非过程化的语言。SQL 语言操作数据库，只需提出"做什么"，无须指明"怎样做"，用户不必关心存取结构。存取结构的选择和语句的具体执行由数据库管理系统 (DBMS)自己完成，从而简化了编程的复杂性，提高了数据的独立性。

(3) 面向集合的操作方式。SQL 语言在元组集合上进行操作，操作结果仍是元组集合。查找、插入、删除和更新都可以对元组集合进行。也就是说，SQL 的每个命令的操作对象是一个或多个关系表，结果也是一个关系表。

(4) 两种操作方式、统一的语法结构。SQL 语言既是自含式语言，又是嵌入式语言。作为自含式语言，可作为联机交互使用，每个 SQL 语句可以独立完成其操作；作为嵌入式语言，语句可嵌入高级程序设计语言中，供程序员开发应用程序时使用。

(5) 语言简洁、易学易用。SQL 是结构化的查询语言，语言非常简单，完成数据查询、数据定义、数据操纵和数据控制的核心功能只用了九个动词：Select、Create、Alter、Drop、Insert、Update、Delete、Grant 和 Revoke。SQL 的语法简单，接近英语口语，因此容易学习，使用方便。SQL 语言作为数据库语言，有它自己的词法和语法结构，并有其专用的语言符号，不同的 DBMS 虽有改进，但主要的符号和语法都相同。

8.2.2　使用 SQL 查询数据

SQL 语言介绍与
简单数据查询

数据查询是数据库的核心操作，SQL 使用 SELECT 语句来实现查询数据库数据。SELECT 语句用途广泛，使用灵活，功能强大。SELECT 语句的一般语法格式如下：

SELECT　[ALL | DISTINCT] 目标列
FROM 表名或视图名
[WHERE 条件表达式]
[GROUP BY 列名 1 [HAVING 过滤表达式]]
[ORDER BY 列名 2 [ASC | DESC]]

SELECT 语句的含义是：根据 WHERE 子句中的条件表达式，从 FROM 子句指定的表或视图中找出满足条件的记录，再按 SELECT 子句中的目标列选出记录中的属性值，形成结果表并输出。如果有 GROUP BY 子句，则将结果按列名 1 进行分组，把该属性列值相等的记录归为一组，如果后面还带 HAVING 子句，则只有符合过滤表达式的组才能输出。

如果指定了 ORDER BY 子句，则结果将按列名 2 的值升序或降序输出。这里提到的"视图"是一个虚拟表，其内容由查询结果定义，数据库中只存放视图的定义，视图的数据来自其定义时所涉及的基本表。可以像使用基本表一样对视图进行查询操作，但对视图的更新会受到一定的限制。

上面的 SELECT 语句格式中，方括号中的内容是可以省略的，所以 SELECT 语句最精简的格式如下：

　　　　SELECT　目标列　FROM　表名或视图名

下面以选课数据库中的 student 表、course 表和 sc 表(见表 8.1～表 8.3)为例来说明 SELECT 语句的用法。

1. 简单查询

只包含"SELECT…FROM"的查询是一种最简单的查询，也称为无条件查询，相当于从一个表中选择用户感兴趣的若干列输出。

例 8.1　查询全部学生的学号、姓名和所在学院的有关信息。

　　　　SELECT　sno, sname, sch

　　　　FROM　student

查询结果如表 8.4 所示。

表 8.4　例 8.1 的查询结果

sno	sname	sch
04201	王力	计算机学院
04202	赵丽	计算机学院
03312	李盼盼	外语学院
02303	张庆	自动化学院

例 8.2　查询全部学生的所有信息。

　　　　SELECT　*

　　　　FROM　student

这里 SELECT 语句后面的星号代表所有属性列，因此该查询等价于下面的查询：

　　　　SELECT　sno, sname, sex, age, sch, spec

　　　　FROM　student

即输出表中所有的行和列。

在 SELECT 子句中的目标列通常是表中的属性列，但有时根据应用需要，也可以使用表达式来替换。例如，在 student 表中只有年龄，没有出生年份，但出生年份可以根据现在的年份减去年龄来求得，即 2021−age，其表达式的具体用法见例 8.3。

例 8.3　查询全部学生的学号、姓名和出生年份。

　　　　SELECT　sno, sname, 2021−age

　　　　FROM　student

执行结果如表 8.5 所示。

表 8.5　例 8.3 的查询结果

sno	sname	2021-age
04201	王力	2002
04202	赵丽	2002
03312	李盼盼	2001
02303	张庆	2000

默认情况下，输出的结果集的列名为属性名或表达式，如例 8.3 的列名分别为 sno、sname 和 2021-age。有时用户为提高可读性，想自己指定输出的列名称，则可以使用 AS 关键字来指定输出的列名，具体方法如下：

目标列或表达式　[AS]　新列名

例 8.4　将例 8.3 中的学号属性列改名为 student_no，对出生年份表达式列使用新的列名 birthday。

SELECT　sno　AS　student_no, sname, 2021-age　AS　birthday

FROM　student

查询结果如表 8.6 所示。

表 8.6　例 8.4 的查询结果

student_no	sname	birthday
04201	王力	2002
04202	赵丽	2002
03312	李盼盼	2001
02303	张庆	2000

这里的 AS 是可以省略的，只要原属性列名和新列名中间有空格即可，但为了增强代码的可读性，建议使用 AS 关键字。

例 8.5　查询学生的专业。

SELECT　DISTINCT　spec

FROM　student

这里加了 DISTINCT 关键字，意思是去掉查询结果中的重复行，其查询结果如表 8.7 所示。不加 DISTINCT 的查询结果如表 8.8 所示。

表 8.7　例 8.5 的查询结果　　　　　　表 8.8　例 8.5 不加 DISTINCT 的查询结果

spec
软件工程
商务英语
自动控制

spec
软件工程
软件工程
商务英语
自动控制

2. 条件查询

当要在数据表中找出满足一定条件的行时，就需要使用 WHERE 子句来指定查询条件。WHERE 子句中的查询条件通常由三部分组成：列名、比较运算符、列名或常数。常用的比较运算符如表 8.9 所示。

表 8.9　常用的比较运算符

运　算　符	含　义
=、>、<、>=、<=、!=、<>	比较大小
AND、OR、NOT	逻辑运算
BETWEEN AND、NOT BETWEEN AND	确定范围
IN、NOT IN	确定集合
LIKE、NOT LIKE	字符匹配
IS NULL、IS NOT NULL	空值

1) 基于比较大小的查询

例 8.6　查询计算机学院所有学生的学号、姓名和性别。

```
SELECT    sno, sname, sex
FROM    student
WHERE    sch='计算机学院'
```

例 8.7　查询考试成绩不及格的学生学号。

```
SELECT    sno
FROM    sc
WHERE    score<60
```

该查询等价于下面的查询：

```
SELECT    sno
FROM    sc
WHERE    NOT    score>=60
```

2) 基于确定范围与多重条件的查询

例 8.8　查询年龄为 19～21 岁的学生信息。

```
SELECT    *
FROM    student
WHERE    age    BETWEEN    19    AND    21
```

该查询等价于下面的多重条件查询：

```
SELECT    *
FROM    student
WHERE    age>=19    AND    age<=21
```

3) 基于确定集合的查询

例 8.9　查询计算机学院和自动化学院学生的全部信息。

```
SELECT    *
FROM    student
WHERE    sch  IN('计算机学院','自动化学院')
```

该查询等价于下面的多重条件查询：

```
SELECT    *
FROM    student
WHERE    sch='计算机学院' OR    sch='自动化学院'
```

例 8.10　查询不是计算机学院和自动化学院的学生的学号与姓名。

```
SELECT    sno, sname
FROM    student
WHERE    sch  NOT  IN('计算机学院','自动化学院')
```

4) 模糊查询

前面的例子都是完全匹配查询，当不知道完全精确的值时，可以使用 LIKE 或 NOT LIKE 进行模糊查询。LIKE 的语法格式如下：

列名　[NOT]　LIKE　字符串常量

其中，列名所对应列的内容必须是字符型；字符串常量中的字符可以包含通配符，利用通配符可以进行模糊查询。字符串中的通配符及功能如表 8.10 所示。

表 8.10　字符串中的通配符及功能表

通配符	功　能	实　　例
%(百分号)	代表零个或多个字符	a%b 表示以 a 开头、以 b 结尾的任意长度的字符串。例如，ab、acb、askldfjb 都符合该匹配
_(下划线)	代表任意单个字符	a_b 表示以 a 开头、以 b 结尾、长度为 3 个字符的字符串。例如，aab、afb、atb 都符合该匹配

例 8.11　查询所有姓王的学生的信息。

```
SELECT    *
FROM    student
WHERE    sname  LIKE  '王%'
```

例 8.12　查询课程名称中含有"语言"二字的课程的信息。

```
SELECT    *
FROM    course
WHERE    cname  LIKE  '%语言%'
```

例 8.13　查询姓名中第二个字是"丽"的学生的信息。

```
SELECT    *
FROM    student
WHERE    sname  LIKE  '_丽%'
```

5) 空值查询

空值(NULL)在数据库中有特殊含义,表示不确定的值,空值不等同于 0 或空格,它不占任何存储空间。例如,某些学生选修了课程,但没有参加考试,就会造成选课表里有学生的选课记录,却没有成绩。这时表中的成绩列的值为 NULL。这与参加考试、成绩为 0 是不同的。判断是否为空值时,不能使用普通的比较运算符,而应使用 IS NULL 或 IS NOT NULL 来判断。

例 8.14 查询没有考试成绩的学生的学号和相应的课程号。

    SELECT   sno, cno
    FROM   sc
    WHERE   score IS NULL

3. 统计汇总查询

统计汇总查询可以对表中的数据进行计算,并输出统计结果。SQL 提供了许多库函数,增强了其统计计算能力。常用的统计汇总库函数如表 8.11 所示。

表 8.11   SQL 常用统计汇总库函数

函 数 名 称	功 能
AVG	按列计算平均值
SUM	按列计算值的总和
MAX	求一列中的最大值
MIN	求一列中的最小值
COUNT	按列值统计个数

例 8.15 查询课程号为 1 的课程的最高分。

    SELECT   MAX(DISTINCT score)
    FROM   sc
    WHERE   cno=1

其中,DISTINCT 表示只求最大值,若最大值出现重复值,则只输出一个最大值,而不是多个。

例 8.16 求学号为 04201 的学生的总分和平均分。

    SELECT   SUM(score) AS TotalScore, AVG(score) AS AvgScore
    FROM   sc
    WHERE   sno='04201'

查询结果如表 8.12 所示。

表 8.12   例 8.16 的查询结果

TotalScore	AvgScore
177	88.5

使用库函数进行查询时,通常要给每项库函数加个别名,否则在返回的查询结果中列名为空,所以在例 8.16 中使用 AS 分别给 SUM 和 AVG 函数起了别名,查询结果中才有了列名。

例 8.17　查询学校共有多少个不同的专业。

  SELECT　COUNT(DISTINCT spec)　AS　SpecNum

  FROM　student

4. 分组查询

在 SQL 中，可以用 GROUP　BY 子句将查询结果按指定的列进行分组，即将指定列值相同的记录分为一组。分组的目的是细化统计汇总函数的作用对象。在前面的例子中，对查询结果未分组，统计汇总函数的计算对象是整个查询结果；分组后，统计汇总函数作用的对象是每一个分组，相当于每个分组都有一个统计汇总函数值。

例 8.18　查询每个学生的学号及所选课程数。

  SELECT　sno,　COUNT(cno)　AS　ScNum

  FROM　sc

  GROUP　BY　sno

该查询把结果中的记录按学号值相同的进行分组，那么被同一学生选修的课程被分成一组，然后使用统计函数 COUNT 对每个分组按其课程号进行统计来求得每组的课程数。查询结果如表 8.13 所示。

表 8.13　例 8.18 的查询结果

sno	ScNum
04201	2
04202	1
03312	1

若在分组后还要按照一定条件进行筛选，则需要使用 HAVING 子句。HAVING 子句与 WHERE 子句不同，根本区别在于作用对象不同：WHERE 子句作用于基本表或视图，从中选取符合条件的记录；HAVING 子句作用于组，选出符合条件的分组，且必须放在 GROUP BY 子句之后。当一个 SQL 查询中既有 WHERE 和 GROUP BY，又有 HAVING 子句时，其执行顺序是 WHERE、GROUP BY、HAVING，即先按 WHERE 子句的条件筛选一遍数据，然后 GROUP BY 对筛选后的数据进行分组，最后根据 HAVING 子句设定的条件输出满足条件的分组数据。

例 8.19　查询至少有两门课的成绩在 80 分以上的学生的学号。

  SELECT　sno

  FROM　sc

  WHERE score>80

  GROUP　BY　sno　HAVING　COUNT(*)>=2

该查询先用 WHERE 子句将成绩在 80 分以上的记录筛选出来，然后用 GROUP BY 对筛选后的数据按学号 sno 分组,分组后再根据 HAVING 子句的要求,先用统计函数 COUNT 对每组进行个数统计，然后判断统计值是否大于等于 2，如果满足条件，则输出该分组的 sno 值。

5. 查询结果排序

在默认情况下，查询结果中记录的顺序是它们在表中存放的顺序，但有时用户希望将查询结果进行排序，这时就应该使用 ORDER　BY 子句。ORDER　BY 子句必须出现在其他子句之后，排序方式可以指定，DESC 为降序，ASC 为升序，如果不指定，缺省为升序。其语法格式如下：

　　　　ORDER　BY　列名　　[ASC | DESC]

例 8.20　查询选修 2 号课程的学生的学号和成绩，并按成绩降序排序。

　　　　SELECT　sno, score

　　　　FROM　sc

　　　　WHERE　cno=2

　　　　ORDER　BY　score　DESC

如果 ORDER BY 子句中使用多个列排序，则首先按最前面的列进行排序。排序后若存在两个或两个以上列值相同的记录，则对这些值相同的记录再按第二位的列值进行排序。后面的排序以此类推。

例 8.21　查询学生情况，先按其所在学院的升序排序，再按同一学院学生的性别降序排序，最后按同一性别的年龄升序排序。

　　　　SELECT　*

　　　　FROM　student

　　　　ORDER　BY　sch, sex　DESC, age

6. 多表查询

在查询数据时，有时会发现所需数据分布在多个表中，这时就涉及多个表的联合查询了。若一个查询涉及两个或两个以上的表，则称为多表查询，也叫连接查询。此时需要按照某些条件将这些表连接起来，形成一个临时表，然后对此临时表进行简单查询。连接查询实际上是通过各个表之间共同列的关联性来查询数据的，数据表之间的联系是通过表的字段值来体现的，这种字段称为连接字段。

例 8.22　查询所有学生的学号、姓名、课程号和成绩。

分析表 8.1～表 8.3 三张表后可知，学生的学号、姓名数据在 student 表中，而所学课程和成绩在 sc 表中，所需数据分布在两张表中，因此需要进行多表查询。由于这两张表中具有相同的属性列 sno，所以可以通过该列将两个表连接起来，连接条件为 student.sno=sc.sno，连接后所形成的临时表如表 8.14 所示。

表 8.14　student、sc 两表连接的结果

student.sno	sname	sex	age	sch	spec	sc.sno	cno	score
04201	王力	男	19	计算机学院	软件工程	04201	2	90
04201	王力	男	19	计算机学院	软件工程	04201	4	87
04202	赵丽	女	19	计算机学院	软件工程	04202	3	85
03312	李盼盼	女	20	外语学院	商务英语	03312	1	79

在表 sc 中,学号为 04201 的记录有 2 条,所以在临时表里有 2 条记录;而学号为 02303 的记录为空,则在临时表里无记录,尽管它在学生表里对应有记录。把学号相同的记录连接起来形成临时表后,就可以像前面介绍的查询操作一样对该临时表进行查询了。不过需要注意的是,两表中都有相同的学号字段 sno,所以为了防止混淆,在 SQL 查询语句中需要用到 sno 的地方,必须在 sno 前加上表名作为前缀,以区分来自哪个表。例 8.22 的完整查询语句如下:

```
SELECT   student.sno, sname, cno, score
FROM    student, sc
WHERE   student.sno=sc.sno
```

表的连接方法除了像上面的在 FROM 子句中指明连接的表名,在 WHERE 子句中指明连接的条件外,也可以使用关键字 JOIN…ON 进行连接。因此上述语句也可以写成:

```
SELECT   student.sno, sname, cno, score
FROM   student   JOIN   sc   ON   student.sno=sc.sno
```

这里的 FROM 子句表示查询的数据来自一个临时表,该表是根据连接条件 student.sno=sc.sno,把 student 表和 sc 表连接起来后形成的。

7. 子查询

在 SQL 中,形如 SELECT…FROM…WHERE 的语句称为查询块。如果在查询语句的 WHERE 子句中包含有一个查询块,则称此查询块为子查询或嵌套查询,包含子查询的语句称为父查询或外部查询。嵌套查询可以将一系列的简单查询构造成复杂查询,以增强查询能力。SQL 允许多层嵌套,嵌套层数可达上百层。嵌套查询在执行时由内向外进行处理,子查询在父查询开始前完成,父查询要用到子查询的结果。

例 8.23　　查询赵丽的同龄人姓名

```
SELECT   sname
FROM   student
WHERE   age =(SELECT   age
                FROM   student
                WHERE   sname=' 赵丽')
```

此查询分两步来完成,先是执行子查询从 student 表得到赵丽的年龄,然后以此作为父查询的年龄条件,再对 student 表进行父查询从而得到想要的结果。

例 8.24　　查询选修了 3 号课程的学生信息

```
SELECT   *
FROM   student
WHERE   sno   IN   (SELECT   sno
                FROM   sc
                WHERE   cno=3)
```

此查询也是分两步来完成,先是对 sc 表执行子查询得到所有选 3 号课程的学生学号,子查询的结果为一个集合;然后父查询再对 student 表进行查询,把学号包含在此集合中的学生信息全部显示出来。由于此嵌套查询涉及两个表,所以该查询也可以用前面的多表连接查询来完成，对应语句如下：

```
SELECT    student.*
FROM    student, sc
WHERE    student.sno=sc.sno    AND    cno=3
```

通过比较可以看出，在形式上连接查询比嵌套查询简单，但连接查询不如嵌套查询那样层次分明、容易理解。

使用 SQL 进行多表查询

8.2.3　使用 SQL 更新数据

对于表中数据的更新，SQL 主要提供了数据添加(INSERT)、数据修改(UPDATE)和数据删除(DELETE)这三类语句。

1. 添加数据

在 SQL 中，INSERT　INTO 语句用于向表中插入新的行数据。其语法格式有两种：一种是添加一行数据，另一种是插入子查询的结果，即多行数据的插入。

1) 添加一行新记录

SQL 中添加一行新记录的语法格式是：

```
INSERT    INTO    表名  [ ( 列名 1 [, 列名 2…) ) ]
VALUES    (值 1 [, 值 2…) )
```

其中，要添加新记录的表名是必填项；列名指定要添加数据的列是可选项；VALUES 子句指定待添加数据的具体值是必填项。当没有指定任何列名时，则新插入的记录在每一个属性列上都要有值，即 VALUES 后面的值有多少列，就填多少个值。当指定了部分列名时，未出现的属性列在添加新数据时默认赋空值 NULL，前提是这些列允许空值，否则必须赋值。列名的顺序不一定要和表中的相同，但必须与 VALUES 子句中的值在顺序和数量上保持一致，在数据类型上也要一一对应。

例 8.25　在 student 学生表中添加一条新的记录。

```
INSERT    INTO    student
VALUES('02301', '李刚', '男', 20, '自动化学院', '自动控制')
```

例 8.26　在课程表 course 中添加一条课程信息的部分数据值(假定学时、学分允许为空)。

```
INSERT    INTO    course (cno, cname )
VALUES    (5, '物联网')
```

2) 添加子查询结果

将一个表的查询结果添加到另一个表中，即表间的数据复制，可以通过添加子查询结果来实现，其语法格式如下：

```
INSERT    INTO    表名  [ (列名 1 [, 列名 2…) ) ]
子查询
```

例 8.27　计算出学生的平均成绩，并存于 savg 表中(假设 savg 表已建好，且只有学号和平均成绩两个属性列)。

```
INSERT    INTO    savg
SELECT    sno,    AVG(score)
```

```
FROM   sc
GROUP  BY  sno
```

2. 修改数据

当数据添加到表中后,可以使用 UPDATE 语句对一行或多行记录进行修改,其语法格式如下:

```
UPDATE   表名
SET   列名 1=表达式 1   [, 列名 2=表达式 2…]
[WHERE   条件]
```

其中,表名是指要修改的数据表,SET 子句指定要修改的列及其修改后的值,WHERE 子句指定要修改的记录应当符合的条件,当 WHERE 子句省略时,则是对表中全部记录进行修改。

1) 修改一行记录

例 8.28　把学生赵丽调整到网络工程专业。

```
UPDATE   student
SET   spec='网络工程'
WHERE   sname='赵丽'
```

2) 同时修改多行记录

例 8.29　将全体学生年龄加 1。

```
UPDATE   student
SET   age=age+1
```

3) 结合子查询进行修改

例 8.30　将软件工程专业的学生成绩每门提高 5 分。

```
UPDATE   sc
SET   score=score+5
WHERE   sno   IN   (SELECT   sno
FROM   student
WHERE   spec='软件工程')
```

3. 删除数据

使用 DELETE 语句可以删除表中一行或多行记录,其语法格式如下:

```
DELETE
FROM   表名
[WHERE   条件]
```

其中,表名是指要删除数据的表,WHERE 子句指定要删除的记录应当符合的条件,当 WHERE 子句省略时,则是对表中全部记录进行删除,因此不带 WHERE 子句的删除操作一定要慎用。

1) 删除一个记录

例 8.31　删除学生王力的信息。

```
DELETE
FROM    student
WHERE    sname='王力'
```

2）删除多行记录

例 8.32　清空课程表。

```
DELETE
FORM    course
```

3）结合子查询进行删除

例 8.33　删除学生王力的《人工智能导论》的课程成绩。

```
DELETE
FROM    sc
WHERE    sno=(SELECT    sno    FROM    student    WHERE    sname='王力')
             AND    cno=(SELECT    cno    FROM    course    WHERE    cname='人工智能导论')
```

8.3　Access 数据库管理系统

Access 是由微软发布的一种小型的关系数据库管理系统，是把数据库引擎的图形界面和软件开发工具结合在一起的一个数据库管理系统。初学者可以通过可视化的操作完成大部分的数据库管理和开发

使用 SQL 更新数据

工作，对于高级数据库系统开发人员来说，可以通过 VBA(Visual Basic for Application)开发出高质量的数据库系统。Access 是微软 Office 的一个成员，包含在 Office 的专业版和更高版本中。本节以 Access 2013 为例介绍其数据库管理功能。

8.3.1　创建数据库与数据表

1. 数据库的组成

在 Access 中，一个数据库包含的对象有表、查询、窗体、报表、宏和模块，这些对象都存放在同一个数据库文件中，Access 2007 及以后的版本的数据库文件扩展名为.accdb，之前版本的扩展名为.mdb。

使用 Access 创建

数据库与表

1）表

这里的表就是之前讲关系模型时提到的二维表，就是 SQL 语句中提到的表对象，表是数据库中最基本的对象，没有表就没有其他对象。一个数据库中可以有多个表，表与表之间通常是有关系的，可以通过相关字段建立关联。表及表之间的关系构成了数据库的核心。

2）查询

查询就是从一个或多个表中根据用户设置的查询条件，选择所需的数据供用户查看。查询作为数据库的一个对象保存后，可以作为窗体、报表来用。

3) 窗体

窗体是 Access 向用户提供的一个交互式界面，其数据源可以是表，也可以是查询。

4) 报表

Access 中的报表与现实生活中的报表是一样的，是一种按指定的样式格式化的数据形式，可以浏览和打印。与窗体一样，报表的数据源可以是一个或多个表，也可以是查询。

5) 宏

Access 中的宏是一种可用于自动执行任务及向表单、报表和控件添加功能的工具，属于 Office 的高级功能。

6) 模块

模块属于 Access 的高级功能，在模块中，用户可以用 VBA 语言编写函数、过程和子程序。

2. 创建数据库

Access 启动后会默认进入"新建"数据库选项卡，如图 8.6 所示。在这里除了最常用的新建"空白桌面数据库"选项外，还有各类数据库模板和"自定义 Web 应用程序"。

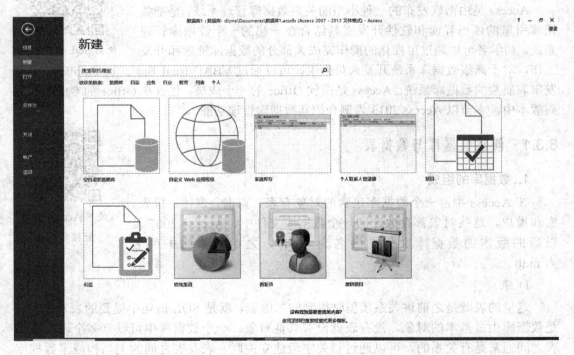

图 8.6　Access "新建" 选项界面

选择"新建空白数据库"，会弹出如图 8.7 所示的创建空白数据库的对话框。

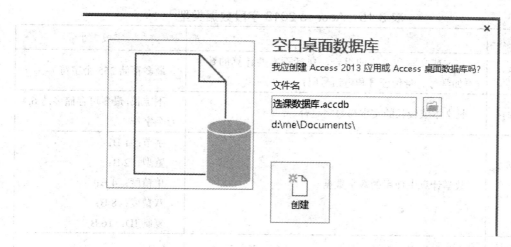

图 8.7 创建空白数据库对话框

在这里，需要指定数据库文件名和保存的位置，我们设定数据库文件名为选课数据库，储存路径为 d:\me\Documents，然后点击创建按钮，开始创建数据库。此时会在指定的存储位置生成一个名为"选课数据库.accdb"的数据库文件，并在 Access 中打开创建好的数据库，如图 8.8 所示。接着就可以在该窗口创建所需的各类数据库对象，默认数据库中已建好一张名为"表 1"的数据表。

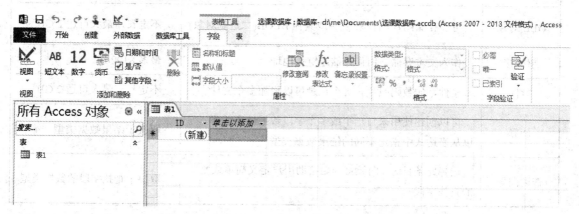

图 8.8 选课系统数据库窗口

3. 数据表的结构

表是数据库的基础，它保存着数据库中的全部数据。要建立表，首先要确定表的结构，即确定表中各字段的名称、字段数据类型、字段属性等内容。

1) 字段名称

字段名称可以包含字母、数字、汉字和其他字符，但不能包含()、!、[]等字符，最长 64 个字符，且第一个字符不能为空格。

2) 字段数据类型

在 Access 2013 中，字段数据类型共有 12 种，如表 8.15 所示。

表 8.15　Access 2013 字段数据类型

数据类型	说　　明	字段大小
短文本	文本或文本和数字的组合，包括不需要计算的数字(例如学号、身份证号和电话号码)	最多存储 255 个字符
长文本	长文本或较长的文本与数字组合	不定长，最多可存储多达 6.4 万个字符
数字	数学计算中使用的数字数据	字节：1 B；整型：2 B；单精度：4 B；双精度：8 B；复制 ID：16 B
日期/时间	存储日期和时间数据	8 B
货币	存储货币值，涉及带有 1 到 4 位小数的数据	8 B
自动编号	每当将新记录添加到表中时，由 Access 自动产生，或者顺序加 1，或者随机给定	4 B
是/否	存储逻辑型数据	1 B
OLE 对象	可以存储图片，音频，视频或其他 BLOB(二进制对象)	不定长，最大可达 2 GB
超链接	作为文本存储，用作存储超链接地址	最多 8192 B
附件	文件，如数码照片。每个记录可以附加多个文件	不定长，最大可达 2 GB
计算	可以创建使用来自一个或多个字段数据的表达式，可以从表达式中指定不同的结果数据类型	取决于结果数据类型
查询向导	选择此条目时，向导将开始帮助用户定义简单或复杂的查找字段	取决于查找字段的数据类型

3) 字段属性

字段的数据类型确定后，还需要设定字段属性，以便于更准确地确定数据的存储方式。不同的数据类型有着不同的属性，常用属性如下：

(1) 字段大小：即字段的长度，该属性用来设置存储在字段中文本的最大长度或数字的取值范围。因此，只有文本型、数字型和自动编号型字段才具有该属性。文本型字段长度为 1～255 个字符，数字型字段的长度由数据类型决定。

(2) 格式：字段的"格式"属性用来确定数据在屏幕上的显示方式以及打印方式，从而使表中的数据输出有一定的规范，便于浏览和使用。例如，可以选择以短日期"年/月/日"格式来显示日期。

(3) 小数位数：对数字型和货币型数据指定小数位数。

(4) 输入掩码：用来设置字段中的数据输入格式，并限制不符合规范的文字或符号输入。这种特定的输入格式，对日常生活中相对固定的数据形式非常适用，如电话号码、日期、邮政编码等。设置输入掩码的方法是在"输入掩码"编辑框中输入格式符。

(5) 标题：指定字段名的显示名称，即在表、查询或报表等对象中显示的标题文字。如果没有为字段设置标题，就显示相应的字段名称。

(6) 默认值：当表中某个字段值有多条记录相同时，可以将相同的值设置为该字段的默认值，这样每产生一条新记录时，这个默认值就自动加到该字段中，避免了重复输入同一数据。用户可以直接使用这个默认值，也可以输入新的值。

(7) 必需字段：该属性中只有"是"或"否"两个选项，某个字段设置该属性为"是"时，在输入该字段时，该字段的内容不允许为空。

(8) 有效性规则：是一个与字段或记录相关的表达式，通过对用户输入的值加以限制，提供数据的有效性检查。建立有效性规则时，必须创建一个有效的 Access 表达式，该表达式是一个逻辑表达式，以此来控制输入到数据表中的数据。

(9) 有效性文本：是一个提示信息，当输入的数据不在设置的范围内时，系统就会出现提示信息，提示输入的数据有错，这个提示信息可以是系统自动加上的，也可以由用户设置。

4．创建数据表

Access 中有两种方法创建数据表，分别是使用设计器创建数据表和通过输入数据创建数据表。使用设计器创建数据表可以创建满足任意要求的表，灵活度高，所以这里主要介绍使用设计器创建数据表。

例 8.34　创建 student 表(学生表)、course 表(课程表)和 sc 表(选课表)。

首先要确定表的结构，student 表的结构如表 8.16 所示。

表 8.16　student 表的结构

字段名称	字段类型	字段属性
sno	短文本	字段大小：5；掩码：00000(表示 5 位数字字符)
sname	短文本	必需字段：是
sex	短文本	字段大小：1；必需字段：是
age	数字	字段大小：整型
sch	短文本	使用默认属性
spec	短文本	使用默认属性

由于新建数据库时，默认已经有一张"表 1"，我们选中它，点击右键选择"设计视图"，如图 8.9 所示。然后会收到要求给表起名，这里输入 student，如图 8.10 所示。之后会打开设计视图，按表 8.16 要求输入字段名，选定相应的字段类型，并设置好字段属性，结果如图 8.11 所示。

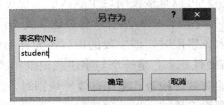

图 8.9　使用设计视图功能　　　　　　　图 8.10　另存对话框

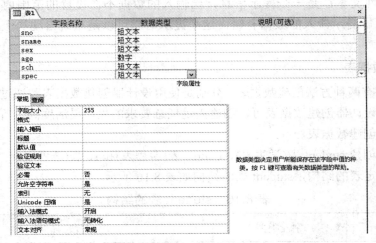

图 8.11　表中各字段的输入

接着定义 sno(学号)为表的主键。虽然主键不是必需的,但建议尽量定义主键。最后保存关闭表的设计视图。

用同样的方法建立 course 和 sc 表。在图 8.12 中的窗口中可以看到建立好的 3 张表。

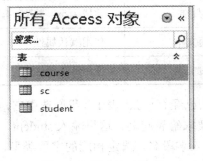

图 8.12　新建的三张表

8.3.2　数据表的操作

1. 数据输入

在左侧的 Access 对象区，双击 student 表名，即可进入表的视图状态进行数据录入，如图 8.13 所示。

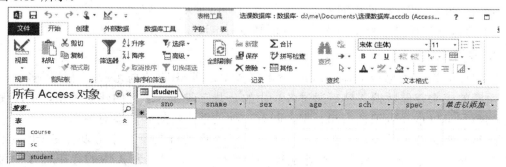

图 8.13　数据表视图

在数据表视图中打开的表类似于 Excel 工作表，可以将数据键入或粘贴到一个或多个字段中。在输入数据时，不需要明确地保存数据。当光标移动到同一行中的下一个字段，或是移到另一行时，Access 会将修改自动保存到表中。由于在创建表时，对字段都指定了数据类型，设置了属性，如文本或数字、是否为空等，所以必须输入该字段所能接受的数据类型。如果不这样做，Access 会显示错误消息。接着将表 8.1 学生表的数据全部输入到 student 表中，结果如图 8.14 所示。course 和 sc 表使用相同方法录入数据。

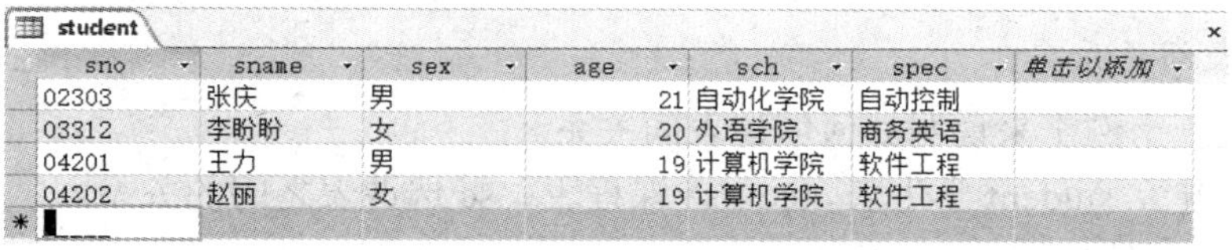

sno	sname	sex	age	sch	spec	单击以添加
02303	张庆	男	21	自动化学院	自动控制	
03312	李盼盼	女	20	外语学院	商务英语	
04201	王力	男	19	计算机学院	软件工程	
04202	赵丽	女	19	计算机学院	软件工程	

图 8.14　输入数据到 student 表中

2. 表的修改

表的修改包含表数据的修改和表结构的修改。

1) 表数据修改

对现有表数据的修改非常简单，双击表名即可进入如图 8.14 的界面，在这里可以随意修改已有内容；如果是添加新记录，在最后一行标星处输入新记录即可；若是要删除记录，则点击该记录行第一列前面的小方块，选中该行，然后点击右键，在弹出的菜单中选择"删除记录"，同样的方式还可以复制、剪贴和粘贴整行记录。

2) 表结构修改

选中要调整的表，进入设计视图，则可以修改字段的名称、类型和属性，还可对字段进行删除、插入和移动以及重新设置主键等操作。操作方法与创建表方法类似，这里不再赘述，但对于表结构的修改需要注意以下几点：

(1) 表结构的修改要慎重，因为表是数据库的核心，其结构的修改会影响到其他表乃至整个数据库。尤其是在已设定了表关系的数据库中，对一个表的结构修改，往往需要对其关联的其他表也一同修改，如果出现遗漏，必将导致数据出错。

(2) 关系表中相互关联的字段是无法直接修改的，必须要修改时需先将关联去掉。修改时，原相互关联字段必须同时修改，且改后要重新设置关联。

(3) 修改字段名不影响存放的数据，但使用之前字段名的查询、报表、窗体和程序都需要做相应修改。

(4) 打开的表或正在使用的表是不能修改的，必须关闭后修改。

(5) 修改前建议做好数据库备份，以便修改后出现错误能及时恢复。

3. 表间关系

数据库的设计要尽量消除数据冗余(重复数据)，要消除数据冗余，可使用多个基于某个主题的表来存储数据，然后通过各表中的公共字段在各表之间建立关系，从而使各表中的数据可以重新组织在一起。表之间有三种关系：一对多、多对多和一对一。一对多关系是最常见的关系类型，在这种关系中，表 A 中的行在表 B 中可以有多个匹配行，但表 B 中的行在表 A 中只有一个匹配行。在多对多关系中，表 A 中的行在表 B 中可以有多个匹配行，反之亦然。在一对一关系中，表 A 中的行在表 B 中只能有一个匹配行，反之亦然。

Access 中对表间关系的处理，是通过两个表中的公共字段来建立关系的，这两个字段一般为同名字段，且数据类型必须相同。当两表建立关系后，就不能再随意更改关系字段的值，也不能随意添加记录，因为表间关系的建立相当于在表间实施了参照完整性，参照完整性关系有助于确保一个表中的信息与另一个表中的信息相匹配，保证了数据的完整性。

1) 建立表间关系

下面通过一个例子来说明如何创建表间关系。

例 8.35　建立 student 学生表、course 课程表、sc 选课表之间的关系。

具体操作步骤如下：

(1) 首先点击工具栏上的"数据库工具"选项卡，然后单击"关系"按钮，打开"关系"窗口。

(2) 在"关系"窗口的功能区点击"显示表"按钮，打开"显示表"对话框，选中要建立关系的表，将其加入到"关系"窗口中，结果如图 8.15 所示。

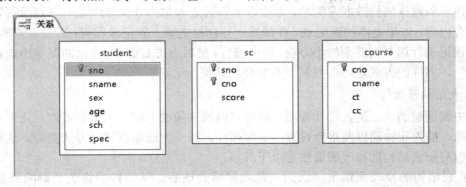

图 8.15　"关系"窗口

(3) 在"关系"窗口中，将要建立关系的字段从一个表中拖动到其他表中相应字段上，弹出如图 8.16 所示的"编辑关系"对话框，选择"实施参照完整性"选项，然后点击"创建"按钮。最终建立的表间关系如图 8.17 所示。

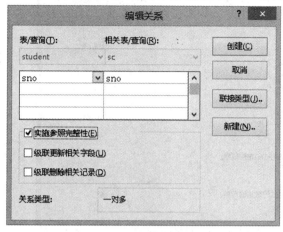

图 8.16 "编辑关系"对话框

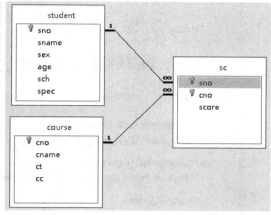

图 8.17 表间关系

2) 删除表间关系

单击选中表间的关系连接线，然后按下 Delete 键即可删除该表间关系。

3) 修改表间关系

双击表间的关系连接线，即可弹出图 8.16 所示的"编辑关系"对话框，按需求修改即可。

4. 表数据的导出与导入

使用 Access 数据库管理系统可以很方便地将表数据导出为 Excel 文件、文本文件或导出到另一 Access 数据库中，导入操作是导出操作的逆操作。在如图 8.18 所示的"外部数据"选项卡中可以看出，Access 能够导入导出的数据文件类型十分丰富。

图 8.18 "外部数据"选项卡

例 8.36 导出 student 学生表的数据，导出文件类型为 Excel。

具体操作步骤如下：

(1) 选定或打开 student 表。

(2) 选择"外部数据"选项卡，点击导出区中的 Excel 图标。

(3) 在弹出的"导出-Excel 电子表格"对话框中设置导出文件名和格式，并指定导出选项，如图 8.19 所示。

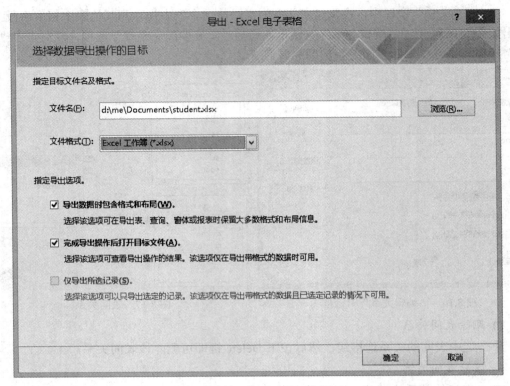

图 8.19　设置导出文件名和格式

(4) 点击确定按钮，稍等片刻会打开导出的 Excel 文件，导出的 Excel 文件内容如图 8.20 所示。

	A	B	C	D	E	F
1	sno	sname	sex	age	sch	spec
2	02303	张庆	男	21	自动化学院	自动控制
3	03312	李盼盼	女	20	外语学院	商务英语
4	04201	王力	男	19	计算机学院	软件工程
5	04202	赵丽	女	19	计算机学院	软件工程
6						

图 8.20　导出的 Excel 表内容

Access 的数据导入功能与导出功能类似，只是在导入时如果是将数据导入到一张新表中，需要像之前创建新表一样，指定字段名、字段数据类型、主键和表名。如果是将数据添加到数据库现有表中，则无须指定以上内容，但要求 Excel 表中的列数、列的数据类型与数据表中的一致，否则无法导入。

例 8.37　导入学生信息到一张新表中，导入文件类型为 Excel。

具体操作步骤如下：

(1) 选择"外部数据"选项卡，点击"导入并链接"中的 Excel 图标。

(2) 在弹出的"获取外部数据-Excel 电子表格"对话框中设置导入文件名，并指定将源数据导入当前数据库的新表中，如图 8.21 所示。

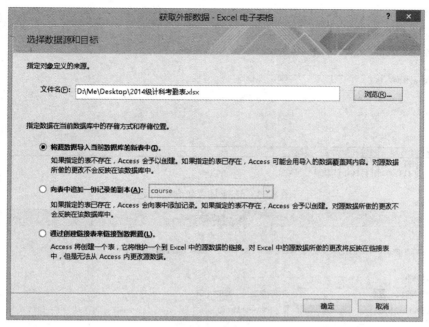

图 8.21　设置导入选项

(3) 点击确定按钮，会打开导入数据表向导，在向导中会依次让用户选择导入数据来自 Excel 中的哪张工作表，如图 8.22 所示；选择第一行是否包含列标题，如图 8.23 所示；确定每列数据的字段名、数据类型，如图 8.24 所示；确定主键，如图 8.25 所示；最后给数据表命名，如图 8.26 所示；点击完成按钮，Access 会创建指定新表并将 Excel 工作表数据导入其中。

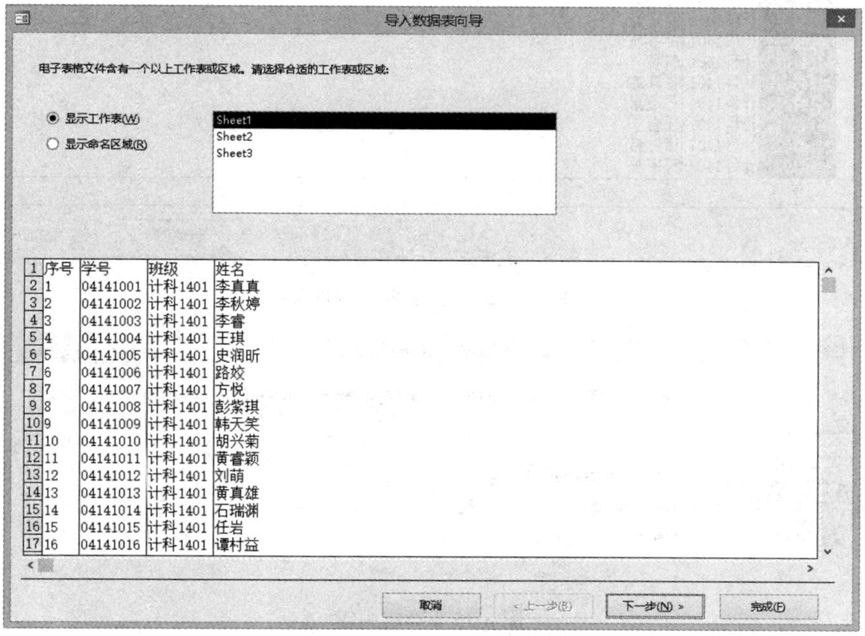

图 8.22　选择导入工作表

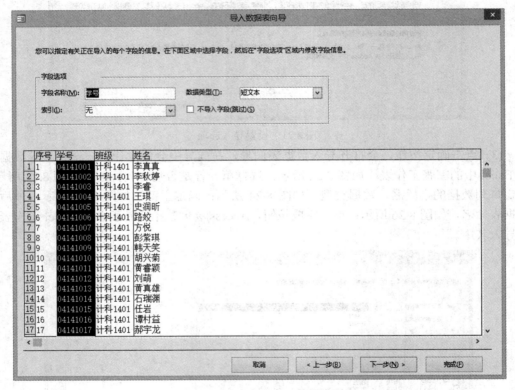

图 8.23　选择是否包含列标题

图 8.24　确定字段名、数据类型

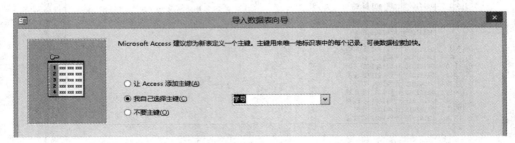

图 8.25　确定主键

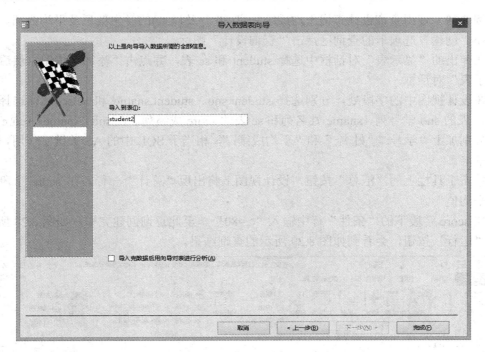

图 8.26 给数据表命名

8.3.3 数据查询

使用 Access 数据查询

在查询数据库时，直接输入 SQL 的 SELECT 语句即可实现各类查询，但 SQL 语句对于初学者来说，需要花一定的时间来掌握，对于未接触过 SQL 的用户更是无从用起。因此 Access 提供了自动生成 SELECT 语句的工具，以方便用户使用。在 Access 中创建查询有两种工具，分别是查询向导和查询设计。下面通过两个实例来说明一下这两个工具的使用方法。

例 8.38 使用查询向导查询所有学生信息。

在"创建"选项卡的查询区点击"查询向导"图标，选择"简单查询向导"，然后根据提示进行操作，最后会得到如图 8.27 所示的结果。

sno	sname	sex	age	sch	spec
02303	张庆	男	21	自动化学院	自动控制
03312	李盼盼	女	20	外语学院	商务英语
04201	王力	男	19	计算机学院	软件工程
04202	赵丽	女	19	计算机学院	软件工程

图 8.27 使用查询向导的查询结果

创建的查询对象在 Access 对象窗口中可看到，在数据表视图中可以修改查询到的内容，在设计视图中可以修改查询，在 SQL 视图中可以看到该查询对应的 SQL 语句。

使用查询向导只能创建一些较为简单的查询，缺点是不灵活，不能设置查询条件，也不能进行多表查询。所以较为复杂的查询要交给查询设计来完成。

例 8.39　使用查询设计查询平均成绩优良(80 分及以上)的学生信息及平均成绩。

在“创建”选项卡的查询区点击“查询设计”图标。

在弹出的“显示表”对话框中选择 student 和 sc 表，并点击“添加”按钮，然后关闭“显示表”对话框。

在设计视图中的字段处，分别选择 student.sno、student.sname 和 sc.score,即选择输出 student 表的 sno 学号列、sname 姓名列和 sc 表的 score 成绩列。在 sno、sname、score 字段名前分别加上“学号:”“姓名:”和“平均成绩:”，相当于 SQL 中的 AS 关键字作用，对字段起别名。

单击工具栏上的“汇总”按钮，设计视图上将出现“总计”一行，在 score 字段下选择“平均值”。

在 score 字段下的“条件”行中输入“>=80”。至此查询创建完毕，如图 8.28 所示。点击“运行”按钮，会看到如图 8.29 所示的查询结果。

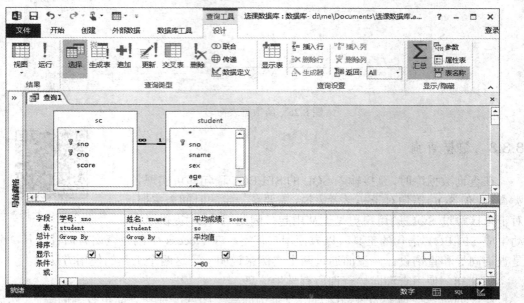

图 8.28　使用查询设计创建查询

学号	姓名	平均成绩
04201	王力	88.5
04202	赵丽	85

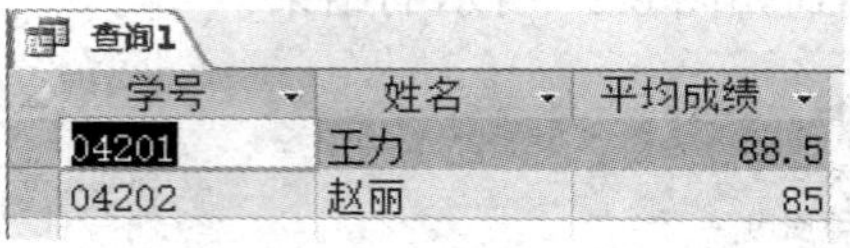

图 8.29　查询结果

点击工具栏最左侧“视图”按钮下的小三角，在弹出的列表中选“SQL 视图”，可以看到自动生成的 SELECT 语句：

```
SELECT student.sno AS 学号, student.sname AS 姓名, Avg(sc.score) AS 平均成绩
FROM student INNER JOIN sc ON student.sno = sc.sno
GROUP BY student.sno, student.sname
HAVING (((Avg(sc.score))>=80));
```

该查询保存为名为“平均成绩”的查询对象，以备后用。

8.3.4　窗体和报表

窗体是 Access 数据库的重要对象，是维护表中数据的最灵活的一种形式。窗体是用户与 Access 数据库应用程序进行数据传递的桥梁，其功能在于建立一个可以查询、输入、修改、删除数据的操作界面，以便让用户能够在最舒适的环境中输入或查阅数据。如果说表和查询属于数据层次，窗体则属于应用层次。

窗体上可以放置各种控件，用户可以利用窗体显示表中的数据，然后进行添加、删除、修改等操作。一般情况下，窗体上只显示一条记录。用户可以使用窗体上的移动按钮和滚动条查看其余的记录。窗体中的数据可以是来自多个表的数据。

报表也是 Access 数据库的重要对象，主要用来把表、查询甚至是窗体中的数据生成报表，供打印使用。

1. 创建窗体

在 Access 中，创建窗体的常用方法有两种：一是使用向导创建窗体，二是在设计视图中创建窗体。下面通过一个例子来说明如何使用向导创建窗体。

例 8.40　使用窗体向导创建窗体 studentW，用于维护 student 表。

操作步骤如下：

(1) 在"创建"选项卡的窗体区点击"窗体向导"图标，在弹出的窗口中的下拉菜单中选择数据源 student 表，所有字段全选，如图 8.30 所示，然后点击下一步。

(2) 在"布局"对话框中选择一种布局样式，这里选"纵栏表"，如图 8.31 所示，然后继续下一步。

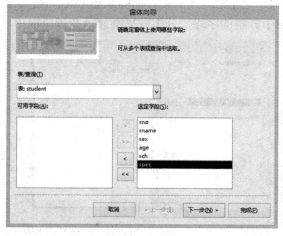

图 8.30　窗体向导之选择数据源

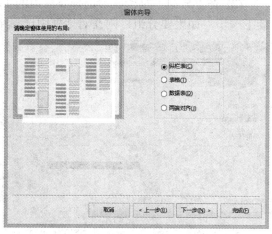

图 8.31　窗体向导之选择布局

(3) 在新的对话框中，指定窗体名为 studentW，并选择在关闭"窗体向导"后打开查看窗体，如图 8.32 所示，然后点击完成按钮。

(4) 如图 8.33 所示，在新建的学生表窗体中可以查看并直接修改表数据，通过底部的功能条可以逐条显示或修改记录，也可以新建记录。

图 8.32　指定窗体名称

图 8.33　学生表窗体

2. 创建报表

在 Access 中，创建报表的常用方法也有两种：一是使用向导创建报表，二是在设计视图中创建报表。下面依然通过一个例子来说明如何使用向导创建报表。

例 8.41　使用向导创建平均成绩报表。

操作步骤如下：

(1) 在"创建"选项卡的报表区点击"报表向导"图标，在弹出的窗口中的下拉菜单中选择例 8.39 中创建的"平均成绩"查询作为报表的数据源，所有字段全选，如图 8.34 所示，然后点击下一步。

(2) 在"分组"对话框中选择要分组的字段，这里选择不分组，如图 8.35 所示，然后继续下一步。如果要分组，则在对话框中选择用于分组的字段，分组效果会显示在预览框中。

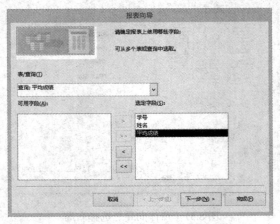

图 8.34　报表向导之选择数据源

图 8.35　选择分组

(3) 在"排序"对话框中，选择按"平均成绩"降序排序，如图 8.36 所示，然后继续下一步。如果不选排序，会默认按第一列学号升序排序。

(4) 在"布局"对话框中，提供了有关报表布局样式和纸张方向的选择，这里选择"表格"布局和"纵向"方向，如图 8.37 所示，然后继续下一步。

图 8.36　选择排序

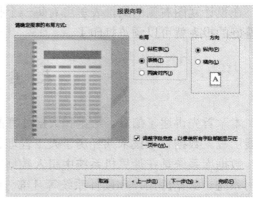
图 8.37　选择布局

　　(5) 在"标题"对话框中，指定报表名为"平均成绩"，并选择在关闭"报表向导"后预览报表，如图 8.38 所示，然后点击完成按钮。

　　(6) 新建的成绩报表如图 8.39 所示，默认是把排序的成绩列放在了前边，如果需要调整到后面可以进入设计视图调整，调整后的布局如图 8.40 所示。

图 8.38　指定报表名称

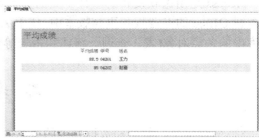
图 8.39　指定报表名称

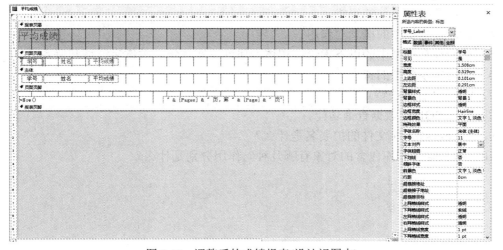
图 8.40　调整后的成绩报表(设计视图中)

在设计视图右侧的属性表里可对每一个报表控件进行格式、数据、事件等内容的设定，调整好的报表就可以预览打印了。

本 章 小 结

本章首先讲述了信息、数据和数据处理的基本概念，介绍了数据库技术产生的原因和发展历程。数据管理技术共经历了人工管理、文件系统管理和数据库管理三个阶段。

数据库系统是在计算机系统中引入数据库后的系统，主要由数据库、数据库管理系统、应用系统、数据库用户和硬件系统等几部分组成。其中，数据库管理系统(DBMS)是数据库系统的核心组成部分，它对数据库进行统一的管理和控制。

数据模型是数据库系统的核心和基础，目前的 DBMS 都是根据某一数据模型设计出来的。数据模型有三种：层次模型、网状模型和关系模型。其中关系模型是目前最重要的一种数据模型，当前主流的数据库管理系统都是基于关系模型进行设计开发的。

SQL 是一种结构化查询语言，它是关系数据库的标准语言，几乎所有的数据库厂家都支持 SQL 语言。SQL 集数据查询、数据定义、数据操纵、数据控制功能于一体。其中，数据查询功能最为丰富和复杂，也非常重要，本章通过大量的例题详细讲解了如何使用SQL 去查询和更新数据。

Access 是由微软发布的一种小型的关系数据库管理系统，是微软 Office 的一个成员，包含在 Office 的专业版和更高版本中。使用 Access 提供的工具和向导可以创建数据库和数据库中的各类对象(表、查询、窗体和报表等)，并能够对其进行有效的维护和管理。

思 考 题

1. 简述信息、数据和数据处理的概念。
2. 简述数据库管理技术的优点。
3. 简述数据库系统的组成。
4. 简述数据模型的概念与作用。
5. 解释概念模型中的以下术语：实体、属性、实体集、关键字、域和联系。
6. 简述关系模型的特点。
7. SQL 具有哪些特点？
8. 简述 SQL 的数据查询功能。
9. Access 数据库文件的扩展名是什么？
10. Access 数据库包含的对象有哪几种？作用分别是什么？

第 9 章

计算机前沿技术

当代，信息技术已经深刻影响着人类的生产方式、认知方式和社会生活方式，成为推动经济增长和知识传播应用的重要引擎以及惠及大众与社会发展的基本技术途径。计算机科学技术是信息技术中最活跃、发展最迅速、影响最广泛的学科之一，其发展对提升工业技术水平、创新产业形态、推动经济社会发展发挥了巨大作用，促进了传统产业革新与现代服务业的兴起。近年来，人工智能、人机交互技术、高性能计算、物联网等前沿技术发展迅速，对这些前沿技术有所了解对于当代大学生来说是非常必要的。

9.1 人 工 智 能

人类物质水平的提高和精神文明的发展，都离不开科技的进步。在这个科技飞速发展的新时代，人工智能成为人类文明进步的技术源泉之一，是一种顶尖的、智能的科学技术。经过 60 多年的不断研究，人工智能已取得了巨大的发展，它引起众多学科和不同专业学者们的日益重视，已成为一门广泛的交叉前沿科学。近年来，随着计算机硬件性能的不断提高以及软件的不断完善，已经能够轻松存储规模庞大的数据，采用高性能的 CPU 与 GPU 能够进行更快速的信息处理，Python、Go、Tensorflow 等一大批的优秀开发语言与处理工具的出现，都使得人工智能技术应用快速发展。

如今，人工智能产品随处可见，已逐步融入我们的日常生活，逐渐成为必备品。智能手机、音箱、机器人等产品使得人们的日常生活变得更加丰富多彩；无人驾驶技术的发展与智能城市的布局，优化了我们的出行；智能诊疗技术使我们的医学更精准、更先进。可以预见，人工智能的研究成果将会创造出更多、更有用的智能产品，为改变人类的生活作出更大贡献。

9.1.1 人工智能的定义

人工智能(Artificial Intelligence，AI)是研究、开发用于模拟、延伸和扩展人的智能的理论、方法、技术及应用系统的一门新的技术科学。人工智能是计算机科学的一个分支，它试图了解智能的本质，并生产出一种新的与人类智能相似的方式做出反应的智能机器，该领域的研究包括机器人、语言识别、图像

人工智能概述

识别、自然语言处理和专家系统等。人工智能从诞生以来，理论和技术日益成熟，应用领域也不断扩大，可以设想，未来人工智能带来的科技产品，将会是人类智慧的"容器"。

人工智能是对人的意识、思维过程的模拟。人工智能不是人的智能，但能像人那样思考、也可能超过人的智能。人工智能是一门极富挑战性的科学，从事这项工作的人必须懂得计算机知识，心理学和哲学。人工智能研究的内容十分广泛，包括知识表示、机器感知、机器思维、机器学习和机器行为等。总的说来，人工智能研究的一个主要目标是使机器能够胜任一些通常需要人类才能完成的复杂工作。

人工智能的概念很宽泛，所以人工智能也分很多种类，按照人工智能的实力可以将其分成三大类。

(1) 弱人工智能(Artificial Narrow Intelligence，ANI)：是指擅长某个单一方面的人工智能。比如，战胜世界围棋冠军柯洁的 Alpha Go 人工智能，虽然它代表了当今围棋界最高水平的人工智能，但是它只会下围棋，你要问它怎样能更好地在硬盘上储存数据，它就不知道怎么回答你了。

(2) 强人工智能(Artificial General Intelligence，AGI)：人类级别的人工智能，是指在各方面都能和人类比肩的人工智能，人类能干的脑力活它都能干。创造强人工智能比创造弱人工智能难得多，我们目前还做不到。Linda Gottfredson 教授把智能定义为"一种宽泛的心理能力，能够进行思考、计划、解决问题、抽象思维、理解复杂理念、快速学习和从经验中学习等操作。"从她对智能的定义中可以看出，强人工智能在进行这些操作时应该和人类一样得心应手。

(3) 超人工智能(Artificial Super Intelligence，ASI)：牛津哲学家，知名人工智能思想家Nick Bostrom 把超级智能定义为"在几乎所有领域都比最聪明的人类大脑都聪明很多，包括科学创新、通识和社交技能。"超人工智能可以是各方面都比人类强一点，也可以是各方面都比人类强万亿倍。

现在，人类已经掌握了弱人工智能，且弱人工智能在人们的生活中已无处不在。人工智能革命是从弱人工智能开始，通过实现强人工智能，最终到达超人工智能的一段旅途。这段旅途中人类是否会被人工智能所取代，还不得而知，但是无论如何，世界将会因为人工智能而变得完全不一样。

9.1.2　人工智能的发展史

人工智能的思想萌芽可以追溯到 17 世纪的巴斯卡和莱布尼茨，他们较早萌生了有智能的机器的想法。19 世纪，英国数学家布尔和德·摩尔根提出了"思维定律"，这些可谓是人工智能的开端。19 世纪 20 年代，英国科学家巴贝奇设计了第一架"计算机器"，它被认为是计算机硬件，也是人工智能硬件的前身。电子计算机的问世，使人工智能的研究真正成为可能。

现在一般认为人工智能的出现汲取了三种资源：基础生理学知识和脑神经元的功能；命题逻辑的形式化分析；图灵的计算理论。图灵的论文《计算机器与智能》中提出了图灵测试、机器学习、遗传算法和增量学习，首次清晰地描绘出人工智能的完整景象。

作为一门学科，人工智能于 1956 年问世，是由"人工智能之父"McCarthy 及一批数学家、信息学家、心理学家、神经生理学家、计算机科学家在 Dartmouth 大学召开的会议上首次提出。由于研究角度的不同，对人工智能的研究，形成了不同的研究学派，即符号主义学派、连接主义学派和行为主义学派。

符号主义学派以 Newell 和 Simon 提出的物理符号系统假设为基础。物理符号系统是由一组符号实体组成，它们都是物理模式，可在符号结构的实体中作为组成成分出现，可通过各种操作生成其他符号结构。符号主义学派认为：物理符号系统是智能行为的充分和必要条件。主要工作是"通用问题求解程序"，通过抽象，将一个现实系统变成一个符号系统，基于此符号系统，使用动态搜索方法求解问题。

连接主义学派是从人的大脑神经系统结构出发，研究非程序的、适应性的、大脑风格的信息处理的本质和能力，研究大量简单的神经元的集团信息处理能力及其动态行为，研究重点是模拟和实现人的认识过程中的感觉、知觉过程、形象思维、分布式记忆和自学习、自组织过程。

行为主义学派是从行为心理学出发，认为智能只是在与环境的交互作用中表现出来。人工智能的研究经历了以下几个阶段。

(1) 第一阶段：20 世纪 50 年代人工智能的兴起和冷落。人工智能概念首次提出后，相继出现了一批显著的成果，如机器定理证明、跳棋程序、通用问题求解程序、LISP 表处理语言等。但由于消解法推理能力有限，以及机器翻译等的失败，使人工智能走入了低谷。这一阶段的特点是，重视问题求解的方法，忽视知识的重要性。

(2) 第二阶段：20 世纪 60 年代末到 70 年代，专家系统的出现使人工智能研究出现新高潮。DENDRAL 化学质谱分析系统、MYCIN 疾病诊断和治疗系统、PROSPECTIOR 探矿系统、Hearsay-II 语音理解系统等专家系统的研究和开发，将人工智能引向了实用化。并且，1969 年成立了国际人工智能联合会议(International Joint Conferences on Artificial Intelligence，IJCAI)也使人工智能研究进入新阶段。

(3) 第三阶段：20 世纪 80 年代，随着第五代计算机的研制，人工智能得到了很大发展。日本 1982 年开始了"第五代计算机研制计划"，即"知识信息处理计算机系统 KIPS"，其目的是使逻辑推理达到数值运算那么快。虽然此计划最终失败，但它的开展形成了一股研究人工智能的热潮。

(4) 第四阶段：20 世纪 80 年代末，神经网络飞速发展。1987 年，美国召开第一次神经网络国际会议，宣告了这一新学科的诞生。此后，各国在神经网络方面的投资逐渐增加，神经网络迅速发展起来。

(5) 第五阶段：20 世纪 90 年代，人工智能出现新的研究高潮。由于网络技术特别是国际互联网技术发展，人工智能开始由单个智能主体研究转向基于网络环境下的分布式人工智能研究。不仅研究基于同一目标的分布式问题求解，而且研究多个智能主体的多目标问题求解，将人工智能面向实用。另外，由于 Hopfield 多层神经网络模型的提出，使人工神经网络研究与应用出现了欣欣向荣的景象。人工智能已深入到社会生活的各个领域。

IBM 公司"深蓝"电脑击败了人类的世界国际象棋冠军，美国制定了以多 Agent 系统应用为重要研究内容的信息高速公路计划，基于 Agent 技术的 Softbot(软机器人)在软件领域和网络搜索引擎中得到了充分应用，同时，美国 Sandia 实验室建立了国际上最庞大的"虚拟现实"实验室，拟通过数据头盔和数据手套实现更友好的人机交互，建立更好的智能用户接口。图像处理和图像识别，声音处理和声音识别取得了较好的发展，IBM 公司推出了 ViaVoice 声音识别软件，以使声音作为重要的信息输入媒体。国际各大计算机公司又开始将"人工智能"作为其研究内容。人们普遍认为，计算机将会向网络化、智能化、并行化方向发展。21 世纪的信息技术领域将会以智能信息处理为中心。

目前人工智能主要研究方向有：分布式人工智能与多智能主体系统、人工思维模型、知识系统(包括专家系统、知识库系统和智能决策系统)、知识发现与数据挖掘(从大量的、不完全的、模糊的、有噪声的数据中挖掘出对我们有用的知识)、遗传与演化计算(通过对生物遗传与进化理论的模拟，揭示出人的智能进化规律)、人工生命(通过构造简单的人工生命系统，如机器虫，并观察其行为，探讨初级智能的奥秘)、人工智能应用(如模糊控制、智能大厦、智能人机接口、智能机器人等)等。

人工智能研究与应用虽取得了不少成果，但离全面推广应用还有很大的距离，还有许多问题有待解决，且需要多学科的研究专家共同合作。未来人工智能的研究方向主要有：人工智能理论、机器学习模型和理论、不精确知识表示及其推理、常识知识及其推理、人工思维模型、智能人机接口、多智能主体系统、知识发现与知识获取、人工智能应用基础等。

用来研究人工智能的主要物质基础以及能够实现人工智能技术平台的机器就是计算机，人工智能的发展历史是和计算机科学技术的发展史联系在一起的。除了计算机科学以外，人工智能还涉及信息论、控制论、自动化、仿生学、生物学、心理学、数理逻辑、语言学、医学和哲学等多门学科。目前人工智能的研究与应用领域包括知识表示、自动推理和搜索方法、机器学习和知识获取、知识处理系统、自然语言理解、计算机视觉、智能机器人、自动程序设计等方面。

9.1.3　人工智能研究的基本内容

人工智能是一门边缘学科，属于自然科学、社会科学、技术科学三向交叉学科。涉及的学科有：哲学和认知科学，数学，神经生理学，心理学，计算机科学，信息论，控制论，不定性论，仿生学，社会结构学等。

人工智能技术研究者们在实现强人工智能的目标上各自走出了不同的道路，开辟了不同的研究领域。他们或者模拟人类智能的基本功能、或者模拟人类智能的物质结构、或者模拟人类的行为方式、又或者集合功能结构和行为于一身，来研究和模拟人的智能。研究范畴涉及语言的学习与处理、知识表现、智能搜索、推理、规划、机器学习、知识获取、组合调度问题、感知问题、模式识别、逻辑程序设计、软计算、不精确和不确定的管理、人工生命、神经网络、复杂系统、遗传算法等多方面学科，最关键的还是机器的自主创造性思维能力的塑造与提升。不管使用何种方法研究人工智能，都不会脱离这两个方面：智能的理论基础和人工智能的实现。所以，关于人工智能研究的基本内容可以总结为五个方面：知识表示、机器感知、机器思维、机器学习、机器行为。

1. 知识表示

知识与知识表示是人工智能中的一项基本技术，且这项技术非常重要，决定着人工智能如何进行知识学习，是最底层、最基础的部分。人工智能研究的目的是要建立一个能模拟人类智能行为的系统，知识是一切智能行为的基础，因此首先要研究知识表示方法。只有这样才能把知识存储到计算机中去，以供求解现实问题使用。

1) 知识的概念与分类

知识是信息接受者通过对信息的提炼和推理而获得的正确结论，是人对自然世界、人类社会以及思维方式与运动规律的认识与掌握，是人的大脑通过思维重新组合和系统化的信息集合。从便于表示和运用的角度出发，可将知识分为 4 种类型：

(1) 事实：反映某一对象或一类对象的属性，如北京是中国的首都，鸟有双翼。

(2) 事件和事件序列：有时还要提出时间、场合和因果关系，如鉴定会将于明天举行，这次鉴定会要鉴定的机器是中国自行设计制造的。

(3) 办事、操作等行为：如下棋、证明定理、医疗诊断等。

(4) 元知识：即知识的知识，关于如何表示知识和运用知识的知识。以规则形式表示的元知识称为元规则，用来指导规则的选用。运用元知识进行的推理称为元推理。

2) 知识表示方法

知识表示就是将知识符号化并将其输入计算机的过程和方法。它包含两层含义，第一层是用给定的知识结构，按一定的原则、组织表示知识；第二层是解释所表示知识的含义。知识表示就是用于求解某问题而组织所需知识的数据结构的一种方法。一般来说，对于同一种知识可以采用不同的表示方法。反过来，一种知识表示模式可以表达多种不同的知识。但在解决某一问题时，不同的表示方法可能产生不同的效果。

人工智能中知识表示方法注重知识的运用，知识表示方法可粗略地分为叙述式表示法和过程式表示法。

(1) 叙述式表示法：把知识表示为一个静态的事实集合，并附有处理它们的一些通用程序，即叙述式表示法描述事实性知识，给出客观事物所涉及的对象是什么。对于叙述式的知识表示，它的表示与知识运用(推理)是分开处理的。叙述式表示法易于表示"做什么"，其优点是：形式简单、采用数据结构表示知识、清晰明确、易于理解、增加了知识的可读性；模块性好、减少了知识间的联系、便于知识的获取、修改和扩充；可独立使用，这种知识表示出来后，可用于不同目的。缺点是：不能直接执行，需要其他程序解释它的含义，因此执行速度较慢。

(2) 过程式表示法：将知识用使用它的过程来表示，即过程式表示法描述规则和控制结构知识，给出一些客观规律，告诉"怎么做"，一般可用一段计算机程序来描述。例如，矩阵求逆程序，其中表示了矩阵的逆和求解方法的知识。这种知识是隐含在程序之中的，机器无法从程序的编码中抽出这些知识。过程式表示法一般是表示"如何做"的知识。其优点是：可以被计算机直接执行，处理速度快；便于表达如何处理问题的知识，易于表达怎样高效处理问题的启发性知识。缺点是：不易表达大量的知识，且表示的知识难于修改和理解。

2. 机器感知

人工智能是一门研究用机器来代替人去做事情的学科。要让机器像人一样去做各种事情，就需要让机器像人一样会看、会听、会思考，然后再做决策，最后开始行动与操作。因此让机器像人一样获取外界的信息，是实现人工智能的基础。所谓机器感知就是使机器

(计算机)具有类似于人的感知能力，其中以机器视觉、机器听觉和机器触觉为主。机器感知是机器获取外部信息的基本途径。

随着传感器技术的发展，传感器大大提高了机器对环境信息的获取能力，为机器感知的实现发挥了巨大作用。机器对环境的感知，能够根据自身所携带的传感器对所处周围环境进行环境信息的获取，并提取环境中有效的特征信息加以处理和理解，最终通过建立所在环境的模型来表达所在环境的信息。机器感知研究的是如何使机器具有类似于人类的感觉，包括视觉、听觉、触觉、嗅觉、痛觉等等，这个要用到认知建模里面的知觉理论，而且需要能够提供相应知觉所需信息的传感器。例如，机器视觉具有视觉理论基础，同时还需要摄像头等传感器提供机器视觉所需要的图像数据。

1) 视觉感知

视觉系统由于获取的信息量更多更丰富，采样周期短，受磁场和传感器相互干扰影响小，质量轻，能耗小，使用方便经济等原因，所以在很多移动机器人系统中受到青睐。

视觉传感器将景物的光信号转换成电信号。目前，用于获取图像的视觉传感器主要是数码摄像机。在视觉传感器中主要有单目、双目与全景摄像机 3 种。单目摄像机对环境信息的感知能力较弱，获取的只是摄像头正前方小范围内的二维环境信息；双目摄像机对环境信息的感知能力强于单目摄像机，可以在一定程度上感知三维环境信息，但对距离信息的感知不够准确；全景摄像机对环境信息感知的能力强，能在 360 度范围内感知二维环境信息，获取的信息量大，更容易表示外部环境状况。

但视觉传感器的缺点是感知距离信息差、很难克服光线变化及阴影带来的干扰并且视觉图像处理需要较长的计算时间，图像处理过程比较复杂，动态性能差，因而很难适应实时性要求高的作业。

计算机视觉是让机器学会看的科学和技术。这个学科涉及从图像或多维数据中获取信息的人工系统的构建理论和技术。采用相机，镜头和光源，得到外界的图像信息。并以图像信息为输入，从中提取需要的信息，用于机器智能的决策和控制。计算机视觉也经历了很长的一个发展阶段，现在所广泛理解的计算机视觉技术，是图像处理和深度学习的组合。图像处理技术现在主要用作计算机视觉中的预处理和特征提取。在经过机器学习到深度学习的阶段之后，计算机视觉有三个主要的应用方向：检测、分类和语义分割。

2) 听觉感知

听觉是机器人识别周围环境很重要的感知能力，尽管听觉定位精度比视觉定位精度低很多，但是听觉有很多其他感官无可比拟的特性。听觉定位是全向性的，传感器阵列可以接受空间中的任何方向的声音。机器依靠听觉可以工作在黑暗环境中或者光线很暗的环境中进行声源定位和语音识别，这是依靠视觉不能实现的。

目前听觉感知还被广泛用于感受和解释在气体(非接触感受)、液体或固体(接触感受)中的声波。声波传感器可以从简单的声波存在检测到复杂的声波频率分析，再到对连续自然语言中单独语音和词汇的辨别，无论是在家用机器人还是在工业机器人中，听觉感知都有着广泛的应用。

3) 触觉感知

触觉是机器获取环境信息的一种仅次于视觉的重要知觉形式，是机器实现与环境直接作用的必需媒介。与视觉不同,触觉本身有很强的敏感能力,可直接测量对象和环境的多种性质特征。 因此触觉不仅仅只是视觉的一种补充。触觉的主要任务是为获取对象与环境信息和为完成某种作业任务而对机器人与对象、环境相互作用时的一系列物理特征量进行检测或感知。机器人的触觉与视觉一样,基本上是模拟人的感觉,广义地说,它包括接触觉、压觉、力觉、滑觉、冷热觉等与接触有关的感觉,狭义地说,它是机械手与对象接触面上的力感觉。

机器触觉能达到的某些功能,虽然其他感觉如视觉也能完成,但触觉具有其他感觉难以替代的特点。与机器人视觉相比,许多功能为触觉独有。在对环境的识别功能上两者具有互补性,触觉融合视觉可为机器人提供可靠而坚固的知觉系统。

4) 环境信息融合

机器人主要通过传感器来感知周围的环境,但是每种传感器都有其局限性,单一传感器只能反映出部分的环境信息。为了提高整个系统的有效性和稳定性,进行多传感器信息融合已经成为一种必然要求。

婴儿之所以能够学会走步是因为他们能够意识到哪种动作和位置将造成身体不适并学习避免发生这类情况。在斯坦福人工智能实验室,计算机科学教授奥萨玛・卡提布和他的研究小组试图利用这种原理赋予机器人同时并顺利执行多种任务的能力。“如今,具有人类特点的机器人可以行走并挥手示意,但他们不能与环境互动。”卡提布说:“我们正在开发能够用身体接触、推动并移动物体的机器人。”

现阶段研究的移动机器人只具有简单的感知能力,通过传感器收集外界环境信息, 并通过简单的映射关系实现机器人的定位和导航行为。

智能移动机器人不仅应该具有感知环境的能力,而且还应该具有对环境的认知、学习、记忆的能力。未来研究的重点是具有环境认知能力的移动机器人,运用智能算法等先进的手段,通过学习逐步积累知识,使移动机器人能完成更加复杂的任务。

3. 机器思维

机器思维,顾名思义就是在机器的脑子里进行的动态活动,也就是计算机软件里面能够动态处理信息的算法。机器思维是利用机器感知的信息、认知模型、知识表示和推理来有目标地处理感知信息和智能系统内部的信息,从而针对特定场景给出合适的判断,制定适宜的策略。简而言之,机器思维是指通过感知得来的外部信息与机器内部各种工作信息进行有目的的处理过程。这个说起来抽象,但实际上大家已经接触到的路径规划、预测、控制等都属于机器思维的范畴。

机器思维的方式是“思维模拟”,也就是通过编制计算机程序,使机器表现出人类行为的某些功能,以解决原本只有人才能解决的某些问题。我们也试图通过机器来分析人类大脑的思维原理,模拟人脑进行思维、推理、学习及设计等,从本质上讲,它是对人类思维信息过程的模拟和计算。思维本身具有多种复杂的属性,从不同的方面和形态出发,可以得出关于思维的多种多样的划分形式,对于思维研究来说,一种重要的划分形式是将思维区分为有目的的思维和无目的的思维两大类。人们在认识事物、求解问题和实现发明创造活动中所进行的思维是有目的的思维,这样的思维活动是为了实现某种目标,达到某种预期效果而进行的。在日常生活中,人们所进行的相当大的一部分思维活动则是没有明确目的，甚至根本就没有目的，在休闲的状态下，人们经常会无意中想到某件事情，产生某个想法，做出某种推测，或者任凭思绪漫无边际地漂移游荡。而机器思维是通过程序编制，为了达到某些功能和目的而设计，属于有目的的思维方式，是对人类思维中有目的思维的计算，可以代替人类思维功能中的一部分。

从思维活动所发挥的功能性质着眼，可以进一步在有目的思维中区分出科技思维与文艺思维两个主要类别。科技思维的功能在于依据已有事实和已成立的理论性或规则性的科学技术体系，运用既成的理论或规则来认识事物、求解问题，实现技术上的发明、创新。科技思维活动的结果主要以说理推演、论证的形态表现出来。文学艺术思维是指文学艺术领域的思维活动，它的主要功能是创造或再造艺术形象，创造功能存在于文学艺术创作过程，再造功能出现在文学艺术欣赏活动之中。文艺思维的成果主要以描述、说明、展示、呈现的方式表现出来，虽然对于事物的描述、说明、展示与呈现方式在科学技术领域中也起着不容轻视的作用，但从总体看来，它只是处于认识事物、求解问题、实现技术发明、建立理论与规则体系服务的从属地位。同时，在科学技术领域中运用的这些表现形式，同在文学艺术领域中，对于事物的形象性描述、说明、展示与呈现有着不同的出发点和不同的属性。前者考虑的主要是简明、确切之真实，后者关注的重点则在于典型、生动之美感，显然，机器思维对于科技思维活动的模拟更容易实现，而对于文艺思维生动之美的模拟显得缺乏美感。

4. 机器学习

机器学习(Machine Learning，ML)是一门多领域交叉学科，涉及概率论、统计学、逼近论、凸分析、算法复杂度理论等多门学科。它是人工智能的核心，是使计算机具有智能的根本途径。机器学习就是研究如何使计算机具有类似于人的学习能力，使它能通过学习自动地获取知识。机器学习是与人类的学习活动对标的。虽然有了知识并且也可以基于已有知识去推理，但是机器也要像人一样不断地学习新的知识从而更好地适应环境。机器学习研究的就是如何让机器在与人类、自然交互的过程中自发学习新的知识，或者利用人类已有的文献数据资料进行知识学习。目前，人工智能研究和应用最广泛的内容就是机器学习，机器学习主要有两种类型：监督式学习和无监督学习。监督式学习是根据已知的输入和输出来训练模型，让模型能够预测未来输出；无监督学习是从输入的数据中找出隐藏模式或内在结构。

1) 监督式学习

监督式学习是指给算法一个数据集，并且给定正确答案，机器通过数据来学习正确答案的计算方法。监督式机器学习能够根据已有的包含不确定性的数据建立一个预测模型，监督式学习算法接受已知的输入数据集(包含预测变量)和对该数据集的已知响应(输出，响应变量)，然后训练模型，使模型能够对新输入数据的响应做出合理的预测。

监督式学习采用分类和回归技术开发预测模型。

分类模型可将输入数据划分成不同类别，典型的应用包括邮件分类、医学成像、语音识别和信用评估等。例如，电子邮件是不是垃圾邮件，肿瘤是恶性还是良性的。用于实现分类的常用算法包括支持向量机 (SVM)、决策树、k-最近邻、朴素贝叶斯、判别分析、逻辑回归和神经网络等。

　　回归技术可预测连续的响应。例如，温度的变化或电力需求中的波动。典型的应用包括电力系统负荷预测和股票高频交易。如果处理的数据是一个数据范围，或数据性质是一个实数(比如温度，或一件设备发生故障前的运行时间)，则使用回归方法。常用的回归算法包括线性模型、非线性模型、规则化、逐步回归、决策树、神经网络和自适应神经模糊学习。

　　2) 无监督学习

　　在无监督学习中，给定的数据集没有"正确答案"，所有的数据都是一样的。无监督学习的任务是从给定的数据集中，挖掘出潜在的结构。无监督学习可发现数据中隐藏的模式或内在结构，这种技术可根据未做标记的输入数据集得到推论。

　　聚类是一种最常用的无监督学习技术。这种技术可通过探索性数据分析发现数据中隐藏的模式或分组。聚类分析的应用包括基因序列分析、市场调查和对象识别。例如，如果移动电话公司想优化他们手机信号塔的建立位置，则可以使用机器学习来估算依赖这些信号塔的人群数量。一部电话一次只能与一个信号塔通信，所以，可以使用聚类算法设计蜂窝塔的最佳布局，优化他们的客户群组或集群的信号接收。用于执行聚类的常用算法包括k-均值、k-中心点(k-medoids)、层次聚类、高斯混合模型、隐马尔可夫模型、自组织映射、模糊 c-均值聚类和减法聚类。

　　5. 机器行为

　　机器行为是指智能系统具有的表达能力和行动能力，包括与人对话、与机器对话、描述场景、移动、操作机器和抓取物体等能力。而语音系统(音箱)、执行机构(电机、液压系统)等是机器行为的物质基础。要想机器具备行为能力，离不开语音交互技术、图像识别技术和机器控制技术。

9.1.4　人工智能的应用领域

　　随着智能科学与技术的发展，以及计算机网络技术的广泛应用，人工智能技术应用到了越来越多的领域，这些领域包括模式识别、语言和图像理解、机器人学、人工生命、自动程序设计、机器翻译、智能控制、问题求解等等。下面简要介绍几个人工智能的主要应用领域，讨论一下人工智能都能做些什么。

　　1. 自动定理证明

　　自动定理证明，又叫机器定理证明，是人工智能中最早进行研究并得到成功应用的一个领域。数学定理的证明是人类思维中演绎推理能力的重要体现，演绎推理实质上是符号运算，因此原则上可以用机械化的方法来进行。数理逻辑的建立使自动定理证明的设想有了更明确的数学形式。1965 年 Robinson 提出了一阶谓词演算中的归结原理，这是自动定理证明的重大突破。1976 年，美国的 Appel 等三人利用高速计算机证明了 124 年未能解决的"四色问题"，表明利用电子计算机可以把人类思维领域中的演绎推理能力推进到前所未有的境界。我国数学家吴文俊在 1976 年开始研究可判定问题，即论证某类问题是否存在统一算法解。他在微型机上成功地设计了初等几何与初等微分几何中一大类问题的判定算法及相应的程序，其研究处于国际领先地位。后来，我国数学家张景中等人进一步推出了可读性证明的机器证明方法，再一次轰动了国际学术界。

自动定理证明的理论价值和应用范围并不局限于数学领域，许多非数学领域的任务，如医疗诊断、信息检索、规划制定和难题求解等，都可以转化成相应的定理证明问题，或者与定理证明有关的问题，所以自动定理证明的研究具有普遍意义。

2. 博弈

博弈的词语解释是局戏、围棋。对于人类来说，博弈是一种智能性很强的竞争活动。计算机博弈主要是研究下棋程序。在 20 世纪 60 年代就出现了很有名的西洋跳棋和国际象棋程序，并达到了大师级水平。进入 20 世纪 90 年代，IBM 公司以其雄厚硬件基础和财力，开发出了后来被称为"深蓝"的国际象棋系统，并为此开发了专用的芯片，以提高计算机的搜索速度。1996 年 2 月，"深蓝"与国际象棋世界冠军卡斯帕罗夫进行了第一次比赛，经过六个回合的比赛之后，"深蓝"以 2 比 4 告负。1997 年 5 月，系统经过改进以后，"深蓝"又第二次与卡斯帕罗夫交锋，并最终以 3.5 比 2.5 战胜了卡斯帕罗夫，当时在世界范围内引起了轰动。但是围棋相对于国际象棋来说，前者变数远远超过后者，根本不在一个数量级上，所以当时普遍认为计算机在围棋上不可能战胜人类。然而，仅过去二十年，2017 年在中国乌镇围棋峰会上，阿尔法围棋(AlphaGo)与排名世界第一的世界围棋冠军柯洁对战，以 3 比 0 的总比分获胜，围棋界公认阿尔法围棋的棋力已经超过人类职业围棋顶尖水平。

人工智能研究博弈并不是为了让计算机与人进行下棋，休闲娱乐，而是通过对博弈的研究来检验某些人工智能技术是否能实现对人类智慧的模拟，以促进人工智能技术的深入发展。博弈问题也为搜索策略、机器学习等问题的研究课题提供了很好的实际背景，所发展起来的一些概念和方法对人工智能的其他问题的解决也很有帮助。

3. 模式识别

模式识别是一门研究对象描述和分类方法的学科。人类的一项最基本能力就是模式识别。在生活中，我们经常有意无意地进行日常的模式识别。最简单的例子就是字符的识别。例如字母"a"，生活中"a"的写法有标准的，抽象的，但它无论怎么变化，即使从未见过我们也能很快识别，并归为字母"a"类。这种通过对表征事物或现象的各种数值、文字或者逻辑关系进行处理和分析，以对事物或现象进行描述、辨认、分类和解释的过程，称之为模式识别。

目前，机器模式识别的应用领域，首要是图形识别，其次是语音识别。目前主要的图形识别方面是指识别出图片中的具体信息，如文字或实物形态等。语音识别主要研究各种语音信号的分类。以语音识别为例，主流的词汇语音识别系统主要采用统计模式识别技术，对语音输入进行特征提取，通过相似度的匹配与训练，对识别结果进行反馈。迄今为止，随着科技的进步，以及深度学习在语音识别上的应用，微软、IBM、谷歌等公司成功地将语音识别的错误率从 20%降低到 2%。

模式识别中的模式可以理解成周围环境和需要判断的客体，模式识别是将计算机及数学知识综合编入算法程序中，来实现模式识别的功能，使模式识别系统能有效感知周围的客体。目前智能模式识别系统在公安刑事案件侦破以及多国语言的自动翻译上面使用较多。我国中科讯飞的语音识别系统非常有名，目前在国内外都具有非常高的市场占有率。

4. 专家系统

专家系统是人工智能的一个重要分支，可看作是一类具有专门知识的计算机智能程序系统,它能运用特定领域中专家提供的专门知识和经验,并采用人工智能中的推理技术来求解和模拟通常由专家才能解决的各种复杂问题。专家系统是人工智能中最重要也是最活跃的一个应用领域,它实现了人工智能从理论研究走向实际应用、从一般推理策略探讨转向运用专门知识的重大突破。

在近年来的专家系统或知识工程的研究中,已经出现了成功和有效应用人工智能技术的趋势。具有代表性的是用户与专家系统进行咨询对话,如同用户与专家面对面进行对话一样,用户向专家系统询问以期得到有关解答,专家解释问题并建议进行某些试验等。当前的专家系统在化学和地质数据分析、计算机系统结构、建筑工程以及医疗诊断等咨询任务方面已达到很高的水平。另外,还有很多研究主要集中在让专家系统能够说明推理的能力,从而使咨询结果更好地被用户接受,同时还能帮助人类发现系统推理过程中所出现的错误。

发展专家系统的关键在于表达和运用专家知识,即来自人类专家的且已被证明能够解决某领域内典型问题的有用的事实和过程。不同领域与不同类型的专家系统,它们的体系结构和功能是有差异的,但它们的组成基本一致。一个基本的专家系统主要由知识库、数据库、推理机、解释机制、知识获取和用户界面六部分组成。专家系统是一种具有智能的软件,它求解的方法是一种启发式方法,专家系统所要解决的问题一般无算法解,并且与传统计算机程序的不同之处在于它要经常在不完全、不精确或不确定的信息基础上做出结论。随着人工智能整体水平的提高,专家系统也得到了进一步发展。研发的新一代系统有分布式和协同式专家系统。在新系统中,不但采用基于规则的推理方法,而且采用了基于框架的技术和基于模型的方法。

5. 自然语言处理

自然语言处理(Natural Language Processing,NLP)是人工智能领域与计算机科学领域中的一个重要方向。它研究能实现人与计算机之间用自然语言进行有效通信的各种理论和方法。自然语言处理是一门融语言学、计算机科学、数学于一体的科学。由于这一领域的研究涉及自然语言,即人们日常使用的语言,所以它与语言学的研究有着密切的联系。但自然语言处理与语言学又有重要的区别,因为自然语言处理并不是一般地研究自然语言,而在于研究能有效地实现与自然语言通信的计算机系统,特别是其中的软件系统。因而它是计算机科学的一部分。

自然语言处理主要应用于机器翻译、舆情监测、自动摘要、观点提取、文本分类、问题回答、文本语义对比、语音识别、中文 OCR 等方面。中文信息处理主要是对字、词、段落或篇章进行处理。主要方法分别是基于规则和基于统计的方法,前者是人工根据语言相关的规则对文本进行处理;后者则是通过大规模的数据库分析数据,从而实现对自然语言的处理。自然语言处理受数据量大小的影响较大,而数据的增长是大多数 NLP 应用软件性能提高的原因,所以拥有强大的数据支持才可以更好地对文本进行进一步的理解和分析,这使得如今很多 NLP 应用程序采用数据流分析方法。

自然语言的处理流程大致可分为以下五步:

(1) 获取语料(语言材料)。

(2) 对语料进行预处理,其中包括语料清理、分词、词性标注和去停用词等步骤。

(3) 特征化，也就是向量化，主要把分词后的字和词表示成计算机可计算的类型(向量)，这样有助于较好地表达不同词之间的相似关系。

(4) 模型训练，包括传统的有监督、半监督和无监督学习模型等，可根据应用需求不同进行选择。但在训练模型时可能会出现过拟合和欠拟合的状况。所谓过拟合，就是学习到了噪声的数据特征；而欠拟合时不能较好地拟合数据。解决过拟合的方法主要是：增加正则化项，从而增大数据的训练量。解决欠拟合的方法是：减少正则化项，增加其他特征项处理数据。

(5) 对建模后的效果进行评价，常用的评测指标有准确率、召回率和 F 值等。准确率是衡量检索系统的查准率；召回率是衡量检索系统的查全率；而 F 值是综合准确率和召回率用于反映整体的指标，当 F 值较高时，说明试验方法有效。

6. 自动程序设计

自动程序设计是指根据给定问题的原始描述，自动生成满足要求的程序。它是人工智能和软件工程相结合的研究课题。自动程序设计主要包含程序综合和程序验证两方面内容。程序综合用于实现自动编程，即用户只需告知机器"做什么"，无须告诉"怎么做"，计算机就可以自动完成程序的设计工作；程序验证是指程序的自动验证，自动完成正确性的检查。

目前程序综合的基本途径主要是程序变换，即通过对给定的输入、输出条件进行逐步变换，以构成所要求的程序。程序验证是用一组已知结果的数据对程序进行测试，如果程序运行结果与已知结果一样，则认为程序正确。这种方法对简单程序来说可行，但对于复杂程序来说很难行得通。因为复杂程序的内部逻辑通路纵横交错，难以计数，即便测试数据再多也难保证每条通路都能进行测试，从而程序的正确性就不能完全保证。程序验证目前还是一个比较困难的课题，有待进一步研究。

7. 智能控制

智能控制是指在无人监管控制下，机器本身能够实现一定的智能化，通过自身调节和控制，智能制定规划和决策来完成复杂问题的自动化技术。智能控制就是把人工智能技术引入控制领域，建立智能控制系统。智能控制具有两个显著的特点：首先，智能控制同时具有知识表示的非数学广义世界模型和传统数学模型混合表示的控制过程，并以知识进行推理，以启发来引导求解过程。其次，智能控制的核心在高层控制，即组织级控制，其任务在于对实际环境或过程进行组织，即决策和规划，以实现广义问题求解。

智能控制的思想出现于 20 世纪 60 年代，随着现实问题的复杂化，人们希望通过提高系统的自主性来解决问题，简称自动控制。20 世纪末人工智能得到发展，人们期望利用人工智能技术完善发展自动控制系统，逐渐发展成为智能控制。智能控制是目前自动控制领域发展最前端的科学技术。与现代的智能控制系统相比，传统的自动控制系统是建立在相对简单、不完善，有许多漏洞的数学模型基础上的，再加上当时软硬件的不成熟，因此自动化程度很低。随着人工智能的出现，神经网络、深度学习、大数据等技术逐渐融入自动控制技术中，促使自动控制向智能控制发展。如今的智能控制拥有更完善的数学模型，其自主性、自学习能力、自调节能力变得更强，是一种仅需要少量人工或无须人工帮助就能够实现自主驱动完成任务，能够进行自我修复和判断决策的智能系统。

8. 人工神经网络

人工神经网络(Artificial Neural Network，ANN)，又称神经网络，是 20 世纪 80 年代以来人工智能领域兴起的研究热点。它从信息处理角度对人脑神经元网络进行抽象，建立某种简单模型，按不同的连接方式组成不同的网络。神经网络是一种运算模型，由大量的节点(或称神经元)之间相互连接构成。每个节点代表一种特定的输出函数，称为激励函数(activation function)。每两个节点间的连接都代表一个对于通过该连接信号的加权值，称之为权重，这相当于人工神经网络的记忆。网络的输出则根据网络的连接方式、权重值和激励函数的不同而不同。而网络自身通常都是对自然界某种算法或者函数的逼近，也可能是对一种逻辑策略的表达。

人工神经网络的特点和优越性主要表现在以下三个方面：

(1) 具有自学习功能。例如实现图像识别时，只要先把许多不同的图像样例和对应的识别结果输入人工神经网络，网络就会通过自学习功能，慢慢学会识别类似的图像。自学习功能对于预测有特别重要的意义。通过使用人工神经网络，计算机可以为我们提供经济预测、市场预测和效益预测等。

(2) 具有联想存储功能。用人工神经网络的反馈网络就可以实现这种联想。

(3) 具有高速寻找优化解的能力。寻找一个复杂问题的优化解，往往需要很大的计算量，利用一个针对某问题而设计的反馈型人工神经网络，发挥计算机的高速运算能力，可能很快找到优化解。

最近十多年来，人工神经网络的研究工作不断深入，已经取得了很大的进展，其在模式识别、智能机器人、自动控制、预测估计、生物、医学、经济等领域已成功地解决了许多现代计算机难以解决的实际问题，表现出了良好的智能特性。

9. 机器人

机器人(Robot)是一种能够半自主或全自主工作的智能机器。机器人具有感知、决策、执行等基本特征，可以辅助甚至替代人类完成危险、繁重、复杂的工作，提高工作效率与质量，服务人类生活，扩大或延伸人的活动及能力范围。人工智能的所有技术几乎都可以在机器人身上得到应用，所以它可以作为人工智能理论、方法和技术的实验场地，对它的研究可以推动人工智能研究的发展。

1920 年，捷克作家卡雷尔·凯佩克发表了科幻剧本《罗萨姆的万能机器人》。在剧本中，首次提到 Robot(机器人)一词，被认为是"机器人"一词的起源。1954 年美国乔治·德沃尔设计出第一台电子可编程工业机器人，这种机械能按照不同的程序从事不同的工作。自 20 世纪中期以来，大规模生产的迫切需求推动了自动化技术的发展，进而衍生出三代机器人产品。

(1) 第一代机器人：示教再现型机器人。1947 年，为了搬运和处理核燃料，美国橡树岭国家实验室研发了世界上第一台遥控机器人。1962 年美国又研制成功 PUMA 通用示教再现型机器人，这种机器人通过一个计算机，来控制一个多自由度的机械，通过示教存储程序和信息，工作时把信息读取出来，然后发出指令，这样机器人可以根据当时示教的结果，再现出这种动作。比方说汽车的点焊机器人，只要把这个点焊的过程示教完以后，它总是能重复这样一种工作。

(2) 第二代机器人：感觉型机器人。示教再现型机器人对于外界的环境没有感知，操作力的大小，工件存在不存在，焊接的好与坏，它并不知道，因此在 20 世纪 70 年代后期，人们开始研究第二代机器人，叫感觉型机器人，这种机器人拥有类似人的某种功能感觉，如力觉、触觉、滑觉、视觉、听觉等，它能够通过感觉来感受和识别工件的形状、大小、颜色。

(3) 第三代机器人：智能型机器人，是 20 世纪 90 年代以来发明的机器人。这种机器人带有多种传感器，可以进行复杂的逻辑推理、判断及决策，在变化的内部状态与外部环境中，自主决定自身的行为。

目前研制的机器人大都只有部分智能，真正智能的机器人还处在研究阶段。据专家预测，到 2026 年，首台人工智能机器人将作为决策工具加入公司董事会，通过人工智能吸取过去的经验，并根据数据和过去的经验进行科学决策。

9.2　人机交互技术

作为信息技术的重要内容，人机交互技术比计算机硬件和软件技术的发展要滞后许多，已成为人类运用信息技术深入探索和认识客观世界的瓶颈。因此，人机交互技术已成为 21 世纪信息领域亟待解决的重大课题和当前信息产业竞争的一个焦点，世界各国都将人机交互技术作为重点研究的一项关键技术。

人机交互(Human-Computer Interaction，HCI)是关于设计、评价和实现供人们使用的交互式计算机系统且围绕这些方面的主要现象进行研究的科学。狭义地讲，人机交互技术主要研究人与计算机之间的信息交换，它主要包括人到计算机的信息和计算机到人的信息两部分。人们可以借助键盘、鼠标、操纵杆、数据服装、眼动跟踪器、位置跟踪器、数据手套、压力笔等设备，用手、脚、声音、姿势或身体的动作、眼睛甚至脑电波等向计算机传递信息，同时，计算机通过打印机、绘图仪、显示器、头盔式显示器、音箱等输出或显示设备给人提供信息。

人机交互与计算机科学、人机工程学、多媒体技术和虚拟现实技术、心理学、认知心理学和社会学以及人类学等诸多学科领域有密切的联系。其中，认知心理学与人机工程学是人机交互技术的理论基础，而多媒体技术和虚拟现实技术与人机交互技术相互交叉和渗透。作为信息技术的一个重要组成部分，人机交互将继续对信息技术的发展产生巨大的影响。

人机交互的研究内容十分广泛，涵盖了建模、设计、评估等理论和方法以及在移动计算、虚拟现实等方面的应用研究与开发。当前，虚拟现实、移动计算、普适计算等新技术发展迅速，对人机交互技术提出了新的挑战和更高的要求，同时也提供了许多新的机遇。在这一阶段，自然和谐的人机交互方式得到了一定的发展，其主要特点是基于语音、手写体、姿势或者跟踪、表情等输入手段进行多通道交互，其目的是使人能以声音、动作、表情等自然方式进行交互操作，这正是理想的人机交互所强调的"用户自由"之所在。

下面重点介绍几种人机交互新技术。

9.2.1　语 音 识 别

语音识别

语音识别是解决机器"听懂"人类语言这一问题的一项技术。作为智能计算机研究的主导方向和人机语音通信的关键技术，语音识别技术一直受到各国科学界的广泛关注。

1. 语音识别概述

随着现代科学的发展，人们在与机器的信息交流中，需要一种更加方便、自然的方式，而语言是人类最重要、最有效、最常用和最方便的通信形式。这就很容易让人想到能否用自然语言代替传统的人机交流方式(如键盘、鼠标等)。人机自然语音对话就意味着机器应具有听觉，能"听懂"人类的口头语言，这就是语音识别(Speech Recognition)的功能。语音识别是语音信号处理的重要研究方向之一，它是一门涉及面很广的交叉学科，与计算机、通信、语音语言学、数理统计、信号处理、神经生理学、神经心理学、模式识别、声学和人工智能等学科都有密切的联系。它还涉及生理学、心理学以及人的体态语言。

语音识别本质上是一种模式识别的过程，即未知语音的模式与已知语音的参考模式逐一进行比较，将最佳匹配的参考模式作为识别结果。图 9.1 是基于模式匹配原理的自动语音识别系统的原理框图。

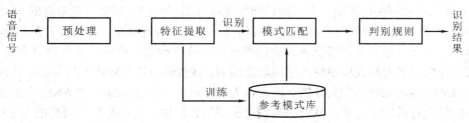

图 9.1　基于模式匹配原理的自动语音识别系统的原理框图

(1) 预处理模块：对输入的原始语音信号进行处理，滤除掉其中不重要的信息以及背景噪声，并进行语音信号的端点检测、语音分帧以及预加重等处理。

(2) 特征提取模块：计算语音的声学参数，并进行特征的计算，以便提取出反映信号特征的关键特征参数，用于后续处理。现在较常用的特征参数有线性预测(LPC)参数、线谱对(LSP)参数、LPCC、MFCC、ASCC(Mel 频率倒谱系数)、感觉加权的线性预测(PLP)参数、动态差分参数和高阶信号谱类特征等。其中，MFCC 因其良好的抗噪性和鲁棒性而得到了广泛应用。

(3) 训练阶段：用户输入若干次训练语音，经过预处理和特征提取后得到特征矢量参数，建立或修改训练语音的参考模式库。

(4) 识别阶段：将输入的语音提取特征矢量参数后与参考模式库中的模式进行相似性度量匹配，并结合一定的判别规则和专家知识(如构词规则、语法规则等)得出最终的识别结果。

2. 语音识别技术

1) 语言识别技术的主流算法

当今语音识别技术的主流算法主要有动态时间归整(DTW)、基于非参数模型的矢量量化(VQ)、基于参数模型的隐马尔可夫模型(HMM)、人工神经网络(ANN)和支持向量机等语音识别方法。

(1) 动态时间归整(DTW)。DTW 是把时间规整和距离测度计算结合起来的一种非线性归整技术，是较早的一种模式匹配和模型训练技术。该方法成功解决了语音信号特征参数序列比较时时长不等的难题，在孤立词的语音识别中获得了良好性能。

(2) 矢量量化(VQ)。矢量量化是一种重要的信号压缩方法，主要适用于小词汇量、孤立词的语音识别中。其过程是：将语音信号波形的 k 个样点的每 1 帧，或有 k 个参数的每 1 参数帧，构成 k 维空间中的 1 个矢量，然后对矢量进行量化。量化时，将 k 维无限空间划分为 M 个区域边界，然后将输入矢量与这些边界进行比较，这个矢量就被量化为"距离"最小的区域边界的中心矢量值。

(3) 隐马尔可夫模型(HMM)。HMM 对语音信号的时间序列结构建立统计模型，将其看作一个数学上的双重随机过程：一个是用具有有限状态数的 Markov 链来模拟语音信号统计特性变化的隐含的随机过程，另一个是与 Markov 链的每一个状态相关联的观测序列的随机过程。前者通过后者表现出来，但前者的具体参数是不可测的。人的言语过程实际上就是一个双重随机过程，语音信号本身是一个可观测的时变序列，是由大脑根据语法知识和言语需要(不可观测的状态)发出的音素的参数流。HMM 合理地模仿了这一过程，很好地描述了语音信号的整体非平稳性和局部平稳性，是较为理想的一种语音模型。

(4) 人工神经网络(ANN)。人工神经网络在语音识别中的应用是目前研究的又一热点。ANN 实际上是一个超大规模非线性连续时间自适应信息处理系统，它模拟了人类神经元活动的原理，其具有最主要的特征为符合连续时间非线性动力学原理，具有网络全局作用的大规模并行处理能力和高度稳健的学习联想能力，这些能力是 HMM 不具备的。但 ANN 又不具有 HMM 的动态时间归整性能。因此，人们尝试研究基于 HMM 和 ANN 的混合模型，把两者的优点有机结合起来，从而提高整个模型的鲁棒性，这也是目前研究的一个热点。

(5) 支持向量机(SVM)。支持向量机是应用统计学习理论的一种新的学习机模型，它采用结构风险最小化原理(SRM)，有效克服了传统经验风险最小化方法的缺点，在解决小样本、非线性及高维模式识别方面有许多优越的性能。其基本思想可以概括为：首先通过非线性变换将输入空间变换到一个高维空间，然后在这个新空间中求取最优线性分类面。这种非线性变换是通过定义适当的内积函数实现的。

2) 语音识别目前面临的问题

(1) 识别系统的适应性差。这方面主要体现在对环境依赖性强，特别在高噪音环境下语音识别性能还不理想。

(2) 语音识别系统从实验室演示系统到商品的转化过程中，还有许多具体问题需要解决，如口语中的重复、改正、强调、倒叙、省略、拖音、韵律、识别速度、拒识等问题，以及连续语音中去除不必要语气词如"呃""啊"等语音的技术细节问题。

(3) 目前语言学、生理学、心理学方面的研究成果已有不少，但如何把这些知识量化、建模并用于语音识别，还需要进一步研究。

(4) 语音识别还存在方言和口音问题。

(5) 信道问题。我们知道，在无线互联应用中涉及的信道种类很多，比如固定电话、手机、IP、网络、车载系统等，各种各样的信道都有不同的特性。语音识别、声纹识别和语音理解如何去适应不同信道的差异是一个不得不面对的问题。

(6) 语音合成。在语音合成中，怎样很好地把感情色彩、情绪等正确地表达出来，也需要进一步去研究。

3) 语音识别技术的现状及展望

语音识别技术发展到今天，特别是中小词汇量非特定人语音识别系统的识别精度已经大于 98%，而特定人语音识别系统的识别精度就更高了。这些技术已经能够满足通常应用的要求。由于大规模集成电路技术的发展，这些复杂的语音识别系统也已经可以制成专用芯片，大量生产。在西方经济发达国家，大量的语音识别产品已经进入市场和服务领域。许多手机中已经包含了语音识别拨号功能，语音记事本、语音智能玩具等产品也具有语音识别与语音合成功能。人们可以通过电话网络用语音识别口语对话系统查询有关的机票、旅游、银行信息，并且取得很好的结果。调查统计表明，多达 85% 以上的人对语音识别的信息查询服务系统的性能表示满意。

可以预测在近五到十年内，语音识别系统的应用将更加广泛。各种各样的语音识别系统产品将出现在市场上。人们也将调整自己的说话方式以适应各种各样的识别系统。在短期内还不可能造出具有和人相比拟的语音识别系统，要建成这样一个系统仍然是人类面临的一个大的挑战，我们只能朝着改进语音识别系统的方向一步步地前进。至于什么时候可以建立一个像人一样完善的语音识别系统则是很难预测的。就像在 20 世纪 60 年代，谁又能预测今天超大规模集成电路技术会对我们的社会产生这么大的影响。

语音是当前通信系统中最自然的通信媒介，语音识别技术是非常重要的人机交互技术。随着计算机和语音处理技术的发展，语音识别系统的实用性将进一步提高。应用语音识别技术的自动理解和翻译，可消除人类相互交往的语言障碍。

9.2.2　虚拟现实(VR)技术

随着技术的发展，虚拟现实(Virtual Reality，VR)技术被越来越多的人所使用，VR 技术因其对用户有着全新的体验，所以很快成为了目前最为热门的人机交互技术之一。VR 的人机交互技术关键在于在完全虚拟环境中进行自然交互，即构建一个完全的虚拟世界，让使用者沉浸在虚拟世界中。

1. 虚拟现实(VR)技术概述

虚拟现实(VR)技术又称灵境技术，是 20 世纪发展起来的一项全新的实用技术。虚拟现实技术集计算机、电子信息、仿真技术于一体，其基本实现方式是计算机模拟虚拟环境，从而给人以环境沉浸感。随着社会生产力和科学技术的不断发展，各行各业对 VR 技术的需求日益旺盛，VR 技术也取得了巨大进步，并逐步成为一个新的科学技术领域。

从理论上来讲，虚拟现实(VR)技术是一种可以创建和体验虚拟世界的计算机仿真技术，它利用计算机生成一种模拟环境，使用户沉浸到该环境中。虚拟现实技术是利用现实生活中的数据，通过计算机技术产生的电子信号，将其与各种输出设备结合，使其转化为能够让人们感受到的现象，这些现象可以是现实中真真切切的物体，也可以是我们肉眼所看不到的物质，通过三维模型表现出来。因为这些现象不是我们直接所能看到的，而是通过计算机技术模拟出来的，所以称为虚拟现实。

虚拟现实技术受到了越来越多人的认可，用户可以在虚拟现实世界体验到最真实的感受，其模拟环境的真实性与现实世界难辨真假，让人有种身临其境的感觉；同时，虚拟现实世界具有一切人类所拥有的感知功能，比如听觉、视觉、触觉、味觉、嗅觉等感知系统；最后，虚拟现实世界具有超强的仿真系统，真正实现了人机交互，使人在操作过程中可以随意操作并且得到环境最真实的反馈。正是虚拟现实技术的存在性、多感知性、交互性等特征使它受到了许多人的喜爱。

2. 虚拟现实的发展

最早使用 VR 技术可以追溯到 1956 年的 Sensorama，如图 9.2 所示。它集成了 3D 显示器、气味发生器、立体声音箱及振动座椅，内置了 6 部短片供人欣赏，然而由于其巨大的体积导致它无法成为商用娱乐设施。1961 年飞歌公司研发了一款头戴式显示器 Headsight，如图 9.3 所示。它集成了头部追踪和监视功能，主要用于查看隐秘信息。1966 年问世的 GAF ViewMaster 是如今简易 VR 眼镜的原型，如图 9.4 所示。它通过内置镜片来达到 3D 视觉效果，但并未搭载任何电子虚拟成像器件或音频设备。1968 年问世的 Sword of Damocles(达摩克利斯之剑)通常被认为是虚拟现实设备的真正开端，如图 9.5 所示。它由麻省理工学院研发，为后来 VR 甚至 AR 设备的发展提供了原型与参考。

 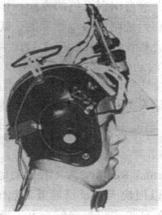 

图 9.2　Sensorama　　　　　图 9.3　Headsight　　　　　图 9.4　GAF ViewMaster

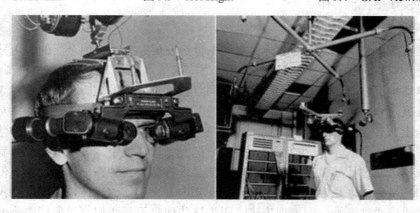

图 9.5　Sword of Damocles(达摩克利斯之剑)

　　1984 年，第一款商用 VR 设备 RB2 诞生，配备了体感追踪手套等位置传感器，设计理念已与现代的主流产品相差无几。1985 年，NASA 研发了一款 LCD 光学头戴显示器，能够在小型化轻量化的前提下提供沉浸式体验，其设计与结构后来被广泛推广与采用。在游戏、娱乐领域，一些著名的公司也曾尝试采用虚拟现实技术研发相关产品。1993 年，游戏厂商世嘉曾计划为游戏机开发一款头戴式虚拟现实设备，后因在内测中反应平淡而夭折。1995 年，任天堂发布了一款基于 VR 技术的游戏机 Virtual Boy，但由于只能显示红黑两色且游戏内容分辨率和刷新率低，在不到一年时间内便宣告失败。1995 年，伊利诺伊大学研发了一款称作"CAVE"的 VR 系统，它通过三壁式投影空间和立体液晶快门眼镜来实现沉浸式体验。真正将商用虚拟现实技术带向复兴的产品是 2009 年问世的 Oculus Rift，其中推出的一款面向开发者的早期设备，价格仅为 300 美元，代表着商用 VR 设备真正步入消费市场。2014 年，Facebook 宣布以 20 亿美元收购了 Oculus。2018 年 1 月，Oculus 宣布将在中国发布一款 VR 设备，合作伙伴为小米，该设备被命名为 Mi VR。Oculus 头戴式 VR 设备如图 9.6 所示。

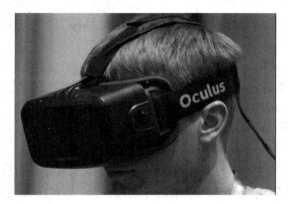

图 9.6　Oculus 头戴式 VR 设备

　　目前 VR 技术已经逐渐走向成熟，并且向着视觉、听觉、触觉等多感官沉浸式体验的方向发展。同时，相应硬件设备也在朝着微型化、移动化发展。美国纽约州立大学石溪分校联合 Nvidia 和 Adobe 公司已经开发出一种系统，可以利用人眼的扫视抑制现象和眼球追踪技术，为用户提供在大型虚拟场景中自然行走的体验。Oculus 推出的 Oculus Go 头戴式 VR 设备提供了立体声效果，其扬声器位于头显内侧，用户无须佩戴耳塞就能以接近自然的方式体验到虚拟场景中的声音。它所使用的定向扬声器设计，使该设备的声音不会影响周围。洛桑联邦理工学院(EPFL)和苏黎世联邦理工学院(ETH)组成的科研团队开发了名为"DextrES"的轻量级触觉反馈手套。该设备总重仅 40 克，厚度仅 2 毫米，而附着在用户手指上的传感器和反馈装置总重更是低至 8 克，它能够为 VR 用户提供更接近自然的触觉反馈。

　　我国虚拟现实技术与发达国家相比虽然有着很大的差距，但是随着政府相关部门和虚拟现实技术专家的高度重视，近年来虚拟现实技术也得到了快速的发展。目前，我国虚拟现实产业在多个应用场景发力。在游戏领域和视频领域表现亮眼，2019 年，我国虚拟现实产业在游戏领域应用比例达到 36.8%，在视频领域占比达到 20.5%。在直播、教育、医疗等其他领域也占有一定比例。预计未来几年，我国虚拟现实产业在游戏、视频、直播、教育、医疗等各个领域将会有更好的发展,其占比将稳定上升。2019 年上半年,网络游戏用户规模达到 4.94 亿,虚拟现实产业能够从中吸纳更多用户,参与的游戏公司包括三七互娱、网易游戏等。在视频影视领域,视频内容与 VR 技术的结合,将大大提升影视可观赏性,推动影视行业发展。赛迪预测,2021 年我国虚拟现实产业在游戏领域和视频应用比例将达到 37.9% 和 21.4%。根据 IDC 发布的数据显示,我国虚拟现实行业中 VR 头显设备出货量呈加速上升趋势。2018 年末,VR 头显设备出货量约 116.8 万台,到 2023 年中国 VR 头显设备出货量将突破 1050.1 万台,未来 5 年整体市场年复合增长率(CAGR)为 69.9%。这些数据综合表明我国虚拟现实产业未来发展潜力巨大。

3. 虚拟现实核心技术

1) 环境建模技术

对于虚拟现实技术来说,营造如同真实的虚拟环境是它的核心内容,要建立虚拟的环境,首先就要建模。环境建模技术是将现实世界中存在的对象和物体通过计算机建模在虚拟环境中重构,以更好的模拟现实世界,最大限度地保证用户在虚拟世界中的需求。例如虚拟环境可以模拟不同的天气状况、不同的道路交通环境、不同的山川河流景象以及人物反应。

2) 空间跟踪技术

空间跟踪技术主要是通过虚拟现实相关硬件设备实现在活动区域内对用户动作的跟踪和信息指令的传递。跟踪设备包括红外激光定位灯塔、数据手套、数据衣、头戴式显示器上的红外定位装置等。

3) 仿真技术

仿真技术以控制论、系统论、相似原理和信息技术为基础,以计算机和专用设备为工具,利用系统模型对实际的或设想的系统进行动态试验。如汽车和飞机的驾驶训练模拟器,即应用仿真技术。

4) 立体声合成和立体显示技术

立体声合成和立体显示技术用于在 VR 系统中消除声音方向与用户头部运动的相关性,同时在复杂的场景中实时生成立体图形。立体显示是虚拟现实的关键技术之一,它使人在虚拟世界里具有更强的沉浸感。目前,立体显示技术主要以佩戴立体眼镜等辅助工具来观看立体影像。随着人们对观影要求的不断提高,由非裸眼式向裸眼式的技术升级成为发展重点和趋势。比较有代表性的技术有分色技术、分光技术、分时技术、光栅技术和全息显示技术。

5) 交互技术

在计算机系统提供的虚拟空间中,人可以使用眼睛、耳朵、皮肤、手势和语音等各种感官直接与虚拟场景进行交互,这就是虚拟环境下的人机自然交互技术。在 VR 领域较为常用的交互技术主要有手势识别、面部表情识别、眼动跟踪以及语音识别等。

6) 碰撞检测技术

在虚拟世界中,由于用户与虚拟世界的交互及虚拟世界中物体的相互运动,物体之间经常会出现相碰的情况。所以,碰撞检测经常用来检测两个对象是否相互作用,以保证虚拟世界的真实性，并及时更新场景输出，否则就会发生穿透现象。由于 VR 系统中有较高实时性的需求，要求碰撞检测必须在很短的时间(如 30～50 ms)完成，因而碰撞检测技术成了 VR 系统和其他实时仿真系统的瓶颈，碰撞检测是虚拟现实系统目前研究的一个重要技术。

7) 力反馈技术

力反馈技术是与交互体验相关的技术，力反馈主要通过各种高精尖马达和传感器配合来进行触觉的模拟。初级的比如游戏手柄的震动反馈，进阶级的比如用于物理康复训练的相关设备，工业级的比如用于装配维修模拟的力反馈设备，甚至是用于远程医疗和医疗科研相关的力反馈设备。

8) 系统集成技术

由于虚拟现实系统中包括大量的感知信息和模型，因此系统的集成技术为重中之重，包括信息同步技术、模型标定技术、数据转换技术、识别和合成技术等等。

4. 虚拟现实的应用领域

虚拟现实技术的应用前景十分广泛，目前在娱乐、教育、气象、舞台演出、建筑、医学等领域均有应用。随着研究的不断深入，未来可应用的领域将会越来越多。

1) 娱乐领域

VR 技术在娱乐领域的发展应该是目前最快、范围最广、利润最大的。目前，市场上有各种各样的游戏和相对应的游戏设备。在 5D 电影院，通过设备的模拟，可以实现风、雨和抖动等。在未来，穿戴设备会进一步缩小，最终只有眼镜或头盔的大小。通过佩戴设备，可以进行完全虚拟潜行，完全融入游戏，电影等。在那里，人们宛如生活在另一个真实世界。

2) 教育领域

VR 技术是当下促进教育变革的一项关键技术，它能解决教学内容和知识之间的可视化问题，便于直观的呈现教学内容，增加学生的学习积极性和主动性，发挥其在课堂中的主体作用，其主要优势有：为学习者提供更加全面的学习资源、降低教学成本、进一步提升教学效率和质量、有效激发学生的学习动机、实现情境学习，促进知识迁移等。但 VR 技术在教育领域仍面临着严峻的考验，原因是技术尚未完全成熟，而且对教师的要求也相对较高，设计一堂 VR 课程需要专门的技术团队支持，这些在一定程度上限制了 VR 技术在日常教学中的发展。

3) 气象领域

VR 技术应用于气象领域，能增加民众对气象信息的交互体验，能更有效地解决传统气象领域中存在的局限性问题，是 VR 技术在气象领域应用的一个极具挑战性的研究方向。将 VR 技术应用于气象领域，可以改进气象教学模式，提高大众对天气预报的感性认识，实现民众在气象科普中的交互体验。目前虚拟现实技术在气象领域的应用现状，主要是通过构造虚拟场景，应用于气象领域的影视宣传和气象科普等。中国气象局气象影视中心节目部在 2015 年全国气象影视业务竞赛中，利用 VR 技术制作了《旅游天气》，模拟旅行线路上特色旅游景观，提供精细化的旅途天气服务。美国 AccuWeather 公司基于三星 Gear VR

研发了 360 度沉浸式天气预报服务，可以体验实时、动态的天气状况，包括暴风雨、雪、雪暴和云等动画，使突发天气新闻的报道更加精准快速。

4) 舞台演出领域

目前 VR 应用于舞台演出领域相对成熟的是舞台预演,通过计算机生成舞台模拟系统,逼真呈现演出场景。通过 VR 技术，舞台设计者可以全面了解系统建模和舞台效果模拟的全过程，掌控整个舞台场地结构、道具摆放等，减少反复舞台搭建时造成人力、物力的浪费，并能随时调整全方位布景，最大限度地把预演还原成真实的舞台。如今，VR 技术在舞台设计领域的研究和应用还比较少，主要是该技术的应用深度不够，人们只能到特定的场合(电影院)戴上特定的设备才能有效地体验到 3D 影视的魅力。

5) 建筑领域

VR 技术目前在建筑领域已经得到了大量应用，并在该领域发挥着十分重要的作用。通过 VR 技术，可以将建筑成果以全景的形式展现出来，不仅可以看到建筑物的未来样貌，还可以感受到建筑物周围的景观、地形等。通过虚拟现实技术，可以在设计阶段不断将参数进行调整，以优化设计内容，并且能够在施工之前整合多方面的信息，以便节约成本、规避风险，在真正实施阶段也可提高施工效率。德国曾用虚拟现实技术模拟出一座大型的商业银行，通过虚拟现实技术，极大保障了工程施工的质量和效率。

6) 医学领域

伴随着计算机技术的迅猛发展，VR 技术在医学领域的应用也越来越热门，目前 VR 技术在医学领域的应用主要有手术观摩、虚拟人体解剖等。手术是一个十分严谨的过程，外科医生的培养过程也是非常漫长的，通过 VR 技术，医生可以提前对虚拟人体模型进行手术预演，根据预演结果选择最为合适的技术，也可以提前预知手术中可能发生的一些意外状况，对手术方案进行调整，以最短时间确定出最合适的治疗方案。早在 20 世纪 80 年代，美国医学研究者对男性和女性尸体进行了解剖和数字扫描工作，建立了世界上第一个"数字人"。研究者可以通过电脑对"数字人"进行有效解剖。在虚拟人体解剖中，结合 VR 技术可以将其进行数字化，形成更直观的图像。2016 年澳大利亚创建了第一个人体 VR 模型，这个模型可以更好地观察器官和组织，模拟解剖、手术等。采用虚拟人体解剖图，可以避免外界环境对医学研究者的学习影响，使医学研究者集中于解剖学习过程，对人体结构理解得更精准更深刻。

9.2.3　增强现实(AR)技术

增强现实(Augmented Reality，AR)技术是一种全新的人机交互技术，其技术关键在于对现实环境中虚拟物体进行控制，使其拥有较好的自然交互体验，即在现实场景中构建虚拟物体，将现实世界与虚拟世界相结合。

1. 增强现实 AR 技术概述

增强现实是一种实时计算摄影机影像的位置及角度并加上相应图像的技术，是一种将真实世界信息和虚拟世界信息"无缝"集成的新技术，是把原本在现实世界的一定时间空间范围内很难体验到的实体信息(视觉、听觉、味觉、触觉等信息)通过电脑等科学技术，模拟仿真后再叠加，将虚拟的信息应用到真实世界，被人类感官所感知，从而达到超越现实的感官体验。

AR 增强现实技术，不仅展现了真实世界的信息，而且将虚拟的信息同时显示出来，两种信息相互补充、叠加。在视觉化的增强现实中，用户利用头盔显示器，把真实世界与电脑图形重合成在一起，便可以看到真实的世界围绕着他。增强现实技术包含了多媒体、三维建模、实时视频显示及控制、多传感器融合、实时跟踪及注册、场景融合等新技术与新手段。增强现实提供了在一般情况下，不同于人类可以感知的信息。随着随身电子产品运算能力的提升，增强现实的用途越来越广。

2. 增强现实 AR 技术的发展

增强现实(AR)技术起源于 20 世纪 60 年代，90 年代发展迅速，研究机构主要集中在美国麻省理工学院、哥伦比亚大学、日本、德国和新加坡等国的实验室，研究重心多在人机交互、软硬件基础平台的研发上。随着技术的不断发展，研究逐步从实验室理论转入行业应用阶段。随着微软、谷歌、Facebook、苹果等科技巨头纷纷大举进入 AR 产业，一些公司已经能够提供成熟的基于移动设备、头戴设备的增强现实技术解决方案。国内对 AR 的研究起步较晚，研究机构最初以高校为主，北京理工大学、国防科技大学、华中科技大学等在 AR 系统的技术及工程应用等方面取得了一些科研成果。腾讯、阿里巴巴、百度及联想等公司也开始涉足该领域。下面就从 AR 技术发展过程中出现的一些重要事件或典型产品为主线，简要介绍一下 AR 技术的发展史。

1992 年，AR 名称正式诞生。波音公司的研究人员 Tom Caudell 与其同事在论文中首次使用了这个名字，用来描述"将计算机呈现的元素覆盖在真实世界上"这一技术。也是在这一年，关于"如何将虚拟图像叠加至真实世界"的各项研究开始进行，这促使了 AR 与 VR 的界限愈渐清晰，增强现实(AR)与虚拟现实(VR)的发展之路开始分离。

1994 年，AR 技术首次表演。这一年，艺术家 Julie Martin 设计出了"赛博空间之舞"，由真实的舞者与舞台上的虚拟投影进行交互，朦胧而婆娑的氛围完美诠释了 AR 的意境，这是 AR 史上的第一次戏剧秀。

1997 年，AR 定义确定。Ronald Azuma 发布了第一个关于增强现实的报告。在报告中，他提出了一个已被广泛接受的增强现实定义，这个定义包含三个特征：将虚拟和现实结合，实时互动，基于三维的配准。

1998 年，AR 第一次用于直播。当时体育转播图文包装和运动数据追踪领域的领先公司 Sportvision 开发了 1st & Ten 系统。在实况橄榄球直播中，首次实现了"第一次进攻"黄色线在电视屏幕上的可视化。直到现在，观看游泳比赛时，泳道上出现的选手名字与信息，都是基于 AR 技术完成的。

2000 年，第一款 AR 游戏出现。Bruce Thomas 等人发布 AR-Quake，是流行电脑游戏 Quake(雷神之锤)的扩展。AR-Quake 是一个基于 6DOF 追踪系统的第一人称应用，这个追踪系统使用了 GPS，数字罗盘和基于标记(fiducial makers)的视觉追踪系统。玩家背着一个可穿戴式电脑的背包、一台 HMD(头盔显示器)和一个只有两个按钮的输入器，就能在任何地方开始使用，如图 9.7 所示。

图 9.7　AR-Quake

2001 年，可扫万物的 AR 浏览器。Kooper 和 MacIntyre 开发出第一个 AR 浏览器 RWWW，一个作为互联网入口界面的移动 AR 程序。不过，当时的 AR 硬件略显笨重，需要一个头戴式显示器和一套复杂的追踪设备。到了 2008 年 Wikitude 在手机上实现了类似的设想。

2009 年，平面媒体杂志首次应用 AR 技术。*Esquire* 平面杂志首次应用了 AR，将其封面对准笔记本的摄像头，封面上的罗伯特唐尼就会跳出来，和你聊天并推广自己参演的电影《大侦探福尔摩斯》。这是平面媒体与 AR 的第一次结缘，期望通过 AR 技术，能够让更多人重新开始购买纸媒。

2012 年，谷歌开发 AR 眼镜。2012 年 4 月，谷歌宣布该公司开发 Project Glass 增强现实眼镜项目。这种增强现实的头戴式显示设备将智能手机的信息投射到用户眼前，通过该设备用户也可直接进行通信。当然，谷歌眼镜远没有成为增强现实技术的变革，但其重燃了公众对增强现实的兴趣。

2013 年，AR 进入教育界。AR 发展的触手最终来到了教育界，Osmo 是首个获得成功的 AR 儿童教育玩具。它由一个平板电脑和一个 App 组成。Osmo 包含一个可以让平板电脑垂直放置的白色底座和一个覆盖前置摄像头的红色小夹子，夹子内置的小镜子可以把摄像头的视角转向平板电脑前方区域，并用该区域玩识字、七巧板、绘画等游戏，如图 9.8 所示。

图 9.8　Osmo AR 教育玩具

2015 年，现象级 AR 手游《宝可梦 Go》推出。《宝可梦 Go》是由任天堂公司、Pokémon 公司授权，谷歌的 Niantic 公司负责开发和运营的一款 AR 手游。在这款 AR 类的宠物养成对战游戏中，玩家捕捉现实世界中出现的宠物小精灵，进行培养、交换以及战斗。《宝可梦 Go》的运行截图如图 9.9 所示。

图 9.9　《宝可梦 Go》运行截图

2017 年，苹果打造最大 AR 开发平台。在 2017 年 6 月 6 日 WWDC17 大会上，苹果宣布在 iOS11 系统中带来了全新的增强现实组件 ARKit。ARKit 是一个 AR 开发平台，开发人员可以使用这套工具在 iPhone 和 iPad 上创建增强现实应用程序，这使得 iPhone 与 iPad 摇身一变成为了 AR 设备，基于苹果设备的 AR 应用程序也源源不断地被开发出来。

2018 年，开启消费级 AR 时代的钥匙 Magic Leap one 推出。Magic Leap one 是一款增强现实 AR 眼镜产品，它拥有数字光场、视觉感知、持续对象、声场音频、高性能芯片组和下一代界面等特性。Magic Leap one 实际上是三个设备的集合，分别为 Lightwear AR 眼镜、处理器 Lightpack 和拥有 6 个自由度的手持遥控器，如图 9.10 所示。Magic Leap One 拥有传感器，以便能够清点周围的世界，以及正确放置数字对象，如桌面上的虚拟宠物。同时，Magic Leap One 也会记住用户所处环境的物理细节，比如墙壁和物体；当然用户也能使用声音和手势与 Magic Leap One 进行互动，并跟踪头部姿势和眼睛位置。

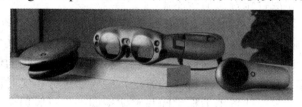

图 9.10　Magic Leap One

2019 年，地标 AR 出现。2019 年单点建筑与场景的 AR 大场景应用已经开始有一些突破，地标 AR 原理上是对建筑的三维重建识别，加上追踪能力来实现。2019 年 4 月 Snapchat 率先推出 landmark AR，全球知名建筑包括埃菲尔铁塔、凯旋门等都做了非常酷炫的地标 AR 特效，迅速风靡世界。随后国内百度 AR、抖音、快手也都陆续上线类似功能，百度 AR 在百度地图上线了圆明园大水法复原、泰山景区导览等内容，如图 9.11 所示；而抖音和快手则在短视频 App 中以特效的方式承载，通过视频进行传播。

图 9.11　百度 AR 复原圆明园大水法

2020 年，苹果、微软、谷歌、阿里和百度等大型科技公司都在积极推动 AR 商业化进程。移动 AR 基于 ARKit 3.0 和 ARCore 的智能手机安装量稳步增长；作为日常体验的一部分，开发人员、零售商和客户正在频繁地使用 AR，尝试使用增强现实作为一种新的购物方式；室内导航是 AR 技术又一正在探索的应用场景，AR 室内导航应用程序可以在机场，购物中心，医院和校园中为用户提供指导；AR 云应用、5G+AR、网页 AR、AR 导航等一系列的 AR 新技术、新应用在不断推出与完善。

3. 增强现实核心技术

增强现实核心技术包含的内容较多，主要有跟踪注册技术、显示技术和智能交互技术等内容。

1) 跟踪注册技术

跟踪注册技术是增强现实系统的核心技术之一，增强现实系统的最终效果与其所用的跟踪注册技术密不可分。跟踪注册技术是指通过相应算法快速地计算虚拟空间与现实空间坐标系的映射关系，使其精准对齐，从而实现虚拟信息在真实世界的完美叠加。建立虚拟空间坐标系与真实空间坐标系的转换关系，使得虚拟信息能够正确地放置于真实世界中，此过程为注册。实时从当前场景获得真实世界的数据，并根据观察者位置、视场、角度、方向、运动情况等因素来重建坐标系，并将虚拟信息正确地放置于真实世界中，此过程为跟踪。目前通用的跟踪注册技术主要有三种：基于计算机视觉的跟踪注册技术、基于硬件设备的跟踪注册技术和混合跟踪注册技术。

(1) 基于计算机视觉的跟踪注册技术。该类技术主要有两种方法，一为基于标识物的方法，二为基于自然特征的方法。基于标识物的方法主要通过在真实空间中放置标识物，通过对实时图像进行边缘检测等方法识别标识物，而后根据标识物的信息建立虚拟空间与真实空间的坐标映射关系。基于自然特征的方法，主要通过分析实时图像，提取相匹配的自然特征点，通过真实图像计算出虚拟空间与真实空间的坐标映射关系。该项技术的优点在于不需要额外的外部设备，计算精度高，且具有对多目标识别追踪能力。其缺点在于计算复杂度高，实时性差且易受环境影响。

(2) 基于硬件设备的跟踪注册技术。该类技术通过各类传感器、GPS 设备、摄像机等硬件实时捕捉观察者的位置、视场等信息，计算出虚拟空间坐标系与真实空间坐标系的转换关系。其优点在于定位速度快，测量范围大，实时性好。缺点在于需要额外的外部设备，精度受外部设备影响较大。

(3) 混合跟踪注册技术。基于计算机视觉的跟踪注册技术与基于硬件设备的跟踪注册技术各有优劣，在目前来看，单一的跟踪技术很难较好地解决增强现实应用系统的跟踪注册问题。因此，在条件允许的情况下，可以将这两种跟踪注册技术相结合，充分利用两种技术各自的优势，以提高跟踪注册的实时性、精度、鲁棒性，从而提高增强现实应用的稳定性与环境适应性。混合跟踪注册技术亦是目前国内外各大高校、研究所等机构研究的重点。

2) 显示技术

增强现实系统中另一关键技术为显示技术，显示技术决定了用户使用增强现实应用时的沉浸感、体验感等因素。目前，增强现实系统实现虚实融合显示的主要设备形式一般分为头戴式显示器、手持式显示器以及投影式显示器等。

(1) 头戴式显示器。头戴式显示器被广泛运用于增强现实领域，是一种注重增强用户的视觉沉浸感的显示设备。该类显示器主要分为两种，基于摄像机原理的视频透视式头戴显示器和基于光学原理的光学透视式头戴显示器。视频透视式头戴显示器主要通过显示器上一定数目的相机获取实时图像，而后进行图像处理，将虚拟信息与真实世界融合后的场景显示在显示器上，例如微软公司发布的 Holo Lens 增强现实眼镜和 Meta 公司推出的 Meta2 增强现实眼镜。光学透视式头戴显示器主要利用光的反射原理，在用户眼前放置一块半透明的光学组合器，从而将虚拟信息与真实世界融合，呈现给用户，例如谷歌公司先前推出的 Google Class。

(2) 手持式显示器。手持显示器一般多指手机、PDA、平板电脑等移动终端设备的显示器，它们具有较高的便携性优点，可以随时随地使用，而且手持式显示设备具有可触控的特点，便于进行人机交互。

(3) 投影式显示器。投影式显示器是将生成的虚拟对象信息直接投影到需要融合的真实场景中的一种增强现实显示技术。和平面显示设备把图像生成在固定的设备表面不同的是，投影式显示能够将图像投影到大范围场景中，但其缺点在于设备体积庞大、焦点不能随用户视角移动而改变、受光照等环境因素限制。

3) 智能交互技术

智能交互技术是增强现实系统中与显示技术和跟踪注册技术密切相关的技术，满足了人们在虚拟和现实世界自然交互的愿望。增强现实技术本身作为一种新型的人机交互接口，存在多种方式实现人机交互，主要分为以下四类：鼠标、键盘及手柄交互技术，触敏显示屏交互技术，三维手势交互技术和投影交互技术，交互技术为增强现实系统带来了广泛的应用。

(1) 鼠标、键盘及手柄交互技术。鼠标、键盘、手柄等是增强现实系统中常见的交互工具，属于传统硬件设备的交互方式，并不能为用户提供良好的交互体验，用户沉浸感较差，其优势在于设备成本低廉、交互方式简单。

(2) 触敏显示屏交互技术。触摸屏虽然在一定程度上方便了人的输入操作，提高了一些用户体验，只能将人手固定于物理存在的二维屏幕平面上进行操作，这也不符合人最自然的操作习惯，会受设备物理尺寸的限制，需要占据一定的物理空间，且屏幕易受环境光线影响，操控起来并不方便，用户体验也受到很大的限制。

(3) 三维手势交互技术。三维手势交互技术使用电子设备捕获用户手势、动作作为输入，降低了用户对操作设备的学习成本，符合人体自然地交互操控与便携信息处理硬件设备的分体设计，使人能够更集中精力于其所关注的信息而不是硬件设备本身，无须物理存在的键盘或触摸屏，人体动作捕捉或手势识别这种全新的三维空间交互技术，能够以更准确的方式让使用者在现实场景中实现与虚拟物体的互动，同时辅以逐渐成熟的语音识别、3D 虚拟环绕声、虚拟触感反馈等多模态交互技术，实现了更自然的虚实融合的人机交互方式，从而极大地增强了用户体验。

(4) 投影交互技术。投影交互技术将操作菜单等可交互操作的画面投影到一平面内，区别于将图像生成于固定的设备表面，投影交互技术能够将图像投影到大范围的环境之中，更适合室内增强现实应用环境。

4. 增强现实的应用领域

近年来，增强现实 AR 技术被广泛应用于工业制造与维修，市场营销和销售，医疗，军事，影视、娱乐、游戏，教育，古迹复原与数字化遗产保护等多个领域，并逐渐成为下一代人机交互技术发展的主要方向。

1) 工业制造与维修领域

在工业领域，制造与维修流程一般较为复杂，往往包含成百甚至上千个步骤。操作过程一旦发生错误，将会造成巨大的损失。AR 技术能够将已知的数据信息正确发送给流水线上的工人，如在用户指向某一部位时系统显示该部位的名称、功能等，从而减少错误的发生，提高生产与维修效率。在工厂中，AR 系统还能从工业系统中捕获信息，获得每台设备与操作流程的检测和诊断数据并可视化，帮助维修人员找到可能出现问题的源头，并提醒工人进行预防式维修，减少因设备损坏导致停工带来的损失。Iconics 公司将 AR 技术引入工业自动软件上，通过在理想位置投射相关信息，提高检测设备或流程的效率。

2) 市场营销和销售领域

AR 技术重新定义了产品展厅和演示的概念，并且完全颠覆了传统的客户体验。在购买之前，用户可以看到虚拟产品在真实环境下的状态，促使他们做出更符合实际预期的购买决策，进而提升客户的满意度。Easy AR 与汽车之家联合推出了 AR 看车软件，用户可以通过手机 App 将虚拟的车辆放置在真实场景中，在购车之前预览其在道路上奔驰的效果。瑞典宜家集团推出了一款名为 IKEA Place 的家具类应用，用户可以选择自己喜欢的家具叠加在现实场景中，避免在装修过程中出现的家具尺寸不合适，风格不统一等问题。

3) 医疗领域

医学手术导航是 AR 技术的重要应用之一。由于很多医学手术具有较高的风险，任何小操作误差都可能带来严重的后果。增强现实技术对 CT 或医学磁共振成像(MRI)进行三维建模，并通过将构建的模型与病人身体精确地配准，为医生提供现实与虚拟叠加的影像，进而实现对医疗手术的导航作用。Surgiceye 公司在很多外科手术案例中引入了 AR 技术，如在外科手术中，医生可以直接通过增强现实技术"查看"病人身体内部、骨骼等信息。在实际应用中，将增强现实与常规诊断的显示方式相结合，帮助医生精确地找到病理位置。

4) 军事领域

由于 AR 技术可以将真实世界与虚拟世界融合起来，同时允许用户实时交互，所以被应用于军事领域的多个方面，在数字化战场上发挥了巨大作用。在战场上，增强现实技术能够增强战场环境信息。根据输入的位置信息，AR 系统不仅能向部队显示真实的战场场景，同时能够叠加额外的环境信息以及敌我双方的隐藏力量，实现多种战场信息的可视化。在军事训练中，对战场的真实性有很高的要求；同时，很多环节需要反复多次，对装备消耗大。增强现实技术的引入不仅可以提供更为真实的战场环境，达到实战训练的效果，还允许士兵进行反复操作，增加训练次数的同时减少对装备的消耗。

5) 影视、娱乐、游戏领域

在电视、电影制作方面，AR 技术可以在真实拍摄的场景上，加入现实中不存在的虚拟景象或人物，如汽车爆炸、恐龙、科幻世界等。这种基于增强现实的"所见即所得"的拍摄方式大大简化了电视、电影制作中动画特效带来的工作量，降低制作成本。在娱乐、游戏方面，AR 技术可以用来提供各种体验项目，如将远古时代的恐龙、深海中的鲨鱼等不可能出现的动物放置到现实场景中，满足人们的好奇心；也可以将现实场景变身为战场，使用户能够在虚实融合的世界里与别的玩家进行对抗。近年来最具代表性的就是任天堂公司开发的增强现实游戏 Pokeman Go，打开摄像头用户就可以捕捉现实世界中出现的小精灵并进行战斗。

6) 教育领域

在教学过程中，通过 AR 技术可以将丰富的资源信息和其他数据整合到能够观察到的现实场景中，为师生提供身临其境的学习环境，激发学生的学习兴趣，提升主观积极性。同时，AR 技术能够构建目标对象的三维建模并显示出来，学生可以通过从不同视角观察模型，与虚拟的模型进行交互，增强对目标对象的理解。此外，增强现实系统实时交互的特点削弱了位置、空间的限制，教师可以在课上或远程指导学生，弥补了现实环境中设备不足的缺点，实现资源共享。美国 Z-Space 公司开发出了一系列面向普通教育的应用软件，实现了老师、学生及三维场景之间的交互。

7) 古迹复原与数字化遗产保护领域

AR 技术的一个重要应用场景是室内博物馆导览，它通过在文物上叠加虚拟的文字、视频信息，为游客提供更多的文物导览解说。此外，增强现实技术还可以利用采集到的数据复原再现文物古迹，将极具真实感的虚拟影像展现在游客眼前，为游客提供身临其境的视觉体验。Archeoguide 是一款基于增强现实的文物遗迹向导，通过 GPS 定位，能够为游客展现古迹复原后的希腊奥林匹亚神庙。由北京理工大学王涌天课题组研究的基于增强现实的圆明园景观数字重建技术将部分圆明园遗址做了很好的还原，真实感很强，游客可以在圆明园废墟前看到重建后的皇家园林。

9.2.4　脑机接口

自"信息"这一概念被提出以来，如何更加高效地表达和传输信息就成为了信息科学工作者的永恒主题。随着计算机科学、人工智能技术的不断发展，如何更好地实现人机交互就成为了新时代的命题。而脑机接口技术就是在这种时代背景下蓬勃发展起来的一项新兴技术。

1. 脑机接口概述

脑机接口(Brain Computer Interface，BCI)是指在人或动物大脑与外部设备之间创建的直接连接，实现脑与设备的信息交换。这一概念其实早已有之，但直到 20 世纪 90 年代以后，才开始有阶段性成果出现。脑机接口有时也称作"大脑端口"或者"脑机融合感知"。在单向脑机接口的情况下，计算机或者接受脑传来的命令，或者发送信号到脑，不能同时发送和接收信号。而双向脑机接口允许脑和外部设备间的双向信息交换。脑机接口定义中的"脑"一词意指有机生命形式的脑或神经系统，而"机"意指任何处理或计算的设备，其形式可以从简单电路到设计复杂的硅芯片。

人们对脑机接口的研究已持续超过了 40 年。20 世纪 90 年代中期以来，从实验中获得的此类知识显著增长。在多年动物实验的实践基础上，应用于人体的早期植入设备被设计和制造出来，用于恢复损伤的听觉、视觉和肢体运动能力。研究的主线是大脑不同寻常的皮层可塑性，它与脑机接口相适应，可以像自然肢体那样控制植入的假肢。在当前所取得的技术与知识的条件下，脑机接口的研究者们正在尝试制造出令人信服的可增强人体功能的脑机接口，而不仅仅止于恢复人体的功能，这种技术在以前还只存在于科幻小说之中。

2. 脑机接口技术的发展

1924 年德国精神科医生汉斯·贝格尔发现了脑电波之后，人们开始意识到人的意识是可以转化为电信号来被读取的。以此为基础，脑机接口技术的研究开始起步。跟其他科学技术研究一样，脑机接口技术在研究的起步阶段也经历了一段漫长的技术平静期，直到 20 世纪 60 年代末才开始有了较为显著的进展。

1969 年，埃伯哈德·费兹完成猴脑触发奖励游戏，标志着脑机接口技术走出了关键一步。一旦猴子的一个神经元转动仪表指针，猴子就可得到一颗香蕉味的丸子。就像心理学上著名的巴甫洛夫试验，猴子要想得到奖励，就越来越擅长这个游戏，也就使猴子学会了控制神经元触发行为。

1970 年，美国国防高级研究计划局(DARPA)开始组建团队研究脑机接口技术。

1978 年，William Dobelle 将 68 个电极阵列植入了盲人的视觉皮层，成功让盲人感受到了光幻视。

20 世纪 90 年代末至 21 世纪初，脑机接口技术经历了一波发展高峰，主要成绩多集中在疾病治疗上。例如，1998 年脑干中风病人被植入神经信号模拟装置之后，成功实现了对于电脑光标的控制。2005 年是一个具有标志意义的年份，这一年，经美国 FDA 批准，运动皮层脑机接口临床试验得以进行。随后，脑机接口企业出现增长；也是在 2005 年，四肢瘫痪的病人通过 96 个电极阵列的脑机接口技术可以控制机械臂。

2009 年模拟海马体功能的神经芯片诞生；2014 年身着机器战甲的截肢残疾者，凭借脑机接口和机械外骨骼，在巴西世界杯上开球。

2016 年是脑机接口技术成果丰硕的一年。2016 年 8 月，8 名瘫痪多年的脊髓损伤患者，借用控制仿生外骨骼，利用 VR 技术恢复触觉反馈，加以不间断地训练，部分恢复了下肢肌肉功能和感知功能。同年 9 月，一只猴子在接受脑机接口技术训练后，创造了 1 分钟内打出了 12 个英文单词的记录。同年 10 月，在世界第一届 Cybathlon 人机体育大赛上，残疾人运动员参与了动力假肢竞赛、外骨骼驱动竞赛、功能性电刺激自行车 6 个项目的比赛。同月的 13 日，瘫痪男子 Nathan Copeland 利用意念控制机械手，完成和美国总统奥巴马的"握手"。

2017 年 2 月，三名受试瘫痪者通过简单想象精准地控制电脑光标，并成功输入了想说的话；同年 4 月，意念打字被成功演示。

2018 年 11 月，三名瘫痪者在新型脑机接口芯片的帮助下，可以利用"意念"自主操作平板电脑及多种应用程序。

2019 年 4 月，一种可以将人脑神经信号转化为语音的解码器被开发出来。同年 7 月，美国太空探索技术公司(SpaceX)和特斯拉等公司的创始人马斯克创办的 Neuralink 公司发布了脑机接口技术的重大突破，利用一台神经手术机器人在脑部 28 平方毫米的面积上，植入 96 根直径 4～6 微米的"线"，总共包含 3072 个电极，然后可以直接通过 USB-C 接口读取大脑信号；7 月 30 日，Facebook 资助的加州大学旧金山分校(UCSF)的脑机接口技术研究团队，首次证明可以从大脑活动中提取人类说出某个词汇的深层含义，并将提取内容迅速转换成文本。

2020 年 8 月，马斯克创办的 Neuralink 公司通过互联网直播公布了脑机接口技术的新进展，并展示了三只植入脑机芯片的小猪。当给小猪喂食并进行触碰时，通过脑机接口设备读取的小猪大脑信号显示其处于活跃状态。而通过进一步读取其脑电信号，可以预测小猪的运动步伐和模式。

总的说来，目前脑机接口技术还只能实现一些并不复杂的对脑电信号的读取和转换，从而实现对于计算机或机器人的简单控制。要想实现更为复杂的、精细化的交互功能，实现所想即所得，甚至实现将思维与计算机的完美对接，实现通过"下载"就能够熟练掌握新知识、新技能，还有很漫长的路要走。

3. 脑机接口基本原理与分类

科学研究表明，人在接受刺激或进行某种意识活动时，大脑中的神经细胞会产生微弱的电信号，这些电信号再次经过大脑皮质后会产生时空分布特征。如果我们能够截取到这些由大脑活动产生的电信号，实际上就截获了人的大脑活动的生物信号，理论上我们可以对这些生物信号进行分析以获得人的实际大脑活动。

从理论上说，脑机接口技术通过信号采集设备从大脑皮层采集到脑电信号后，再行放大、滤波、A/D 转换等处理，就可以转换为被计算机识别的信号。对这些信号进行预处理，提取其特征信号，并对这些特征进行模式识别，最后转化为控制外部设备的具体指令信号，从而达到控制外部设备的目的。

按照功能，脑机接口可分为以下三大类：

(1) 能够单向获取大脑信息的脑机接口。目前已经有初步产品的脑机接口属于这一类。这类接口主要应用于病人的康复训练。比如，通过脑机接口将大脑的命令传递给外骨骼、机械臂、光标等外设，使其能够进行行走、手臂拿放物体、操作平板电脑等。

(2) 能够向大脑单向输入信息的脑机接口。目前只有少量器件与系统属于这一类。利用这类脑机接口能够修复受损的神经功能，比如通过人工假眼或者人工耳蜗恢复一定的视力、听力等。

(3) 能够与大脑双向交流信息的脑机接口。这类互动式装置还处在起步阶段，双向的互动式脑机接口不仅可以接收神经系统信号，还能够刺激神经系统，是未来的发展方向。研究表明，互动式装置能够用于增强两个大脑区域之间或者大脑与脊髓之间的连接，可能成为治疗中风和脊髓受伤患者的一种全新的康复工具。

根据脑机接口与大脑的连接方式,可以分为侵入式、非侵入式和半侵入式脑机接口。侵入式脑机接口要求微电极植入头骨下的大脑皮质(大脑灰质)中,直接接触神经元细胞。在这种情况下,采集到的脑信号强且稳定,但由于要进行开颅手术,会对人体造成创伤,且随着时间的推移容易出现瘢痕组织,从而影响后续的信号接收。此外,一旦种植了侵入式脑机接口,就不可能将其移动来测量大脑的其他部分。半侵入式即在大脑皮质表面安置接收信号的设备,电极植入到颅骨下方,但是并未深入脑皮层,位于灰质外,使用脑皮层电图记录脑信号,其空间分辨率不如侵入式脑机接口,但优于非侵入式。非侵入式主要通过可穿戴的脑电波检测设备获取信号,对人体无伤害,但是由于颅骨对信号的衰减作用和对神经元发生的电磁波的分散和模糊效应,记录到的信号分辨率并不高。但是由于避免手术,非侵入式脑机接口仍然是目前实践中优选的方式。由此可见,侵入程度越高,获得的信号质量和强度就越高,风险也更高。按信号质量来排列,是侵入式>半侵入式>非侵入式;按风险来排列,则是侵入式>半侵入式>非侵入式。

4. 脑机接口系统的重要技术

1) 脑机接口系统的关键技术

完整的脑机接口系统由信号采集、特征提取、特征分类和外部控制设备四部分组成。

(1) 信号采集:脑电信号是非侵入式脑机接口应用最广泛的信号,采集方式相对便捷,医疗领域常用采集设备为干电极脑电采集设备,该设备近年来不断优化,使脑电信号的采集更加便捷、精确。

(2) 特征提取:其目的是通过预处理后的脑电信号特征有效辨识受试者意图,提取脑电信号特征的常用方法主要包括快速傅里叶变换(FFT)、离散傅里叶变换(DFT)、小波变换(WT)、独立成分分析(ICA)、共同空间模式(CSP)及其一些基于上述方法的改进方法。

(3) 特征分类:对提取的特征信号进行进一步分类。常用分类器主要有线性分类器、支持向量机(SVM)、神经网络及多种分类器的组合。线性分类器因其表达形式简单、构造简便、可快速对样本分类、稳定性高于非线性分类器而广泛应用,但在很多情况下无法对样本进行精确分类;非线性分类器则在处理复杂问题或数据集非常大时的拟合能力更强,常见的非线性分类器包括决策树(DT)、随机森林(RF)、梯度提升决策树(GBDT)、多层感知机和支持向量机(高斯核)等。近年逐渐涌现出一些新的脑电信号特征提取与分类方法,如深度学习、复杂网络等,与上述传统方法相比,这些新方法可提取更深层和有效的脑电信号特征并实现更准确的分类。

(4) 外部控制设备:可实现人机交互,在康复医学领域,脑机接口系统通过控制机械臂、外骨骼机器人而达到有效辅助脑卒中或脊髓损伤等神经、肌肉病患者的康复训练。

2) 脑机接口系统的前沿技术

有效提取脑电信号特征并准确分类,是脑机接口系统能否正确辨识受试者意图的关键技术,因此特征提取和特征分类是脑机接口的最重要环节之一。近年来,深度学习和复杂网络因其自身特点和优势受到极大关注,成为脑电信号特征提取和分类的新算法。

(1) 深度学习:是一种端到端的学习方法,可直接从输入信号中提取更深层和内在的信息,已在时间序列、语音识别和自然语言处理等不同领域取得显著成果。传统辨识脑电信号的方法主要由人工提取特征和分类器两部分组成，脑电信号信噪比(SNR)低且不稳定、不同受试者之间差异较大，导致人工提取的脑电信号特征鲁棒性和系统分类性能较差。传统方法对脑电信号的辨识在很大程度上取决于人工提取的信号特征，深度学习模型则不依赖人工提取特征，而是逐层提取数据中较高级的特征表征，从而实现计算速度和分类准确性的同步提高，目前已成功应用于脑电信号的辨识。常用的深度学习模型包括卷积神经网络(CNN)、由多个受限玻尔兹曼机(RBM)堆叠的深度置信网络(DBN)、递归神经网络(RNN)和长短时记忆神经网络(LSTM)等。近年来，高忠科教授团队采用深度学习模型解决了多个领域中脑电信号辨识的难题，取得了一系列进展：2019 年，提出一种基于脑电信号的新型时空卷积神经网络，用于检测驾驶员的疲劳程度，可实现高达 97.37%的分类精度；2020 年，采用一种新的基于脑电图通道融合密集卷积神经网络实现情感识别，并在情绪公开数据集上的分类结果达到国际先进水平；同年，采用基于巧合过滤的方法进一步建立人工特征与卷积神经网络之间的联系，并通过模拟人工提取特征模式设计卷积神经网络，从而实现基于脑电信号的高精度情绪识别和疲劳驾驶检测。

(2) 复杂网络：是一门多学科交叉理论，可将复杂系统以网络形式进行表述，便于对复杂系统的分析和研究。2018 年，高忠科教授团队提出一种基于有限穿越可视图的心电信号监测方法，根据健康对照者、充血性心力衰竭患者和房颤患者的 RR 间隙心电信号构建有限穿越可视图复杂网络，并结合随机森林器分类网络指标，最终实现达 93.5%的分类精度，且具有较好的抗噪特性。人类大脑是极其复杂的系统，将脑电极设为节点，通过不同电极之间的关联测度确定网络边缘以建立脑网络。将复杂网络与脑机接口相结合可以基于网络测度指标分析不同状态下脑网络的连接机制和拓扑结构，从而实现脑机接口在多个领域的应用。例如，分析神经系统疾病患者脑网络结构变化，可以揭示脑功能模式与疾病进展之间的关系；对不同任务态下的脑电活动进行分类等。2020 年，高忠科教授团队最新提出一种基于视觉诱发电位(VEP)的复杂网络与深度学习集成算法，为脑机接口系统提供了一种特征提取和特征分类的新思路。

5. 脑机接口应用领域

一切技术发明的最终目的都是要投入应用，脑机接口技术也不例外。经过几十年的发展，脑机接口技术已广泛应用于教育、医学、军事等领域。

1) 教育领域

正如前面基本原理一节所说，人的大脑活动所产生的电信号会在人的大脑皮层叠加出不同的脑电信号，一般认为不同的脑电信号频率对应着不同的人脑状态。针对这项特点，科学家提出了使用脑电信号来监测儿童的脑活动状态，以此来观测儿童在执行任务、学习知识等动作时的脑部活动。

一个典型的应用案例为儿童多动症，患有多动症的儿童一般有注意力分散、活动意识强、动作过多、情绪冲动等特点，严重的还会有认知障碍、学习困难等症状。已经有充分的研究表明患有多动症儿童与正常儿童的脑电之间存在着较为明显的差别，因此监测儿童的脑部活动可以及早发现一些心理症状甚至是神经疾病。

除此之外，对于正常儿童而言，脑机接口也有着非常宽泛的应用场景，例如脑机接口可以被应用于训练学生的注意力，通过监测儿童的注意力状态，将脑电信号转换为容易被观测的"光""声"等信号来反映儿童是否专注于当前的任务上，这种被称为"生物信息反馈"的技术已经在国外得到了广泛应用。

2) 医学领域

脑机接口这一技术实际上是在医学领域首先得到广泛应用的。像脑电图与核磁共振成像就是研究人类退行性神经疾病的重要工具。以癫痫为例，已经有科学家成功地通过侵入式脑机接口来预测癫痫的发生，并且还可以通过在人的大脑内部施加电刺激来抑制癫痫的发作。除此之外，脑接机口还被应用于中风患者的肢体功能恢复上，科学家使用脑机接口来判断人的运动意愿并在相应的肌肉上施加电刺激来帮助患者重新构建大脑与目标肢体之间的神经信息通路。总之，由于人的脑部神经疾病会引起人的大脑发生功能性或结构性的变异，进而引发脑电活动的异常，因此我们可以使用脑机接口记录下正常人与患者的脑电信号并将其进行对比，就可以获得病变脑部的脑电信号的共性，进而可以得到针对这种疾病的诊断方法。

3) 军事领域

脑机接口作为一项可以直接从人的大脑皮层提取信息的技术，其在军事领域上的应用前景之广阔不言而喻。从最根本的信息提取功能上来看，脑机接口可以实现士兵与军事设备之间高效、安全地通信，目前在军事战争中进行通讯需要携带很复杂的设备，且需要经过重重加密。而把脑机技术应用进去，就会发生许多改变。2008 年，美国斥资 400 万美元来研发用脑电波进行信息交流技术，有了这项技术，一个战士的意识就会通过脑电波传给另一位战士，而不用进行语言交流，就好像"无声的广播"。从其衍生功能的角度上来看，脑机接口对操控无人战机、无人战车直至实现无人战场都有着非凡的意义。以脑控武器举例，在 2013 年 3 月，英国研究人员就开发了第一种用于控制飞船模拟器的脑机接口装置，戴在头上后便可通过意念控制飞船飞行。同年，美国国防部披露了"阿凡达"研究项目，计划在未来实现意念控制机器战士。脑机技术可在众多武器装备中投入使用，极大程度上提高武器的打击性能，引领武器装备的一场革命。

9.3　高性能计算

高性能计算是一个国家综合国力的体现，是支撑国家实力持续发展的关键技术之一，在国防安全、高科技发展和国民经济建设中占有重要的战略地位。计算科学已经和传统的理论科学与实验科学并列成为第三门科学，它们相辅相成地推动着人类科技发展和社会文明的进步。21 世纪科学上最重要和经济上最有前途的研究前沿，有可能通过熟练地掌握先进的计算技术和运用计算科学得到解决。

高性能计算是计算机科学的一个分支，研究并行算法和开发相关软件，致力于开发高性能计算机。随着信息化社会的飞速发展，高性能计算已成为继理论科学和实验科学之后科学研究的第三大支柱。在一些新兴的学科，如新材料技术和生物技术领域，高性能计算机已成为科学研究的必备工具。同时，高性能计算也越来越多地渗透到石油工业等一些传统产业，以提高生产效率、降低生产成本。金融、政府信息化、教育、企业、网络游戏等更广泛的领域对高性能计算的需求也迅猛增长。

9.3.1　高性能计算概述

高性能计算(High Performance Computing，HPC) 通常指使用很多处理器(作为单个机器的一部分)或者某一集群中组织的几台计算机(作为单个计算资源操作)的计算系统和环境。有许多类型的 HPC 系统，其范围从标准计算机的大型集群，到高度专用的硬件。大多数基于集群的 HPC 系统使用高性能网络互连，比如来自 InfiniBand 或 Myrinet 的网络互连。基本的网络拓扑和组织可以使用一个简单的总线拓扑，在性能很高的环境中，网状网络系统在主机之间提供较短的潜伏期，所以可改善总体网络性能和传输速率。

图 9.12 显示了一网状 HPC 系统示意图，在网状网络拓扑中，该结构支持通过缩短网络节点之间的物理和逻辑距离来加快跨主机的通信。

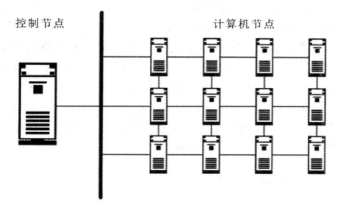

图 9.12　HPC 网状网络拓扑示意图

尽管网络拓扑、硬件和处理硬件在 HPC 系统中很重要，但是使系统如此有效的核心功能是由操作系统和应用软件提供的。

HPC 系统使用的是专门的操作系统，这些操作系统被设计为看起来像是单个计算资源。正如从图 9.12 中可以看到的，其中有一个控制节点，该节点形成了 HPC 系统和客户机之间的接口。该控制节点还管理着计算节点的工作分配。

对于典型 HPC 环境中的任务执行，有两个模型：单指令/多数据 (SIMD) 和多指令/多数据 (MIMD)。SIMD 在跨多个处理器的同时执行相同的计算指令和操作，但对于不同数据范围，它允许系统同时使用许多变量计算相同的表达式。MIMD 允许 HPC 系统在同一时间使用不同的变量执行不同的计算，使整个系统看起来并不只是一个没有任何特点的计算资源(尽管它功能强大)，可以同时执行许多计算。

不管是使用 SIMD 还是 MIMD，典型 HPC 的基本原理仍然是相同的，整个 HPC 单元的操作和行为像是单个计算资源，它将实际请求的加载展开到各个节点。HPC 解决方案也是专用的单元，被专门设计和部署为能够充当(并且只充当)大型计算资源。

20 世纪 90 年代以来，中国在高端计算机的研制方面已经取得了较好的成绩，掌握了研制高端计算机的一些关键技术，参与高端计算机研制的单位已经从科研院所发展到企业界，有力地推动了高端计算的发展。随着中国信息化建设的发展，中国的高性能计算环境已得到重大改善，总计算能力与发达国家的差距正逐步缩小。高性能计算的应用需求在深度和广度上都蓬勃发展。

高性能计算作为第三大科学方法和第一生产力的地位与作用被广泛认识，并开始走出原来的科研计算，向更为广阔的商业计算和信息化服务领域扩展。更多的典型应用在电子政务、石油物探、分子材料研究、金融服务、教育信息化和企业信息化中得以展现。经过十几年的发展，中国在高性能计算水平上已跻身世界先进水平。

高性能计算机的主流体系结构收缩成了三种，即 SM、CC-NUMA 和 Cluster。在产品上，只有两类产品具有竞争力：一是高性能共享存储系统；二是工业标准机群，包括以 IA 架构标准服务器为节点的 PC 机群和以 RISC SMP 标准服务器为节点的 RISC 机群。当前，对高性能计算机产业影响最大的就是工业标准机群了，这也反映了标准化在信息产业中的巨大杀伤力。工业标准机群采用量产的标准化部件构成高性能计算机系统，极大地提高了性能价格比，开始从科学计算逐渐应用到其他各个领域。

随着曙光、神威、银河、联想、浪潮、同方等一批知名产品的出现，中国成为继美、日之后第三个具备高端计算机系统研制能力的国家，被誉为世界未来高性能计算市场的"第三股力量"。在国家相关部门的不断支持下，一批国产超级计算机相继面世，大量的高性能计算系统进入教育、科研、石油、金融等领域，尤其值得一提的是"神威·太湖之光"在 2020 年 11 月的全球 TOP500 排名中位居第四名。神威·太湖之光计算机不仅性能强大，而且全部采用国产 CPU 处理器，它是继美国、日本之后全球第三个采用自主 CPU 建设的具有千万亿次计算能力的超级计算机。

9.3.2　高性能计算的发展与现状

20 世纪 70 年代出现的向量计算机可看作是第一代 HPC，通过在计算机中加入向量流水部件，大大提高了科学计算中向量运算的速度。其中较著名的有 CDC 系列、CRAY 系列、NEC 的 SX 系列和中国的银河一号及中科院计算所的 757 计算机。20 世纪 80 年代初期，随着 VLSI 技术和微处理器技术的发展，向量机一统天下的格局逐渐被打破，性价比代替单一性能成为衡量 HPC 系统的重要指标。90 年代初期，大规模并行处理(MPP)系统已开始成为 HPC 发展的主流，MPP 系统由多个微处理器通过高速互联网络构成，每个处理器之间通过消息传递的方式进行通讯和协调。代表性系统有 TMC 的 CM-5、Intel Paragon、中科院计算所的曙光 1000 等。较 MPP 早几年问世的对称多处理(SMP)系统由数目相对较少的微处理器共享物理内存和 I/O 总线形成，早期的 SMP 和 MPP 相比扩展能力有限，不具有很强的计算能力，但单机系统兼容性好，所以 90 年代中后期的一种趋势是将 SMP 的优点和 MPP 的扩展能力结合，发展成后来的 CC-NUMA 结构，即分布式共享内存。其代表为 Sequent NUMA-Q、SGI-Cray Origin、国内的神威与银河系列等。在发展 CC-NUMA 的同时，机群系统(Cluster)也迅速发展起来。机群系统是由多个微处理器构成的计算机节点通过高速网络互连而成，节点一般是可以单独运行的商品化计算机。机群系统比 MPP 具有更高的性价比，其代表是 IBM SP2，国内有曙光 3000、4000，联想深腾 1800、6800 等。

每年 6 月和 11 月发布的 TOP500 一直是全球 HPC 领域的风向标，排行榜的变化折射出全球 HPC 在技术和应用方面的研究现状和发展趋势。2020 年 11 月全球 TOP500 超级计算机榜单公布，来自日本的上届冠军 Fugaku(富岳)超级计算机再次蝉联冠军。整体而言，

超级计算机

中国超级计算机数量延续了上届的强势地位,上榜超级计算机数量超过美国、日本、德国、法国等一众老牌电子强国。此次榜单与上一届榜单相比,基本没有多大波动,榜单架构趋于稳定。其中以 ARM 为核心处理器的富岳(Fugaku)蝉联第一,美国的 Summit 和 Sierra 排在第二、三位,中国的神威·太湖之光超级计算机依旧保持第四名。整体来看,此届全球超算 500强排行榜中我国共计有 217 台超算上榜,数量遥遥领先其他国家;美国以 113 台上榜超算排在第二;日本以 34 台上榜超算排在第三;其余上榜超算分布在德国(18)、法国(18)、荷兰(15)、爱尔兰(14)、英国(12)、加拿大(12)等国家和地区。排行榜中,联想和浪潮的入围数量分别达到了 180 台和 66 台,在供应商台数上分别夺得第一和第二名。

目前高性能计算面临的主要问题如下:

(1) 存储器访问能力与处理部件计算能力的不平衡,处理器速度每年提高 59%,但存储器速度每年只提高 7%。处理器性能与数据访问带宽和延迟之间的差距越来越大。要解决这一矛盾必须从系统存储体系结构上创新,改进时延机制,以提供更高的带宽和更低的延迟。目前对三类超级计算机(定制、混合与商业)的主要区别在于针对不同的存储访问模式所能提供的有效本地和全局存储访问带宽不同。

(2) 系统规模增大到 10 万个以上处理器,结构复杂(数据共享与消息通信模式交织),为超级计算机编写高效健壮的程序也越来越复杂,越来越困难。高性能机器上的程序设计语言、库和应用开发环境的发展比广泛应用的工业软件差很多。系统没有广泛应用的并行程序设计模型,软件的研制周期大于硬件的研制周期。

(3) 单个芯片的功耗急剧升高,导致整个系统的总功耗越来越高。系统占地均在数百至数千平方米,功耗在数兆瓦。系统综合成本急剧增加,高达数亿美元。

9.3.3 高性能计算的应用

回顾计算机问世以来半个多世纪的历史,高性能计算应用与高性能计算技术的发展是密不可分的。一方面,计算机技术的发展为高性能计算应用提供了强大工具和物质基础,另一方面,应用开发也推动了高性能计算技术本身的发展。高性能计算技术被广泛地应用于核武器研究和核材料储存仿真、生物信息技术、医疗和新药研究、计算化学、天气和灾害预报、工业过程改进和环境保护等许多领域。值得注意的是,游戏等娱乐领域近年来已逐步成为 HPC 的新用户。

近年来高性能计算在工业和制造业领域的应用越来越普遍和广泛。传统飞行器的设计方法试验昂贵、费时,所获信息有限,迫使人们采用先进的计算机仿真手段指导设计,大量减少原型机试验,缩短研发周期,节约研究经费。目前在航空、航天、汽车等工业领域,利用 CFD 进行反复设计、分析、优化已成为标准的必经步骤和手段。

国外的 HPC 应用已具有相当的规模,在各个领域都有比较成熟的应用实例。在政府部门大量使用 HPC 能有效提高政府对国民经济和社会发展的宏观监控和引导能力,包括打击走私、增强税收、进行金融监控和风险预警、环境和资源的监控和分析等。在发明创新领域,壳牌石油公司通过全球内部网和高性能服务器收集员工的创新建议,加以集中处理。在设计领域,好利威尔公司和通用电气公司用网络将全球各地设计中心的服务器和贵重设备连于一体，以便于工程师和客户共同设计产品，设计时间可缩短 100 倍。此外，制造、后勤运输、市场调查等领域也都是 HPC 大显身手的领域。

国内联想深腾 6800 超级计算机的应用领域涉及气象数值预报、地震预报、生物信息、药物设计、环境科学、空间科学、材料科学、计算物理、计算化学、流体力学、地震三维成像、油藏数值模拟、天体星系模拟等，其中 70%以上的课题得到国家级重点项目的资助，在科学计算中发挥了重要作用，并作为国家网格项目北方区中心结点，与上海超级计算中心及全国 6 个省市的大型计算机实现了异地互联。以高性能计算环境为基础，中科院超级计算中心积极与院内外的多家单位合作，取得了一系列引人注目的应用成果。

(1) 与中科院力学所非线性力学国家重点实验室(LNM)和中国地震局合作的应用课题"非均匀脆性介质破坏的共性特征、前兆与地震预报"，在成功预测 2004 年和 2005 年中国大陆地震以及南亚地震方面取得了引人瞩目的成果，并由超级计算中心帮助完成的并行化 LURR 地震预报程序已按国家地震局的要求移植到地震局的计算环境中，将在我国中长期地震预测预报中发挥重要作用。

(2) 与中科院武汉测量与地球物理所合作的应用课题"地球重力场仿真系统研究"，其成果在 2005 年珠峰测高中发挥了重要作用。

(3) 与中科院生态环境研究中心和中国气象科学研究院合作的应用课题"大规模科学计算在生态环境研究中的应用"，其成果为北京市城市规划提供了科学依据。

(4) 与中科院空间科学与应用研究中心合作的应用课题"灾害性空间天气数值预报模式的初步应用开发"，参与了"双星计划"，为中国航天事业发展做出了贡献。

(5) 与中科院过程工程研究所合作的应用课题"大规模并行粒子模拟通用软件平台的开发与应用"，其成果已经在工业应用中(如宝钢)取得显著成效。

9.3.4　高性能计算的挑战与机遇

高性能计算的硬件发展令人叹为观止，但软件方面的缺失仍是高性能计算应用效率提高的瓶颈，如何解决软硬失衡问题，也是高性能计算方面的研究热点。西方国家在硬件制造和软件开发方面相对比较平衡，而我国高性能计算产业呈现的却是机器大、应用少、软硬失衡的格局。软件开发和应用水平的提高，取决于多方面的因素，一是目前我们还缺乏对规模更大、精度更高的计算模型及算法的研究，它们在传统高性能用户如石油、气象、航天等领域有巨大的需求；二是政府、软件开发商对多核处理器的支持力度不够，投入不足；三是专业软件开发的人员少，队伍还不够固定。要解决这个问题，应该做到以下几点：

(1) 以用户需求为导向，加强高性能计算环境建设。高性能计算环境建设不能盲目以追求计算机峰值为目的，而应以用户需求为向导，以高性能计算的应用水平为依据，与国家的规划及创新基地建设密切结合，合理建设高性能计算环境。

(2) 加强国内外科研院所间的合作，建立应用范围广泛的软件平台。高性能计算环境建设中，要实现软件建设和硬件建设并重，加强国内外单位的合作，加大自主软件的开发和集成力度，使高性能计算环境真正发挥应有的作用。在高性能环境的软件建设方面，我国的投入还需要增加，给其以持续不断的支持。

(3) 强调计算机系统的实用效率、方便使用方面的研究。高性能计算机的问世给科学研究及工农业生产等带来了前所未有的发展，同时对使用计算机也提出了更高的要求，程序越来越复杂。因此，需要加强计算机系统研制的支持，开发易于使用的高性能计算机系统，为使用 HPC 的用户提供方便。

(4) 注重人才培养，促进高性能应用的发展。加强自身人才培养，引进既懂专业知识又懂计算科学的复合型人才，提升服务水平，与我国的重大任务和创新基地建设相结合，选择各学科有强烈需求的重要科学计算应用问题进行重点支持。加强国内外的学术交流，邀请国际上的科学计算专家来华讲学和选派重点学科的骨干到国外学习科学计算知识，促进我国科学计算研究的发展。

(5) 寻求国内外合作，建设具有科学计算特色的网格系统。积极拓展多种形式的国内外合作，开展多种资源的有效集成和共享，共同建成科学研究所需要的网格系统，为全国各行业更多的用户提供高性能的计算应用、信息查询、知识教育与学习等服务，推进中国网格技术与应用发展。

目前我国的高性能计算硬件环境已可与国际上的先进研究机构相比，但是应该看到在应用水平上还有相当的差距，提高应用水平是当务之急。

9.4　物　联　网

提起互联网，大家应该不会陌生，现在我们通过互联网可以查阅资料、沟通交流、玩游戏和购物等，互联网给我们的生活带来了极大的便利。那么与互联网仅一字之差的物联网这一当前最热门的新名词，又是什么意思呢？其实物联网的核心还是互联网，它是在互联网的基础上延伸扩展出来的网络。与互联网最大的不同是，物联网的用户端能延伸和扩展到任何物品上，并能在任意物品之间进行信息交换和通信。因此，物联网是当下所有技术与计算机互联网技术的结合，它能将信息更快、更准确地收集、传递、处理和执行。

9.4.1　物联网概述

物联网(Internet of Things，IOT)是指通过各种信息传感器、射频识别技术、全球定位系统、红外感应器、激光扫描器等各种装置与技术，实时采集任何需要监控、连接、互动的物体或过程，采集其声、光、热、电、力学、化学、生物、位置等各种需要的信息，通过各类可能的网络接入，实现物与物、物与人的广泛连接，实现对物品和过程的智能化感知、识别和管理。物联网是一个基于互联网、传统电信网等的信息承载体，它让所有能够被独立寻址的普通物理对象形成互联互通的网络。

物联网是新一代信息技术的重要组成部分，业内也称之为泛互联，意指物物相连，万物万联。因此，物联网就是物物相连的互联网。这有两层意思，第一，物联网的核心和基础仍然是互联网，是在互联网基础上延伸和扩展的网络；第二，其用户端延伸和扩展到了任何物品与物品之间，进行信息交换和通信。

物联网通过传感设备，按照约定协议将任何实体硬件设备与网络相连，使实体硬件设备可通过信息传播媒介进行信息交换和通信，实现智能化识别、定位、跟踪、监管等功能。物联网由感知层、网络层和应用层组成。感知层将物理世界与信息世界通过硬件设备进行连接，感知环境物质外在属性；网络层作为物联网的大脑，将感知层信息传输至应用层。传入的数据通过应用层转换和子平台处理后服务行业发展。物联网更偏重应用，应用是物联网的核心。

物联网是继计算机、互联网与移动通信之后的世界信息产业第三次浪潮。物联网的问世，打破了之前的传统思维。过去一直是将物理基础设施和 IT 基础设施分开的，一方面是机场、公路、建筑物等物理基础设施，另一方面是以数据中心、个人电脑、宽带等为代表的 IT 基础设施。而在物联网时代，钢筋混凝土、电缆等将与芯片、宽带等所有物品整合为统一的基础设施，在此意义上，基础设施更像是一块新的地球工地，世界的运转就在它上面进行，其中包括经济管理、生产运行、社会管理乃至个人生活。

9.4.2　物联网的起源与发展

什么是物联网

物联网概念最早出现于比尔·盖茨 1995 年《未来之路》一书，在《未来之路》中，比尔·盖茨已经提及物联网概念，只是当时受限于无线网络、硬件及传感设备的发展，并未引起世人的重视。

1998 年，美国麻省理工学院创造性地提出了当时被称作 EPC 系统的"物联网"的构想。

1999 年，美国 Auto-ID 首先提出"物联网"的概念，主要是建立在物品编码、RFID 技术和互联网的基础上。过去物联网被称为传感网，中科院早在 1999 年就启动了传感网的研究，并已取得了一些科研成果，建立了一些适用的传感网。同年，在美国召开的移动计算和网络国际会议提出了"传感网是下一个世纪人类面临的又一个发展机遇"。

2003 年，美国《技术评论》提出传感网络技术将是未来改变人们生活的十大技术之首。

2005 年 11 月，在突尼斯举行的信息社会世界峰会(WSIS)上，国际电信联盟(ITU)发布了《ITU 互联网报告 2005：物联网》，正式提出了"物联网"的概念。报告指出，无所不在的"物联网"通信时代即将来临，世界上所有的物体从轮胎到牙刷、从房屋到纸巾都可以通过因特网主动进行交换。射频识别技术(RFID)、传感器技术、纳米技术、智能嵌入技术将得到更加广泛的应用。

2009 年 6 月，欧盟首先发表了 *Internet of things—an action plan for Europe* 的物联网行动方案，明确了物联网在欧洲的发展路线，描述了物联网的广阔前景。

2009 年也是中国物联网发展最重要的一年。温家宝总理在无锡传感网工程技术研发中心视察时指出：在国家重大科技专项中，加快推进传感网发展，尽快建立中国的传感信息中心，或者叫"感知中国"中心。首次提出了"感知中国"的战略构想，表明中国要抓住这次机遇，大力发展物联网技术。

2011 年我国发布《物联网白皮书》，并对物联网做了明确定义，认为其是通信网、互联网的拓展应用和网络延伸，利用感知技术、智能装置感知识别物理世界，实现人与物、物与物信息交互和无缝链接，达到对物理世界实时控制、精确管理和科学决策目的。

2013 年 2 月，中国公布《国务院关于推进物联网有序健康发展的指导意见》，提出到2015 年，突破一批核心技术，初步形成物联网产业体系。为实现目标，将加强财税政策扶持、完善投融资政策，鼓励金融资本、风险投资及民间资本投向物联网应用和产业发展。同年谷歌眼镜发布，这是物联网和可穿戴技术的一个革命性进步。

2015 年 9 月，重庆邮电大学发布了全球首款 433/470 MHz 频段工业物联网核心芯片

CY4520。这款物联网芯片长宽都只有 6 毫米，信号传输距离远、穿透性强、集成度高，可广泛应用于智慧工厂建设等。同月，百度发布了自己的物联网平台 Baidu IoT，以"连接人与服务"为核心，通过技术让人从网络"感知真实世界"。同年，蓝牙技术联盟(SIG)宣布了蓝牙技术的一系列重大调整升级，以推动物联网的发展，通过提速降耗，使用蓝牙可以把所有智能家居设备连接到一起，并覆盖到整个建筑或家庭之内。

2017 年，物联网 PaaS 平台成为发展热点。传统的互联网、通讯和 IT 等行业的领军企业都进入物联网领域，这些企业进入物联网领域定位都是物联网 PaaS 平台，并在平台上搭建物联网的生态。阿里、腾讯都进入物联网 PaaS 平台领域，百度发布 APOLLO 汽车自动驾驶开放平台；三大运营商都建立有自己的物联网 PaaS 平台。

2018 年，物联网进入以基础性行业和规模消费为代表的第三次发展浪潮，面对重大的发展机遇，各产业巨头强势入局，生态构建和产业布局正在全球加速展开。在这一年，微软宣布用 50 亿美元支持物联网创新；谷歌正式发布物联网操作系统 Android Things 1.0，可以让开发者大规模构建和维护物联网设备；华为推出全新智能家居品牌"华为智选"，以"品牌共生、流量共享、体验一致"为原则打造物联网合作生态；海尔开启智慧家庭全场景定制化时代，基于厨房、卧室等 4 大物理空间和空气、安防等 7 大全屋解决方案，为用户带来一个完整的智慧家。

2019 年，全球物联网设备增长迅速，活跃的物联网设备达到 95 亿。大规模的部署正在数十万甚至数百万的设备类别中进行。例如，瑞典推出 Landis + Gyr 100 万台智能 NB-IoT 电表；蒂森克虏伯目前拥有超过 100 000 台联网电梯；特斯拉有超过 50 万辆的联网汽车已上路，且具有无线更新能力。2019 年，中国 5G 商用正式启动，就像鱼离不开水一样，物联网也离不开通信技术。5G 是物联网的重要基础设施，物联网的物物相连，需要有通信技术做保障；而具有超高速、高可靠、低时延等特性的 5G 技术，恰好能够满足物联网发展所提出的诉求，能够提供更便捷的设备连接方法。

在过去几年中，我们已经看到了物联网的无限潜力。随着 2020 年抗击新冠疫情的推动作用，国内数字化转型迅速加快，物与物和人与物的连接性增强，还有 5G 和更快的无线网络投入使用，以及人工智能和机器学习的改进，物联网将在我们的生活和各行业中无处不在。研究显示，到 2021 年，在线智能设备将达到 350 亿部，到 2025 年，这一数字将升至 750 亿部。

9.4.3　物联网体系架构与关键技术

物联网是在互联网基础上发展起来的，其架构的建立是以互联网为基础的，相当于各类物化产品的信息服务的统称。从整体上看，物联网分为感知层、网络层和应用层三个层次。物联网的规模化与多样化决定了物联网技术多样化，支撑一个物联网应用系统运行需要多方面的技术，主要包括 RFID 技术、传感器技术、无线网络技术和云计算技术等关键技术。

1. 物联网体系架构

目前，无论是发达国家还是在发展中国家，都在大力的发展物联网技术。各国都制定了相应的技术标准体系，虽然各国对于物联网的定义及理解应用水平还不尽相同，但对于物联网体系架构的认知还是较为成熟和一致的。总体来说,物联网的体系架构如图 9.13 所示,它包括感知层、网络层和应用层。

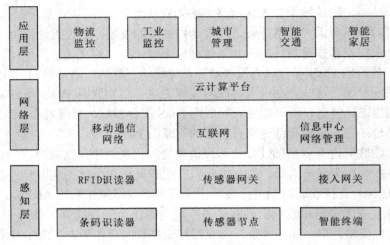

图 9.13　物联网体系架构图

1) 感知层

感知层是物联网的底层,是联系物体和信息的纽带。感知层的作用是协同感知物体或周围环境并对获取的感知信息进行初步判断和处理,最后通过网络层把中间或最终处理结果发送到应用层。物联网是各种感知技术的广泛应用。物联网上有大量的多种类型传感器,不同类别的传感器所捕获的信息内容和信息格式不同,所以每一个传感器都是唯一的一个信息源。传感器获得的数据具有实时性,要按照一定的频率周期性采集环境信息,不断地更新数据。

物联网感知层与人体的皮肤和五官作用类似,通过感知物体获取信息,并进行传输。感知层由基本的感应设备和感应网络两大部分组成。常见的感应设备有 RFID 标签、读写器、传感器、摄像头、GPS(Global Positioning System,全球定位系统)、二维码标签等,感应器组成的网络有 RFID 网络和传感器网络等。通常感知层所获取的信息包括物体标识信息、属性信息、物理量、形状、音频视频等。除了数据的采集以外,数据的短距离传输也是感知层的主要任务。

2) 网络层

网络层是在一定的网络基础上建立起来的,网络层由各种私有网络、互联网、有线通讯网、无线通信网和云计算平台等组成,它是物联网三大层次中标准化程度最高、产业化能力最强、最成熟的部分。网络层的主要作用是对感知层获取的信息进行传递与处理,将信息完整、及时、准确地传递到世界各地,网络层在互联网基础上实现了更加广泛的互联功能。

网络层要确保数据传输的可靠性与安全性,尤其是远距离传输中更需要保障数据的传输与处理是无障碍的。如果说传感器是物联网的感觉器官,则通信技术是物联网传输信息的神经,用以实现信息的可靠传送。通信技术,特别是无线通信技术的发展,为物联网感知层所产生的数据提供了可靠的传输通道。因此,以太网、移动网和无线网等各种相关通信技术的发展,也为物联网数据信息可靠安全地传输提供了保证。

3) 应用层

物联网应用层是最终的目的层级，是物联网与行业需求相结合，通过将物联网技术与行业技术对接，利用各种解决方案为广大用户提供良好的物联网业务体验，以实现广泛的智能应用，让人们真正感受到物联网给现实生活带来的巨大影响。应用层的主要作用是对网络层传来的海量信息进行分析与处理，并确保实现智能化的管理与服务，它是物联网和用户的接口，需要解决信息处理与人机界面的问题。应用层可以划分为两个子层：即应用程序层与终端设备层。应用程序层的主要功能是进行数据处理，它是深度信息化网络的重要体现。终端设备层的主要功能是提供人机界面。通过物联网应用层提供多种信息服务功能，包括物联网客户端、数据存储模块和数据查询模块，可以实现信息的处理、远程监测、人机交互等功能。

2. 物联网关键技术

1) RFID 技术

RFID(Radio Frequency Identification，RFID)又称无线射频识别，是一种非接触式的自动识别技术。在物联网中，RFID 技术被认为是"让物品开口说话"的关键技术。RFID 可通过无线信号识别特定的目标并读取消息。射频识别系统一般都有两部分，一是电子标签，作为数据存储的载体；二是阅读器，即数据读出装置。无线电的信号是通过调成无线电频率的电磁场，把数据从附着在物品上的电子标签上传送出去，以自动辨识与追踪该物品。某些标签在识别时从阅读器发出的电磁场中就可以得到能量，并不需要电池；也有标签本身拥有电源，可以主动发出无线电波。电子标签包含了电子存储的信息，数米之内都可以识别。与条形码不同的是，射频标签不需要处在阅读器视线之内，可以嵌入被识别物体之内。

一套标准的 RFID 系统由电子标签、读写器和应用软件系统三个部分组成。其工作原理是从读写器发射一个特定频率的无线电波能量给电子标签，来驱动电子标签的存储器将内部的数据送出，此时读写器便可依序接收并解读这些数据，发送给应用软件做相应的处理。电子标签由附有天线的微芯片和集成电路组成，存储目标对象的唯一信息。标签天线是覆盖着保护层的小线圈，允许射频电子标签和射频读写器之间以无线方式进行通信。射频电子标签集成电路提供一系列的功能，如提供多标签检测基本的逻辑、内存中数据存储和数据调制等。射频读写器介于射频电子标签和应用软件系统之间，完成射频电子标签和应用系统之间的通信功能。射频读写器利用射频技术读取射频电子标签的数据和写入数据到射频电子标签，承担向射频电子标签传输命令及读写数据的任务。射频读写器可将主机的读写命令传送到电子标签，再把从主机发往射频电子标签的数据加密后写入射频电子标签；射频电子标签返回的数据经射频读写器解密后送到主机，射频读写器读写的标签信息可通过计算机这一级的网络系统进行管理和信息传输。

射频识别技术依据其标签的供电方式可分为三类，即无源 RFID、有源 RFID 与半有源 RFID。

(1) 无源 RFID。无源 RFID 出现时间最早，最成熟，其应用也最为广泛。因为省去了供电系统，所以无源 RFID 产品的体积可以达到厘米量级甚至更小，而且自身结构简单，成本低，故障率低，使用寿命较长。但无源 RFID 的有效识别距离通常较短，一般用于近距离的接触式识别。无源 RFID 主要工作在 125 kHz、13.56 MHz 等较低频段，其典型应用包括公交卡、二代身份证、食堂餐卡等。

(2) 有源 RFID。有源 RFID 兴起的时间不长，但已在各个领域，尤其是在高速公路电子不停车收费系统中发挥着不可或缺的作用。有源 RFID 通过外接电源供电，主动向射频识别阅读器发送信号。其体积相对较大。但也因此拥有了较长的传输距离与较高的传输速度。一个典型的有源 RFID 标签能在百米之外与射频识别阅读器建立联系，读取率可达 1700 read/s。有源 RFID 主要工作在 900 MHz、2.45 GHz、5.8 GHz 等较高频段，且具有可以同时识别多个标签的功能。

(3) 半有源 RFID。因为无源 RFID 自身不供电，有效识别距离太短，而有源 RFID 识别距离足够长，但需外接电源，体积较大，为解决这一矛盾，出现了半有源 RFID。半有源 RFID 又叫作低频激活触发技术，通常情况下，半有源 RFID 处于休眠状态，仅对标签中保持数据的部分进行供电，因此耗电量较小，可维持较长时间。当标签进入射频识别阅读器识别范围后，阅读器先以 125kHz 低频信号在小范围内精确激活标签，使之进入工作状态，再通过 2.4 GHz 微波与其进行信息传递。也就是说，先利用低频信号精确定位，再利用高频信号快速传输数据。其通常应用场景为在一个高频信号所能所覆盖的大范围中，在不同位置安置多个低频阅读器用于激活半有源 RFID 产品。这样既完成了定位，又实现了信息的采集与传递。

2) 传感器技术

传感器技术相当于物联网的神经末梢，被定义为接收物品"讲话"内容的技术。传感器技术是从自然信源获取信息并对获取的信息进行处理、变换、识别的一门多学科交叉的现代科学与工程技术，它涉及传感器、信息处理和识别的规划设计、开发、制造、测试、应用及评价改进活动等内容。

传感器跟人体的感觉器官相类似，人体各器官都有明确分工，比如说眼睛用来看，耳朵用来听，鼻子用来闻，因此传感器也有很多种，其功能也不同，总的来说，传感器的主要作用就是对所处的环境进行感知，从而获取相关信息。传感器可以感知光信号、热信号、电信号、位移信号等，根据传感器感知的信号不同，传感器可以分为热敏传感器、光敏传感器、位移传感器等，传感器的主要功能是为物联网系统提供最原始的数据信息。随着传感器技术的不断进步，传感器逐渐走向了智能化、微型化与网络化；同时，也正经历着一个从传统传感器到智能传感器，再到嵌入式 Web 传感器不断丰富发展的过程。随着工艺学、结构学、材料学的发展，一些新型传感器将会逐渐取代传统传感器。

无线传感器网络(WSN)是物联网中传感器技术一个重要应用。大量传感器节点以随机散播或人工放置的方式分布于监测区域内，通过无线通信方式而构建的多跳自组织网络系统就是无线传感网络。传感器、感知对象和观察者是构成无线传感器网络的三个基本要素。无线传感器网络能够实现信息的采集、运输、处理，还具有自组织、部署迅捷、强隐蔽性等优点。因此，无论何时、何地、何种环境，人们均可利用 WSN 来获取所需信息。无线传感网络也因其广泛的应用而成为物联网的底层网络系统的重要组成部分，为物联网的发展创造了条件。在无线传感器网络中，分布于感知现场的传感节点感知周围区域环境的各种信息，经过多跳路由传输到达汇聚节点，而后，汇聚节点对所接收到的数据进行一系列处理与分析，最终把处理分析结果通过卫星、互联网等发送给终端用户管理节点，用户可通过管理节点对 WSN 进行控制管理等反馈式操作，从而进行全面而有效的环境监测。

3) 无线网络技术

在物联网中，可以利用有线网络进行数据信息的传输，也可利用传感器上自带的无线网络进行数据信息传输。无线网络的优点是摆脱了线缆的束缚，不受空间限制，同时还能够实现数据信息的及时、便捷、准确传输。物联网中的无线网络既包括远距离无线连接的全球语音和数据网络，也包括近距离的蓝牙、红外、ZigBee 和 NB-IoT 技术。

(1) 蓝牙技术。蓝牙技术是一种无线数据和语音通信开放的全球规范，它是基于低成本的近距离无线连接，为固定和移动设备建立通信环境的一种特殊的近距离无线技术连接。蓝牙目前最新版本是 5.0，蓝牙 5.0 低功耗模式传输速度上限为 2 Mb/s，是之前版本的两倍；有效工作距离可达 300 m，是之前版本的 4 倍，同时加入定位辅助功能，结合 WiFi 可以实现精度小于 1 米的室内定位。蓝牙具有低成本、超低的待机能耗、多种设备之间的互操作性安全等特点，具有物联网传感器需要具备的所有特点，蓝牙低能耗芯片本身就可以作为传感器设备，因此低功耗蓝牙可以应用在物联网的感知层。传统蓝牙主要作用是物联网网关，对应于物联网的网络层。高速蓝牙用于大量数据、图片传输，应用于物联网的应用层。

(2) 红外技术。红外是红外线的简称，它是一种电磁波，可以实现数据的无线传输。红外技术自 1800 年被发现以来，得到很普遍的应用，如红外线鼠标，红外线打印机，红外线键盘等等。红外线的波长在 750 nm～1 mm 之间，它的频率高于微波而低于可见光，是一种人的眼睛看不到的光线。红外通信一般采用红外波段内的近红外线，波长在 0.75～25 μm 之间。由于红外线的波长较短，对障碍物的衍射能力差，适合于短距离、方向性强的无线通信场合。红外线通信是一种廉价、近距离、无线、低功耗、保密性强的通讯方案，主要应用于近距离的无线数据传输和近距离无线网络接入。目前红外技术常见于智能家居物联网系统中设备间的通讯与控制。

(3) ZigBee 技术。ZigBee 技术是一种应用于短距离和低速率下的无线通信技术，主要用于距离短、功耗低且传输速率不高的各种电子设备之间的数据传输以及典型的有周期性数据、间歇性数据和低反应时间数据传输的应用。ZigBee 是一种无线连接，可工作在 2.4 GHz(全球)、868 MHz(欧洲)和 915 MHz(美国)3 个频段上，分别具有最高 250 kb/s、20 kb/s 和 40 kb/s 的传输速率，它的传输距离在 10～75 m 的范围内，但可以继续增加。作为一种无线通信技术，ZigBee 具有如下特点：

① 低功耗。由于 ZigBee 的传输速率低，发射功率仅为 1 mW，而且采用了休眠模式，因此 ZigBee 设备非常省电。据估算，ZigBee 设备仅靠两节 5 号电池就可以维持长达 6 个月到 2 年左右的使用时间，这是其他无线设备望尘莫及的。

② 成本低。ZigBee 模块的初始成本在 6 美元左右，估计很快就能降到 1.5～2.5 美元，并且 ZigBee 协议是免专利费的。

③ 时延短。通信时延和从休眠状态激活的时延都非常短，典型的搜索设备时延 30 ms，休眠激活的时延是 15 ms，活动设备信道接入的时延为 15 ms。因此 ZigBee 技术适用于对时延要求苛刻的无线控制(如工业控制场合等)应用。

④ 网络容量大。一个星型结构的 Zigbee 网络最多可以容纳 254 个从设备和一个主设备，一个区域内可以同时存在最多 100 个 ZigBee 网络，而且网络组成灵活。

⑤ 可靠。采取了碰撞避免策略，同时为需要固定带宽的通信业务预留了专用时隙，避开了发送数据的竞争和冲突。MAC 层采用了完全确认的数据传输模式，每个发送的数据包都必须等待接收方的确认信息。如果传输过程中出现问题可以进行重发。

⑥ 安全。ZigBee 提供了基于循环冗余校验(CRC)的数据包完整性检查功能，支持鉴权和认证，采用了 AES-128 的加密算法，各个应用可以灵活确定其安全属性。

ZigBee 模块是一种物联网无线数据终端，利用 ZigBee 网络为用户提供无线数据传输功能。该产品已广泛应用于物联网产业链中的 M2M(Machine to Machine)行业，如智能电网、智能交通、工业自动化、智能建筑、消防、遥感勘测、农业、水务、石化等多个领域。

(4) NB-IoT 技术。窄带物联网(Narrow Band Internet of Things，NB-IoT)成为万物互联网络的一个重要分支。NB-IoT 构建于蜂窝网络，只消耗大约 180 kHz 的带宽，可直接部署于 GSM 网络、UMTS 网络或 LTE 网络，以降低部署成本、实现平滑升级。NB-IoT 是物联网领域一个新兴的技术，支持低功耗设备在广域网的蜂窝数据连接，也被叫作低功耗广域网(LPWAN)。NB-IoT 支持待机时间长、对网络连接要求较高设备的高效连接。NB-IoT 设备电池寿命最长可达 10 年，同时还能提供非常全面的室内蜂窝数据连接覆盖。

移动通信正在从人与人的连接，向人与物以及物与物的连接迈进，万物互联是必然趋势。然而当前的 4G 网络在物与物连接上能力不足。事实上，相比蓝牙、ZigBee 等短距离通信技术，移动蜂窝网络具备广覆盖、可移动以及高连接数等特性，能够带来更加丰富的应用场景，理应成为物联网的主要连接技术。作为 LTE 的演进型技术，4.5G 除了具有高达 1 Gb/s 的峰值速率，还意味着基于蜂窝物联网的更多连接数，支持 M2M 连接以及更低时延，将助推高清视频、VoLTE 以及物联网等应用快速普及。蜂窝物联网正在开启一个前所未有的广阔市场。对于电信运营商而言，车联网、智慧医疗、智能家居等物联网应用所产生连接将会远远超过人与人之间的通信需求。

NB-IoT 具备以下四大特点：

① 广覆盖。改进后的室内覆盖，在同样的频段下，NB-IoT 比现有的网络增益 20 dB，相当于提升了 100 倍覆盖区域的能力。

② 具备支撑连接的能力。NB-IoT 一个扇区能够支持 10 万个连接，支持低延时敏感度和优化的网络架构。

③ 更低功耗。NB-IoT 终端模块的待机时间可长达 10 年。

④ 更低的模块成本。企业预期的单个接连模块不超过 5 美元。

因为 NB-IoT 自身具备的低功耗、广覆盖、低成本、大容量等优势，使其可以广泛应用于多个物联网相关行业，如远程抄表、资产跟踪、智能停车、智慧农业等。

4) 云计算技术

物联网的发展离不开云计算技术的支持。物联网中的终端设备计算和存储能力有限，云计算平台可以作为物联网的大脑，以实现对海量数据的存储和计算。从广义来看，云计算是指服务的交付和使用模式，即通过网络以按需、易扩展的方式获取所需的资源，这种服务可以是 IT 的基础设施(硬件、软件、平台)，也可以是其他服务。云计算的核心是将许多计算机资源整合在云平台上，为网络上的用户提供庞大的计算资源和数据，让网络用户使用安全快速的计算和数据存储服务，用户可以突破时间和空间的限制，通过网络就可获取无限的计算机资源。云计算概念自提出到今天，已经历十多年的发展演变，并趋于成熟。它具有以下优势和特点：

(1) 云计算资源的访问不受时间和地点的限制。

(2) 虚拟化资源可根据需要动态调整。

(3) 云计算平台能够根据用户的需求快速部署计算能力及资源。

(4) 云计算的灵活性使它具有非常强的兼容性。

(5) 高可靠性可以保障计算与应用的正常运行。

(6) 在虚拟资源池中统一管理资源可以优化物理资源，提高性价比。

云计算的服务类型通常分为三类：一是基础设施服务(IaaS)，二是平台服务(PaaS)，三是软件服务(SaaS)。

云计算和物联网从其作用上来讲有着非常紧密的联系，将这两者连接起来的纽带就是互联网，它们都是在互联网的基础之上发展起来的新型技术。云计算是对数据信息进行高速处理、保存和利用，而物联网有类似作用，但更强调对实物的管理，追求将实物进行智能化管理，将其数字信息化，这就需要一个载体，而云计算就成了这一载体。可以说是云计算推动了物联网的发展，云计算提供了对数据进行处理的技术，这是物联网发展所需要的，而物联网实现对实物进行智能化管理这一目标，其实是需要非常高水平的计算平台的支持的，就目前情况来看，云计算是这领域中最为先进的计算平台，所以它是物联网发展的必然选择。

现今的云计算已经成为了物联网的核心，运用云计算模式，实现了对物联网中各类数据的融合计算分析。物联网通过将射频技术、传感器技术和无线网络技术等新技术运用到各行各业中，使各种物体充分互联，从而产生海量的数据信息，而此时云计算可以为物联网的海量数据提供足够强的计算能力和足够大的存储空间。随着物联网与云计算的关系越来越紧密，物联网在云计算的支持下被赋予了更强的工作性能，不仅能够提升其使用率，也使得其应用领域变得越来越广泛。因此，在云计算的承载下，物联网的发展空间也更为广阔。

9.4.4 物联网的应用与面临的挑战

物联网的应用领域涉及方方面面，在电力、农业、医疗、交通、物流、家居生活、物业等各领域的应用，有效地推动了各行业的智能化发展，提高了行业效率、效益，物联网正在潜移默化地改变着我们的生活和生产方式。

尽管物联网作为新兴产业，发展前景和市场潜力巨大，各国也都投入了巨大的人力、物力、财力来进行研究和开发，但目前在技术、标准规范、安全等方面仍然存在许多问题需要解决。

1. 物联网的应用

1) 电力领域

当前人们对于电力的需求不断增大，使得电力系统需要不断提升运行质量。而借助物联网技术强化智能电网建设能够有效提升电力系统运行效率。在智能电网中通过应用多种技术和设备，如计算机网络技术、通信技术、传感器、处理器等，可以有效提升电网的自动化水平，让其能够自动判断系统运行状况，并做自我调节，同时通过自动监控实现对系统常规运行的管控，能够对电网运行的状态以及用户实时用电信息进行收集和汇总，通过系统分析研究，选取最优的配电方案，让电能可以更好地送到用户家中。在此过程中，通过物联网技术，实现了全面提升电能输送的安全性和可靠性，有效优化了电能配置。

2) 农业领域

在我国大力推进农业现代化发展的背景下，物联网技术同现代化农业发展的需要能够达成统一。在农业生产经营过程中，可以通过应用计算机物联网技术来不断强化智能化运营和生产。借助控制系统、安全系统与智能系统，农业生产可以实现全方位的管控，对于农业生产各个环节做科学化管理，不断提升管理的智能化水平。同时，在物联网技术的支持下，农业生产中各种影响因素都能够得到有效管控，如对环境因素进行监测，通过散布在田间地头的各类传感器将所得环境数据进行上传，工作人员可以对这些数据进行整合分析，然后合理管控和调节，从而全面把握农业生产各个环节，精准判断，提前防控，科学处理。

3) 医疗领域

在医疗领域，物联网技术主要用于实现医疗信息数字化、医疗物资的监督管理以及远程医疗监护。通过物联网技术可以收集医院运行过程中的信息，简化信息核对流程，目前已经普及了基于 IC 卡的就诊卡、以掌上电脑为工具的移动护士站等。通过条形码或 RFID 技术结合云端的电子病历系统，可以完成病人的身份识别、病况识别和体征识别等。在医疗物资的监督管理方面，借助 RFID 技术可以实现医疗器械与药品的防伪，生产与配送过程中可追溯，避免公共医疗安全问题，且实现药品追踪与设备追踪，可从科研、生产、流动到使用过程的全方位实时监控，有效提升医疗质量并降低管理成本。远程医疗监护，主要是利用物联网技术，构建以患者为中心，基于危急重病患的远程会诊和持续监护服务体系。远程医疗监护技术的设计初衷是为了患者能够得到第一时间的救治帮助和减少患者进医院和诊所的次数。通过将智能传感器植入患者体内，医生能够在第一时间收到关于患者的身体生理情况，并且不需要定期巡访，即可在线共享病人脉搏、血压、血糖和体温等信息，进而对医疗设备和治疗方案进行调整；对于急症患者，结合 GPS 技术可以快速定位患者居住位置，并联系最近的医院进行救助。

4) 交通领域

物联网技术在交通中的应用，能够全面提升交通运行的质量。在物联网技术的支撑下，通过打造智能交通系统(Intelligent Transportation System，ITS)，能够全面提升交通体系的智能化水平，强化交通监管的自动化效果。在应用过程中，物联网技术有机融合了信息技术和通信技术，同时紧密结合传感技术和定位技术等多种手段，在宏观上构建一个覆盖面广泛并且可以全面发挥作用的综合交通运输管理系统。在物联网技术的支持下，智能交通可以降低交通事故出现的概率，降低交通堵塞问题，有效保护自然环境，提升绿色交通建设质量。

5) 物流领域

物流工作中应用物联网技术，能够提升自动化管理质量，让物流的每一个环节都得到智能化管理，不但可以降低失误，也可以大大提升工作效率。在实际运转过程中，在 RFID 与传感器技术等技术的支持下，物流工作人员能够全面提升对采购、入库、调拨、配送、运输等环节的把控，通过数字化技术实现精细化管理，进一步提高每一个环节的管理效率。在数字化分析技术的影响下，让物流流程操作更加高效。在物联网技术的应用下，物流运行的全过程都可以得到覆盖，从而提升整体的智能化水平。例如，物流企业可以借助物联网技术建设虚拟仓库，推进无人交接的智能物流托管工作的开展。

6) 家居生活领域

物联网技术在家居生活中的应用，能够有效提升家庭住宅的智能化水平。家庭住宅涉及多种家电设施，借助物联网技术，可以灵活设置多样化的系统，如住宅安防系统、布线系统、温度调节系统、灯光控制系统等，基于物联网技术将这些环节串联起来，形成一个整体，实现整个家庭住宅物联网技术的全覆盖。通过合理的操作，能够实现家庭住宅的智能化运行，满足用户的生活需要，能够利用智能化手段提升对住宅的管控质量，实现各种居家设施的有效集成，提升了生活的便利性。例如，通过物联网技术，可以实现对于照明系统的控制，有人的时候客厅的灯才会亮，人走之后自动熄灭；通过无线摄像头，可以使用手机在外实现对于家内的监控；还有定时洗衣、热水器定时加热、空调远程控制等诸多方便人们日常生活的应用。

7) 物业领域

在物联网技术的支撑下，可以搭建完善的智能化物业管理系统，以实现小区物业管理的信息化和精细化。在物业管理系统应用过程中，物业单位可以借助物联网技术对物业信息进行收集、传递、储存、加工、维护和使用，并可以借助移动互联网平台，推进互联网+物业服务。业主能够通过网络系统，借助手机终端实现查询服务进度、智能化停车、缴纳水电、煤气、物业费、扫码或人脸识别开门禁、智能路灯等，通过引进传感器技术对小区设备、水电和消防等数据进行实时监控，全面提升智能化社区建设。同时，小区安全问题一直是物业非常重视的管控内容，在物联网技术的支持下，物业人员能够更好地监控小区状况，强化对车辆和人员的识别，加强对公共生活秩序的管控，合理把控小区流动人员的数量等，从而全面提升小区的安全性，更好地维持小区秩序。

2. 物联网面临的挑战

1) 核心技术尚待突破

物联网的关键技术中还存在许多需要解决的难题。首先，少量传感器的传输存在通信距离短等问题。目前传感器的种类虽然越来越多，已经从传统的电阻式传感器、电涡流式传感器、超声波传感器发展到图像传感器、光导纤维传感器等新型传感器，但传感器之间所能连接的通信距离还是很有限，高端的光敏、热敏材料有待开发，网络节点计算、存储能力不足，传感器的生产成本较高、对外界环境的要求也很高。其次，大量传感器的信号处理传输存在实时性不高等问题。在物理、生物和化学等参数量的传感和传输中，其数据量虽不大，但要求实时、准确。当传感信息成千上万时，实时就成了一件非常难解决的问题了。

2) 标准规范尚待统一

由于物联网的发展跨越了国界，如果要实现互联互通，必定需要制定统一的物联网国际标准。虽然我国与美国、韩国、德国等国家已制定完成了首个国际物联网总体标准《物联网概览》，并正在一起制定基于 ISO/IEC 和 ITU-T 系列的其他物联网标准，但由于物联网涉及传感网络、泛在网络、M2M 等诸多技术领域，大量的标准化工作尚在研究和制定过程之中。

3) 信息安全尚待解决

由于大规模生产的智能设备根本没有可编程的硬件，所以无法抵御在其使用寿命周期内出现的所有威胁，黑客可以轻易地对物联网进行网络攻击，而且随着国家重要基础行业和社会关键服务领域，如发电厂、家用电器、医疗设备等大量设备接入物联网，这些攻击很有可能给我们的电网、供水系统和医院带来灾难性的后果，所以物联网安全问题必然会上升到国家层面。

物联网还有一个薄弱环节就是接入的设备数量庞大。在数以亿计的设备中，很可能会有数以百万计的设备在恶意运行或已被黑客入侵，每个被入侵的联网设备都可能会感染其他设备。因此，将来对物联网的密集型攻击将是数量巨大且是不间断的，某些并不重要的设备的安全漏洞将在物联网环境下产生严重的后果。例如，2016 年 10 月 21 日有史以来最大的 DDoS 攻击就是使用 IoT 僵尸网络在服务提供商 Dyn 上发起，导致美国的推特、贝宝、声田、《纽约时报》和《华尔街日报》等多家大型网站突然瘫痪，这就是物联网信息安全漏洞所带来的恶果。

此外，个人隐私将遭受严重威胁。我们现在拥有的小型数字系统，可以追踪和记录我们的许多日常活动，如睡眠、走路步数、彼此联系、医疗措施、浏览模式等。来自这些设备的信息通常会通过互联网传送到中央存储库和服务器，进行存储和分析，而攻击者一旦攻破通信环节中的任何一点，都可以访问到最为私密的个人信息。同互联网一样，确保物联网的信息安全尤其是个人隐私不受侵犯已成为物联网推广面临的关键问题。

本 章 小 结

本章主要是介绍了几种计算机发展的前沿技术。

(1) 人工智能：包含人工智能的定义、起源与发展、研究的内容与应用领域。

(2) 人机交互技术：包括语音识别技术、虚拟现实 VR 技术、增强现实 AR 技术和脑机接口技术。

(3) 高性能计算：包括该技术的概述、发展与现状、应用、挑战与机遇。

(4) 物联网：包含物联网的概述、起源与发展、体系架构与关键技术、应用与面临的挑战。

思 考 题

1. 简述当前人工智能的应用。
2. 简述当前人机交互技术的应用。
3. 简述当前高性能计算的应用。
4. 简述当前物联网的应用。
5. 结合个人实际，谈谈对生活中接触到本章提到的前沿技术的应用体会。
6. 开拓思路，憧憬一下本章提到的前沿技术或其他新技术的其他应用。

参 考 文 献

[1]　孟彩霞. 大学计算机基础[M]. 2 版. 北京：人民邮电出版社，2017.

[2]　龚沛曾，杨志强. 大学计算机基础[M]. 5 版. 北京：高等教育出版社，2009.

[3]　耿国华. 大学计算机应用基础[M]. 北京：清华大学出版社，2005.

[4]　冯博琴，贾应智，张伟. 大学计算机基础[M]. 3 版. 北京：清华大学出版社，2009.

[5]　卢江，刘海英，陈婷. 大学计算机：基于翻转课堂[M]. 北京：电子工业出版社，2018.